Informatik – Fachberichte

Band 3: Rechnernetze und Datenfernverarbeitung. Fachtagung der GI und NTG 1976. Herausgegeben von D. Haupt und H. Petersen. VI, 309 Seiten. 1976.

Band 4: Computer Architecture. Workshop of the Gesellschaft für Informatik 1975. Edited by W. Händler. VIII, 382 pages. 1976.

Band 5: GI – 6. Jahrestagung. Proceedings 1976. Herausgegeben von E. J. Neuhold. (vergriffen)

Band 6: B. Schmidt, GPSS-FORTRAN, Version II. Einführung in die Simulation diskreter Systeme mit Hilfe eines FORTRAN-Programmpaketes, 2. Auflage. XIII, 535 Seiten. 1978.

Band 7: GMR – GI – GfK. Fachtagung Prozessrechner 1977. Herausgegeben von G. Schmidt. (vergriffen)

Band 8: Digitale Bildverarbeitung/Digital Image Processing. GI/NTG Fachtagung, München, März 1977. Herausgegeben von H.-H. Nagel. (vergriffen)

Band 9: Modelle für Rechensysteme. Workshop 1977. Herausgegeben von P. P. Spies. VI, 297 Seiten. 1977.

Band 10: GI – 7. Jahrestagung. Proceedings 1977. Herausgegeben von H. J. Schneider. IX, 214 Seiten. 1977.

Band 11: Methoden der Informatik für Rechnerunterstütztes Entwerfen und Konstruieren, GI-Fachtagung, München, 1977. Herausgegeben von R. Gnatz und K. Samelson. VIII, 327 Seiten. 1977.

Band 12: Programmiersprachen. 5. Fachtagung der GI, Braunschweig, 1978. Herausgegeben von K. Alber. VI, 179 Seiten. 1978.

Band 13: W. Steinmüller, L. Ermer, W. Schimmel: Datenschutz bei riskanten Systemen. Eine Konzeption entwickelt am Beispiel eines medizinischen Informationssystems. X, 244 Seiten. 1978.

Band 14: Datenbanken in Rechnernetzen mit Kleinrechnern. Fachtagung der GI, Karlsruhe, 1978. Herausgegeben von W. Stucky und E. Holler. (vergriffen)

Band 15: Organisation von Rechenzentren. Workshop der Gesellschaft für Informatik, Göttingen, 1977. Herausgegeben von D. Wall. X, 310 Seiten. 1978.

Band 16: GI – 8. Jahrestagung, Proceedings 1978. Herausgegeben von S. Schindler und W. K. Giloi. VI, 394 Seiten. 1978.

Band 17: Bildverarbeitung und Mustererkennung. DAGM Symposium, Oberpfaffenhofen, 1978. Herausgegeben von E. Triendl. XIII, 385 Seiten. 1978.

Band 18: Virtuelle Maschinen. Nachbildung und Vervielfachung maschinenorientierter Schnittstellen. GI-Arbeitsseminar. München 1979. Herausgegeben von H. J. Siegert. X, 230 Seiten. 1979.

Band 19: GI – 9. Jahrestagung. Herausgegeben von K. H. Böhling und P. P. Spies. (vergriffen)

Band 20: Angewandte Szenenanalyse. DAGM Symposium, Karlsruhe 1979. Herausgegeben von J. P. Foith. XIII, 362 Seiten. 1979.

Band 21: Formale Modelle für Informationssysteme. Fachtagung der GI, Tutzing 1979. Herausgegeben von H. C. Mayr und B. E. Meyer. VI, 265 Seiten. 1979.

Band 22: Kommunikation in verteilten Systemen. Workshop der Gesellschaft für Informatik e.V.. Herausgegeben von S. Schindler und J. C. W. Schröder. VIII, 338 Seiten. 1979.

Band 23: K.-H. Hauer, Portable Methodenmonitoren. Dialogsysteme zur Steuerung von Methodenbanken: Softwaretechnischer Aufbau und Effizienzanalyse. XI, 209 Seiten. 1980.

Band 24: N. Ryska, S. Herda, Kryptographische Verfahren in der Datenverarbeitung. V, 401 Seiten. 1980.

Band 25: Programmiersprachen und Programmierentwicklung. 6. Fachtagung, Darmstadt, 1980. Herausgegeben von H.-J. Hoffmann. VI, 236 Seiten. 1980.

Band 26: F. Gaffal, Datenverarbeitung im Hochschulbereich der USA. Stand und Entwicklungstendenzen. IX, 199 Seiten. 1980.

Band 27: GI-NTG Fachtagung, Struktur und Betrieb von Rechensystemen. Kiel, März 1980. Herausgegeben von G. Zimmermann. IX, 286 Seiten. 1980.

Band 28: Online-Systeme im Finanz- und Rechnungswesen. Anwendergespräch, Berlin, April 1980. Herausgegeben von P. Stahlknecht. X, 547 Seiten, 1980.

Band 29: Erzeugung und Analyse von Bildern und Strukturen. DGaO – DAGM Tagung, Essen, Mai 1980. Herausgegeben von S. J. Pöppl und H. Platzer. VII, 215 Seiten. 1980.

Band 30: Textverarbeitung und Informatik. Fachtagung der GI, Bayreuth, Mai 1980. Herausgegeben von P. R. Wossidlo. VIII, 362 Seiten. 1980.

Band 31: Firmware Engineering. Seminar veranstaltet von der gemeinsamen Fachgruppe „Mikroprogrammierung" des GI Fachausschusses 3/4 und des NTG-Fachausschusses 6 vom 12. – 14. März 1980 in Berlin. Herausgegeben von W. K. Giloi. VII, 289 Seiten. 1980.

Band 32: M. Kühn, CAD Arbeitssituation. Untersuchungen zu den Auswirkungen von CAD sowie zur menschengerechten Gestaltung von CAD-Systemen. VII, 215 Seiten. 1980.

Band 33: GI – 10. Jahrestagung. Herausgegeben von R. Wilhelm. XV, 563 Seiten. 1980.

Band 34: CAD-Fachgespräch. GI - 10. Jahrestagung. Herausgegeben von R. Wilhelm. VI, 184 Seiten. 1980.

Band 35: B. Buchberger, F. Lichtenberger: Mathematik für Informatiker I. Die Methode der Mathematik. XI, 315 Seiten. 1980.

Band 36: The Use of Formal Specification of Software. Berlin, Juni 1979. Edited by H. K. Berg and W. K. Giloi. V, 388 pages. 1980.

Band 37: Entwicklungstendenzen wissenschaftlicher Rechenzentren. Kolloquium, Göttingen, Juni 1980. Herausgegeben von D. Wall. VII, 163 Seiten. 1980.

Band 38: Datenverarbeitung im Marketing. Herausgegeben von R. Thome. VIII, 377 pages. 1981.

Band 39: Fachtagung Prozeßrechner 1981. München, März 1981. Herausgegeben von R. Baumann. XVI, 476 Seiten. 1981.

Band 40: Kommunikation in verteilten Systemen. Herausgegeben von S. Schindler und J.C.W. Schröder. IX, 459 Seiten. 1981.

Band 41: Messung, Modellierung und Bewertung von Rechensystemen. GI-NTG Fachtagung. Jülich, Februar 1981. Herausgegeben von B. Mertens. VIII, 368 Seiten. 1981.

Band 42: W. Kilian, Personalinformationssysteme in deutschen Großunternehmen. XV, 352 Seiten. 1981.

Band 43: G. Goos, Werkzeuge der Programmiertechnik. GI-Arbeitstagung. Proceedings, Karlsruhe, März 1981. VI, 262 Seiten. 1981.

Band 44: Organisation informationstechnik-geschützter öffentlicher Verwaltungen. Fachtagung, Speyer, Oktober 1980. Herausgegeben von H. Reinermann, H. Fiedler, K. Grimmer und K. Lenk. 1981.

Band 45: R. Marty, PISA – A Programming System for Interactive Production of Application Software. VII, 297 Seiten. 1981.

Informatik-Fachberichte

Herausgegeben von W. Brauer
im Auftrag der Gesellschaft für Informatik (GI)

89

Fachgespräche auf der 14. GI-Jahrestagung

Braunschweig, 1.-2. Oktober 1984

Herausgegeben von H.-D. Ehrich

Springer-Verlag
Berlin Heidelberg New York Tokyo 1984

Herausgeber

Hans-Dieter Ehrich
Institut für Theoretische und Praktische Informatik
Technische Universität Braunschweig
Postfach 3329, 3300 Braunschweig

CR Subject Classifications (1982): F.2.2, I.2.9, I.3.3, I.6.3, J.2, J.6, J.7

CIP-Kurztitelaufnahme der Deutschen Bibliothek. Gesellschaft für Informatik:
Fachgespräche auf der 14. GI-Jahrestagung: Braunschweig, 1.-2. Oktober 1984 /
hrsg. von H.-D. Ehrich. – Berlin; Heidelberg; New York; Tokyo: Springer, 1984.
(Informatik-Fachberichte; 89)

ISBN-13: 978-3-540-13862-4 e-ISBN-13: 978-3-642-70087-3
DOI: 10.1007/978-3-642-70087-3

NE: Ehrich, Hans-Dieter [Hrsg.]; Fachgespräche auf der vierzehnten GI-Jahrestagung; GT

2145/3140 – 5 4 3 2 1 0

VORWORT

Dieser Band enthält die schriftlichen Beiträge zu den Fachgesprächen, die während der 14. Jahrestagung der Gesellschaft für Informatik in Braunschweig veranstaltet wurden. Die Beiträge zum Hauptprogramm werden in einem gleichzeitig in derselben Reihe erscheinenden separaten Tagungsband veröffentlicht.

Die 14. Jahrestagung der Gesellschaft für Informatik steht unter dem Leitthema

"Informatik und Ingenieurwissenschaften"

Daran orientieren sich auch die hier veröffentlichten Fachgespräche. Der Fachausschuß 4.2 der GI, "Rechnergestütztes Entwerfen und Projektieren", ist mit zwei Fachgesprächen vertreten: **"Produktdefinierende Daten"** (Koordinator: R.Gnatz) und **"Methoden der Evaluierung und Einführung von CAD-Systemen"** (Koordinator: J.Encarnacao). Der Fachausschuß 1.1, "Grundlagen der Informatik", behandelt aktuelle **"Grundlagen der Größtintegration (VLSI)"** (Koordinator: K.Mehlhorn), und die Fachgruppe "Robotik" im Fachausschuß 1.2, "Künstliche Intelligenz und Mustererkennung", beschäftigt sich in ihrem Fachgespräch mit dem Thema **"Industrieroboter und Künstliche Intelligenz"** (Koordinator: G.Hirzinger).

Den Koordinatoren, Mitveranstaltern und Mitgliedern der Programmausschüsse der einzelnen Fachgespräche danke ich herzlich für ihre Mühe bei deren Planung, Organisation und Durchführung.

Braunschweig, Juli 1984 H.-D. Ehrich

INHALTSÜBERSICHT

Fachgespräch

Grundlagen der Größtintegration (VLSI)

Koordination: **K. Mehlhorn** (Saarbrücken)

Fachgespräch: Grundlagen der Größtintegration (VLSI)

Vorwort

Dieses Fachgespräch behandelt die Grundlagen des Entwurfs hochintegrierter Schaltkreise. Insbesondere werden die Themen

- Entwurfssysteme (Hotz, Lengauer)
- Simulation (Rammig)
- Geometrische Probleme beim VLSI- Entwurf (Ottmann)
- VLSI- gerechte Algorithmen (Schröder)
- Testen (Mucha)
- Verdrahtung (Lauther, Mehlhorn)

behandelt. Diese Themen sind von großer praktischer Bedeutung. Die Beiträge zeigen, daß gerade im Bereich des VLSI- Entwurfs Arbeiten mit direkter praktischer Anwendung und Arbeiten mit mehr grundsätzlicher Fragestellung sehr nahe beieinander liegen und sich gegenseitig befruchten. Es ist daher angebracht, daß der FA Grundlagen der Informatik dieses Fachgespräch veranstaltet.

Ich habe für dieses Fachgespräch ein Format gewählt, das vom üblichen abweicht. Alle Vorträge sind eingeladen. Ich habe die Autoren so ausgesucht, daß die wesentlichen Problemkreise abgedeckt sind; ich habe es allerdings den einzelnen Autoren überlassen, wie sie ihren Bereich ausfüllen. Das Fachgespräch ist also kein Tutorium. Ich hoffe -und die Sichtung der eingegangenen Beiträge macht mich sehr zuversichtlich- daß das gewählte Format zu einem erfolgreichen Fachgespräch führen wird.

(Kurt Mehlhorn)
Organisator des Fachgesprächs Grundlagen des VLSI- Entwurfs

INHALTSVERZEICHNIS Seite

Algorithmische Spezifikation von symbolischen Layouts integrierter Schaltkreise

Thomas Lengauer
Fachbereich 10
Universität des Saarlandes
D-6600 Saarbrücken

Zusammenfassung: Wir geben einen Überblick über die Zielsetzungen bei der Entwicklung des HILL Systems (Hierarchical Layout Language). Das System ermöglicht den Einsatz mächtiger algorithmischer Hilfsmittel wie Rekursion und Parametrisierung zur Spezifikation von symbolischen Layouts integrierter Schaltkreise. Gegenwärtig erlaubt das System neben diversen Möglichkeiten der Überprüfung von Layouts deren Kompaktierung in die vom Hersteller geforderten Maskendaten, sowie die funktionale Simulation auf dem Schalterniveau. Durch den Einsatz des Systems wird der Prozeß des Entwurfs regulärer Layouts so stark abgekürzt, daß es möglich wird, verschiedene Varianten eines Schaltkreisentwurfs durchzuspielen. Dabei gewinnt der Designer durch die Spezifikation auf symbolischer Ebene eine gewisse Unabhängigkeit von den Entwurfsregeln des Fabrikationsprozesses. Diese Unabhängigkeit erhöht sowohl die Effektivität des Designers als auch die Robustheit des Layouts gegenüber Änderungen im Fabrikationsprozeß.

1. Einführung

Die rasante Entwicklung auf dem Gebiet der Fabrikationsprozesse für integrierte Schaltkreise ermöglicht es, immer komplexere Strukturen auf Silizium zu bringen. Schaltkreise mit mehreren 100.000 Transistoren sind keine Seltenheit mehr. Die Ausnutzung dieser technologischen Möglichkeiten stellt eine große Herausforderung an den Schaltkreisdesigner dar. Die Bewältigung der Komplexität der Schaltung ist nur mit Hilfe von starker Strukturierung des Schaltkreises möglich.

Beim hierarchischen Schaltkreisentwurf werden aus den primitiven Bausteinen (Transistoren, Drähte, Gatter o.ä.) Teilschaltkreise konstruiert, die dann im weiteren Entwurf oft in vielen Kopien verwendet werden. So ergibt sich eine Hierarchie von Teilschaltkreisen, die man sich als einen Baum vorstellen kann. Jeder Knoten des Baumes repräsentiert eine Kopie eines Teilschaltkreises. Die Söhne eines Knotens repräsentieren die Kopien von Teilschaltkreisen, die zum Entwurf des Teilschaltkreises verwendet wurden, den der Knoten repräsentiert. Die Wurzel repräsentiert den gesamten Schaltkreis; die Blätter des Baumes stellen jene Teilschaltkreise dar, die keine weiteren Teilschaltkreise enthalten, sondern vollständig aus primitiven Bausteinen bestehen.

Durch hierarchischen Schaltkreisentwurf läßt sich der Entwurfsaufwand stark reduzieren, da u.U. hochkomplizierte Teilschaltkreise durch einfaches Kopieren mehrmals verwendet werden können. So wird nur ein Bruchteil der Schaltung tatsächlich explizit entworfen. Der überwiegende Teil der Schaltung wird durch Replikation generiert.

Da die auf Silizium basierenden Technologien einen planaren Charakter haben, kommt hier dem Entwurf der planaren Einbettung des Schaltkreises (Layout) große Bedeutung zu. Das Layout legt die geometrische Anordnung der Schaltkreiselemente auf dem Silizium fest. Es wird in den sogenannten Maskendaten codiert, die die Fabrikation des Schaltkreises steuern.
Auch Layouts lassen sich hierarchisch entwerfen. Das Layout eines Teilschaltkreises nennt man "Zelle". Meistens werden Zellen als rechteckig angenommen. An ihrem Rand liegen Kontaktpunkte, sog. Pins, mit denen die Zelle an die Schaltkreiselemente in ihrer Umgebung angeschlossen werden kann. (vgl. Abbildung 1)

[Abbildung 1]

Hierarchischer Entwurf auf der Ebene der Maskendaten wird vielerorts durch CAD Normen (z.B. CIF [MC83]) und Systeme (z.B. [LUCIFER,Electric,

Sticks & Stones]) unterstützt. Diese Beschreibungsebene hat jedoch verschiedene Nachteile:

- Sie abstrahiert nicht von den prozeß-spezifischen Entwurfsregeln. Der Entwurf muß daher die mit den Entwurfsregeln verbundenen ermüdenden syntaktischen Aspekte des Fabrikationsprozesses berücksichtigen. Das bedeutet eine erhebliche Belastung für den Designer. Darüberhinaus kann das Design oft selbst geringe Änderungen im Fabrikationsprozess nicht überleben.

- Sie spezifiziert die genaue Schaltkreisgeometrie. Es kommt jedoch häufig vor, daß derselbe Teilschaltkreis in verschiedenen Umgebungen eine geringfügig unterschiedliche Geometrie aufweisen sollte, um die Fläche und Performanz des Gesamtschaltkreises zu optimieren. Die Anpassung der Geometrie einer Zelle an ihre Umgebung ist ein Prozeß, der vom menschlichen Designer schwer zu vollziehen ist. Er sollte deshalb weitgehend automatisiert werden.

Daher ist es sinnvoll, eine von den Maskendaten abstrahierende Beschreibungsebene zu wählen. Eine Möglichkeit ist, Schaltkreise auf dem symbolischen Layoutniveau durch Stick-Diagramme zu beschreiben ([MC80]). Hierbei werden nur die ungefähren relativen Lagen von Zellen und anderen Schaltkreiselementen, die sog. Layout Topologie, spezifiziert. (vgl. Abbildung 2).

[Abbildung 2]

Die genaueren Abmessungen des Schaltkreises werden durch einen automatischen Kompaktierungslauf festgesetzt. Dabei wird versucht, die Fläche des Schaltkreises zu minimieren. Während der Kompaktierung werden auch die Maskendaten des Schaltkreises erzeugt.
Das Kompaktierungsprogramm hat Zugriff auf eine Datei mit den Entwurfsregeln des Fabrikationsprozesses, für den die Maskendaten erstellt werden sollen. Ändern sich die Regeln, so ist lediglich diese Datei zu modifizieren und danach eine Re-Kompaktierung des Designs vorzunehmen. Damit ist eine gewisse Robustheit des Designs bzgl. Änderungen im Fabrikationsprozeß erreicht.

Da auf dem symbolischen Layoutniveau die Geometrie nicht vollständig spezifiziert ist, kann eine Zelle während der Kompaktierung geometrisch an ihre Umgebung angepaßt werden. Daher lassen sich Zellen verschiedener Geometrie durch dasselbe symbolische Layout beschreiben. Dies erhöht die Effektivität des Entwurfsprozesses beträchtlich (siehe auch [L82b]).

2. Anforderungen an eine Beschreibungssprache für symbolische Layouts

Sicher ist die naheliegendste Methode, Layouts zu entwerfen, die graphische. Hierbei werden Zellen interaktiv am graphischen Terminal durch Plazierung von primitiven Schaltkreiselementen und anderen Zellen spezifiziert. Diese Methode wird in verschiedenen Layoutsystemen verwandt (z.B. [CABBAGE, STICKS]).

Die graphische Methode ist immer dann anwendbar, wenn das (symbolische) Layout einer Zelle nicht von Parametern abhängt, die der Zelle von ihrer Umgebung diktiert werden. Oft sind jedoch Zellen in diesem Sinne parametrisiert. Beispiele für mögliche Parametrisierungen sind etwa:

- Bei einer Zelle, die einen Addierer definiert, die Länge der Summanden
- Bei einer Zelle, die einen Treiber definiert, die (ungefähre) Ladekapazität
- Bei einer Zelle, die ein Gatter definiert, die "Stärke" der Eingangssignale

Die Abhängigkeit des Layouts der Zelle von solchen Parametern kann so vielschichtig sein, daß sie graphisch nicht mehr zu fassen ist. Daher muß man parametrisierte Zellen algorithmisch spezifizieren.

Bei der algorithmischen Spezifikation wird eine Beschreibungssprache zur Verfügung gestellt, in der sich symbolische Layouts formulieren lassen. Die Spezifikation einer parametrisierten Zelle ist dann gegeben durch eine in der Beschreibungssprache geschriebene Funktion, die in Abhängigkeit von den Zellparametern das Layout der Zellen errechnet. Hat die Beschreibungssprache die Macht einer höheren Programmiersprache (etwa PASCAL), so kann damit die Abhängigkeit des Layouts von den Zellparametern in allgemeiner Weise formuliert werden. Sogar rekursive Zellspezifikationen sind möglich.

Welche Anforderungen hat nun eine solche Beschreibungssprache zu erfüllen?

Forderung 1: Anlehnung an konstruktive Graphik

Ein symbolisches Layout ist ein (flexibles) zweidimensionales Bild. Daraus resultiert die Notwendigkeit eines direkten Bezuges der Beschreibungssprache zur Graphik. Der Designer muß das Layout in der Sprache nicht nur spezifizieren, sondern konstruieren. Der Unterschied zwischen einer Spezifikation und einer Konstruktion ist subtil. Bei einer Spezifikation bestimmt der Designer das Layout mit einer Methode, aus der sich nicht eine für den Designer einsichtige Konstruktion des Layouts ableiten läßt. Dies kann etwa durch die Angabe einer Reihe von (lokalen) Bedingungen über die relative Lage von Transistoren und Drähten geschehen. Jedes Layout, das alle Bedingungen erfüllt, erfüllt die Spezifikation. Das System erzeugt nach gewissen Optimalitätskriterien das "beste" Layout aus dieser Klasse. Demgegenüber muß der Designer bei einer Konstruktion direkt ein Verfahren zur Erzeugung des Layouts angeben.

Nichtkonstruktive Beschreibungssprachen können sehr elegant sein [ALI2,i]. Eine konstruktive Beschreibungssprache hat gegenüber einer nichtkonstruktiven Beschreibungssprache jedoch folgende Vorteile:

- Sie ist inkrementell, d.h., das Hinzufügen eines neuen Konstruktionsschrittes hat für den Designer überschaubare Konsequenzen
- Bei Designfehlern kann das System die Teilkonstruktion sofort als Dump-Information an den Designer weitergeben. Solche Schnappschüsse führen in der Regel zu einer unmittelbaren Eingrenzung der Fehlerursache.
- Der Bezug des Designers zum Resultat seines Entwurfs ist besonders direkt. Das ist im Hinblick auf die erforderliche Qualität der Maskendaten von besonderer Wichtigkeit.

<u>Forderung 2:</u> Flexibles Zellenkonzept

Bei der algorithmischen Beschreibungsmethode entspricht einer Zelle eine in der Beschreibungssprache geschriebene Funktion. Diese Funktion wird aufgerufen, wenn die Zelle als Komponente eines Teilschaltkreises benötigt wird. In gängigen höheren Programmiersprachen ist die Schnittstelle zwischen einer Funktion und ihrer Aufrufumgebung gegeben durch die Parameter, mit denen die Funktion versorgt wird. (Hierbei sehen wir von Seiteneffekten ab.) Dagegen hat die Schnittstelle zwischen einer Zelle und ihrer Umgebung im Schaltkreis eine zusätzliche Komponente, nämlich den "Zellrand" (Template). Das Template enthält alle Informationen über die Zelle, die von der Umgebung der Zelle aus zugänglich sind. Das Template muß zusätzlich zu den Zellparametern in dem Kopf der Funktion angegeben werden, die die Zelle beschreibt.
Die Form des Template beeinflußt entscheidend den Charakter des Systems. Enthält das Template zu wenig Information über die Zelle, so wird das Zellenkonzept unflexibel. Enthält dagegen das Template zu viel Information über die Zelle, so wird die Effektivität des hierarchischen Entwurfs, die wesentlich auf dem Verdecken von Information (information hiding) beruht, geschwächt. Hier ist ein sinnvoller Kompromiß eine

wichtige Voraussetzung für ein leistungsfähiges Layoutsystem.

3. Das HILL System

Das HILL System (Hierarchical Layout Language), [LM84]) unterstützt den hierarchischen Entwurf von symbolischen Layouts. Die Spezifikation eines Layouts geschieht durch Schreiben eines Programms in der konstruktiv-graphischen HILL-Beschreibungssprache. Ein graphischer Editor, mit dem man HILL Programme erzeugen und modifizieren kann, wird den Entwurf von unparametrisierten Zellen nach der graphischen Methode ermöglichen.

Die Komponenten des HILL Systems sind in Abb. 3 dargestellt.

[Abb. 3]

Aufgrund der Notwendigkeit der Einbeziehung des Template in den Kopf einer Zelle ist die HILL Beschreibungssprache nicht als eingebettete Sprache (d.h. als Prozedurpaket) sondern als Erweiterung einer höheren Programmiersprache (PASCAL) definiert. Die wesentliche Erweiterung besteht in der Schaffung des neuen Funktionstyps
cell name (parameters): template, wobei template ein spezieller Datentyp zur Beschreibung von Templates ist.

Ein Präprozessor übersetzt das das symbolische Layout spezifizierende HILL Programm in ein PASCAL Programm. Das PASCAL Programm wird mit dem HILL Run Time System gebunden und ausgeführt. Dabei wird eine hierarchische Interndarstellung des symbolischen Layouts erzeugt, auf der alle weiteren HILL Komponenten aufsetzen. Während der Ausführung des PASCAL Programms werden auch diverse Checks auf die statische Korrektheit des symbolischen Layouts vollzogen.
Auf der Interndarstellung setzt zum einen ein Kompaktierer auf [D84], der mit einem effizienten und topologisch mächtigen Algorithmus [L82a, L83] die Maskendaten generiert. Zum anderen prüft ein Simulator [HILLSIM] effizient die Funktion des Schaltkreises auf dem Schalterniveau. Da auf der symbolischen Layoutebene die genauen Verzögerungsdaten des Schaltkreises noch nicht bekannt sind, kann eine Timing Simulation hier nicht erfolgen. Sie muß auf die vom Kompaktierer bereitgestellten Maskendaten aufsetzen. Da aber Verzögerungswerte nicht nur die Performanz, sondern auch die Funktion von Schaltkreisen beeinflussen können (Race Conditions), wurde der HILL Simulator befähigt, eine Einbezugnahme aller potentiellen Verzögerungsdaten vorzunehmen, d.h. anzuzeigen, wo ein Signalwert von Verzögerungen im Schaltkreis abhängt [LN84]. Der Simulator zeichnet sich durch ein transparentes Schaltkreismodell mit einem direkten formalen Bezug zur Realität aus.

Er kann daher nicht nur als approximierendes Werkzeug, sondern in gewissem Sinne auch als Grundlage für ein semantisches Modell des Schaltkreises verstanden werden.

Bei NMOS Schaltkreisen hängt eine korrekte Schaltkreisfunktion des weiteren von der geeigneten Proportionierung der geometrischen Abmessungen von Transistoren eine Rolle. Diese wird mit einem elektrischen Prüfprogramm (Ratio Checker, [V84]) sichergestellt.

4. Das HILL Zellkonzept

Die Flexibilität des HILL Zellkonzeptes wird dadurch erreicht, daß HILL Zellen auch topologisch, d.h. als Stick-Diagramme, keine starren Objekte sind, sondern durch die Umgebung der Zelle diktierte Verzerrungen zulassen. Das macht HILL Zellen vielseitig verwendbar.

Wir diskutieren HILL Templates am Beispiel der folgenden NMOS Zelle mit zwei Invertern (Abb. 4).

[Abb. 4]

Das Template dieser Zelle sieht aus wie folgt:

```
1.   temp  pins         vl,vr:metal sig=vdd;
2.                      gl,gr:metal sig=gnd;
3.                      in1,in2,out1,out2:poly;
4.         order        implicit ver;
5.                      top: out1,out2;
6.                      bottom: in1,in2;
7.                      left: vl,gl;
8.                      right: vr,gr;
9.         constraints  begin out1 leftof in2;
10.                           in1  leftof out2
11.                     end
12.    pmet
```

In Zeile 1.-3. werden alle Pins der Zelle deklariert. Die Deklaration eines Pins gibt dem Pin einen Namen (etwa vl) und einen Typ (metal), der das Layer auf dem Chip spezifiziert, auf dem der Pin liegt. Wahlweise kann das elektrische Signal auf dem Pin benannt werden (sig=vdd). Damit können auch Kontaktierungen von verschiedenen Pins durch das Zellinnere hindurch angegeben werden. In Zeile 4.-12. werden die Pins an den Zellrand plaziert. Dabei geben die Zeilen 5.-8. die Ordnungen der

Pins auf den Seiten des Zellrandes an. Bei der Definition der Beweglichkeiten gehen wir von der Absicht aus, nur Verformungen des Zellinnern zuzulassen, die sich auf lokale Streckungen und Stauchungen zurückführen lassen. Das Einführen von Biegungen in vormals gerade Leitungen (jog-introduction) soll verboten sein. Um die Geradlinigkeit der Spannungszuführungsbusse zu erhalten, ist es sinnvoll, die Pins auf den vertikalen Seiten als nicht beweglich zu deklarieren, und dies wird in Zeile 4. getan. Die Pins auf den horizontalen Seiten des Zellrandes können gegeneinander bewegt werden, müssen jedoch die in Zeile 9. und 10. gemachten Einschränkungen beachten. Im allgemeinen werden die Beweglichkeiten von Pins auf gegenüberliegenden Seiten durch Angabe einer Halbordnung definiert.

In unserem Beispiel definieren Zeile 5.-8. die Einschränkungen der beiden Halbordnungen für die horizontalen bzw. vertikalen Seiten des Zellrandes auf die entsprechenden Seiten (ausgezogene Pfeile in Abb. 5). Zeile 4. identifiziert gegenüberliegende Pins auf den vertikalen Seiten und erzeugt damit eine Totalordnung für dieses Seitenpaar (gestrichelte Linien in Abb. 5). Zeile 9.-1o. fügen explizite Relationen zu der Halbordnung für die horizontalen Seiten hinzu (gestrichelte Pfeile in Abb. 5). [Abb. 5]
Durch das System kann bei der Zelldefinition nachgeprüft werden, daß alle totalen Erweiterungen der beiden Halbordnungen durch lokale Streckungen und Stauchungen des Zellinnern zu erzeugen sind.

5. Schlußbemerkungen

In dieser Arbeit wurde in die wesentlichen Zielsetzungen bei der Entwicklung des HILL Systems eingeführt. Eine ausführliche Behandlung eines HILL Beispiels enthält [LM84]. Die HILL Werkzeuge sind in den zitierten Arbeiten detaillierter beschrieben.

Das HILL System wird im Rahmen des Teilprojekts B2, SFB 124 "VLSI Entwurfsmethoden und Parallelität" entwickelt. Ein Prototyp ist seit Frühjahr 1983 lauffähig.

Literaturhinweise

[ALI2] J. Valdes, "ALI2 Documentation and Implementation Guide: Language Overview," Dep. of Elec. Eng. and Comp. Sci., Princeton University, Princeton, N.J. (1982).

[CABBAGE] M.Y. Hsueh, "Symbolic Layout and Compaction of Integrated Circuits," Ph. D. thesis, EECS-Dep. University of Calfornia, Berkeley, CA (1979).

[D84] J. Doenhardt, "Kompaktierung geometrischer Layouts," Diplomarbeit, FB 10, Univ. d. Saarlandes (1984)

[Electric] S.M. Rubin, "An Integrated Aid for Top-Down Electrical Design," Proc. of VLSI83 (1983) 63-72.

[HILLSIM] K. Mehlhorn, S. Näher, M. Nowak, "HILLSIM - ein Simulator für MOS Schaltkreise," TR A82/08, FB 10, Univ. d. Saarl., Saarbrücken (1982).

[i] S.C. Johnson, "Hierarchical Design Validation Based on Rectangles," Conference on Advanced Research in VLSI, M.I.T. (1982) 97-100.

[L82a] T. Lengauer, "On the Solution of Inequality Systems Relevant to IC Layout," 8th Workshop on Graphtheoretic Concepts in Computer Science (WG82) (ed. W. Schneider) (1982).

[L82b] T. Lengauer, "The Complexity of Compaction Hierarchically Specified Layouts of Integrated Circuits," 23rd FOCS (1982) 358-368.

[L83] T. Lengauer, "Efficient Algorithms for the Constraint Generation for Integrated Circuits Layout Compaction," 9th Workshop on Graphtheoretic Concepts in Computer Science (WG83) (ed. M. Nagl) (1983).

[LM84] T. Lengauer, K. Mehlhorn, "The HILL System: A Design Environment for the Hierarchical Specification, Compaction, and Simulation of Integrated Circuit Layouts," 1984 Conference on Advanced Research in VLSI, M.I.T. (P. Penfield Jr. ed.) 139-149.

[LN84] T. Lengauer, S. Näher, "Delay-Independent Switch Level Simulation of Digital MOS Circuits," VLSI: Algorithms and Architectures, International Workshop on Parallel Computing and VLSI, Amalfi, Italy (1984).

[LUCIFER] J.J. Levy, "On the Lucifer System," Advanced Course on VLSI Architecture, University of Bristol, Great Britain (1981).

[MC80] C. Mead, L. Conway, Introduction to VLSI Systems, Addison-Wesley (1980).

[STICKS[J.D. Williams, "STICKS- A Graphical Compiler for High Level LSI Design," Nat. Comp. Conf. (1978) 289-295.

[Sticks&Stones] L. Cardelli, G. Plotkin, "An Algebraic Approach to VLSI Design," Proc. of VLSI 81 (1981) 173-182.

[V84] P. Vogelgesang, "Ratio Checking in NMOS Schaltkreisen," Diplomarbeit, FB 10, Univ. d. Saarl., to appear.

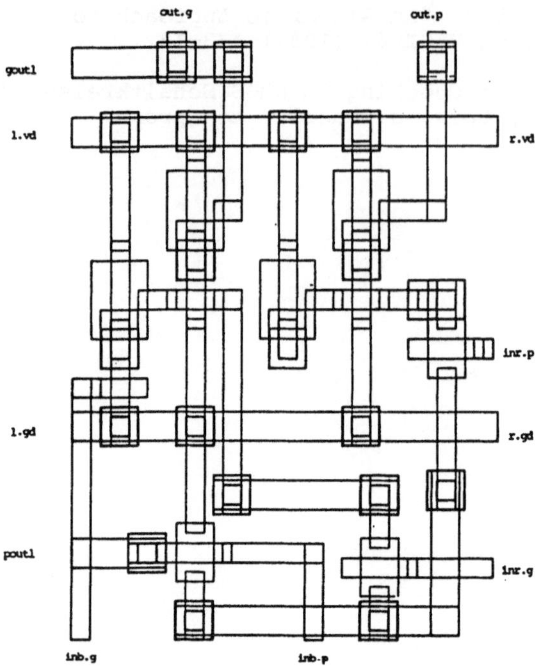

Abb. 1:

Maskenlayout einer Zelle

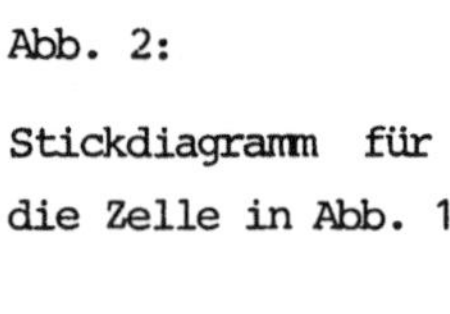

Abb. 2:

Stickdiagramm für die Zelle in Abb. 1

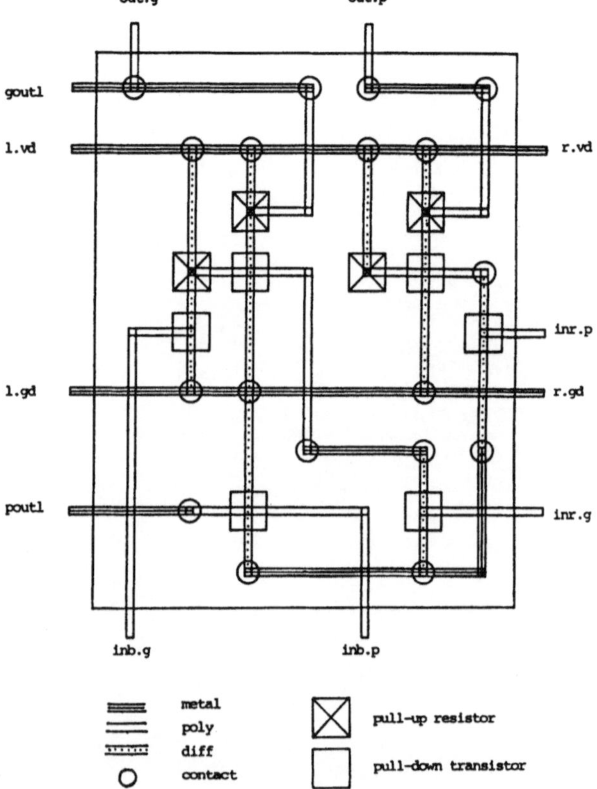

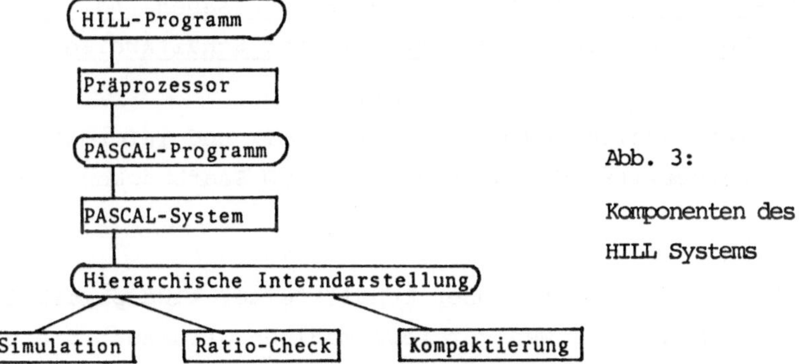

Abb. 3:

Komponenten des HILL Systems

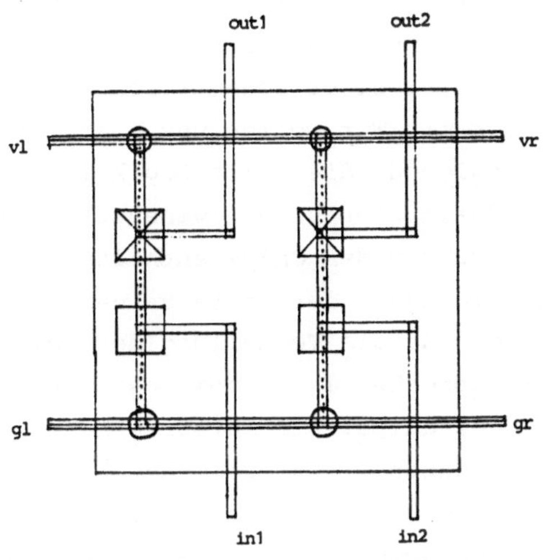

Abb. 4:

Eine Zelle mit zwei Invertern

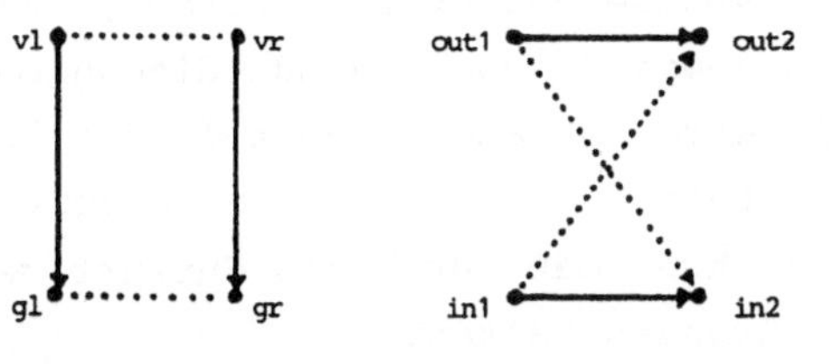

Abb. 5:

Die Template Halbordnungen für die Zelle in Abb. 4

Über die logisch-topologische Entwurfsebene bei der Konstruktion großer integrierter Schaltkreise

Günter Hotz
Fachbereich Angewandte Mathematik und Informatik
Universität des Saarlandes, 6600 Saarbrücken

Einleitung: Chips, die Träger großer Schaltkreise, sind physikalische Objekte mit einer mehr oder weniger regelmäßigen Struktur. Sie sind wie Städte, zwar dreidimensionale Objekte, aber doch im wesentlichen von zweidimensionalem Charakter. Im Vergleich zu der Anzahl von Häusertypen sind nur wenige Grundzellen auf dem Chip plaziert und mit Versorgungsleitungen auf verschiedenen Ebenen verbunden. So wie man Städte als physikalische Objekte in allen Details beschreiben kann, aber auch schematisch an verschiedenen Aspekten funktional orientiert, so kann man dies auch für Chips tun. Ein Beispiel einer schematischen Beschreibung ist z.B. ein Verkehrsliniendiagramm. Wir wollen uns hier für eine Beschreibungsebene des Chips interessieren, die seine Logik vollständig enthält. Darüber hinaus soll diese Beschreibung auch wesentliche Informationen über die geometrische Struktur des Chips enthalten. Hierzu gehören nicht die Ausdehnungen und die Länge der Leiterbahnen, wohl aber die planare Anordnung des Netzes und die Verteilung der Leiterbahnen auf verschiedene Ebenen. Wir sprechen in diesem Zusammenhang von der logisch-topologischen Struktur des Chips. Die Entwurfsphase, die sich nur mit dieser Struktur befaßt, haben wir hier im Auge. Wir unterscheiden neben dieser Abstraktionsebene die "logisch-geometrische" und die "physikalische" Ebene. Die logisch-geometrische Ebene hat es bereits mit der Ausdehnung der Verbindungswege und Knoten und ihrer Anordnung im Sinne der euklidischen Geometrie zu tun. In der physikalischen Ebene wird die Geometrie mit Materie gefüllt. Im Idealfall folgt der Entwurf dieser Beschreibung. Im konkreten Fall können physikalische Bedingungen, die erst in der letzten Entwurfsphase nachprüfbar werden, dazu führen, daß die zweite Phase mit neuen geometrischen "Randbedingungen" nochmals aufgerufen wird. Im Extremfall wird man auch erneut in die logisch-topologische Entwurfsphase eintreten. Diese sich hier andeutende zeitraubende Iterationsmethode kann man durch den Entwurf geeigneter parametriesierbarer Zellen in Grenzen halten.

Die Bi-Kategorie der logisch-topologischen Netze

Wir gehen von einer gewissen Menge von Typen $t \in T$ aus, die unsere verschiedenen Leitungstypen, z.B. Metall oder Polysilizium oder andere beschreiben. Wir gehen von elementaren Zellen aus, die einen rechteckigen Rand haben und deren Anschlußbedingungen durch vier Operatoren O(sten), W(esten), N(orden) und S(üden) beschrieben werden. Ist F ein logisch-topologisches Netz, dann sind O(F), W(F), N(F) und S(F) Wörter über T. Wir haben zunächst zwei Operationen $\oplus$ und $\ominus$, die es erlauben, aus bereits konstruierten Netzen neue Netze zu bilden. Beide Operationen sind nicht immer definiert. $F \ominus G$ ist genau dann definiert, wenn $O(F) = W(G)$ ist und $F \oplus G$ ist genau dann definiert, wenn $N(F) = S(G)$ ist. Beide Operationen sind assoziativ und es gilt

$$W(F \ominus G) = W(F),\ O(F \ominus G) = O(G),$$
$$N(F \oplus G) = N(G),\ S(F \oplus G) = S(F),$$
$$N(F \ominus G) = N(F)\cdot N(G),\ S(F \ominus G) = S(F)\cdot S(G),$$
$$O(F \oplus G) = O(F)\cdot O(G),\ W(F \oplus G) = W(F)\cdot W(G).$$

Weiter gilt

$$(F_1 \ominus F_2) \oplus (G_1 \ominus G_2) = (F_1 \oplus G_1) \ominus (F_2 \ominus G_2),$$

falls die Ausdrücke auf beiden Seiten definiert sind. Zu jedem $w \in T^*$ gibt es Einheiten; das sind Netze, die nur Leitungen vom Typ $t_1, t_2, \ldots t_k$ enthalten, wenn $w = t_1\ t_2 \ldots t_k$ und $t_i \in T$ für $i = 1,\ldots,k$ ist. Verlaufen diese Drähte vertikal, dann bezeichnen wir das Netz durch $w|$, verlaufen sie horizontal mit $\underline{w}$. Figur 1 zeigt $w|$.

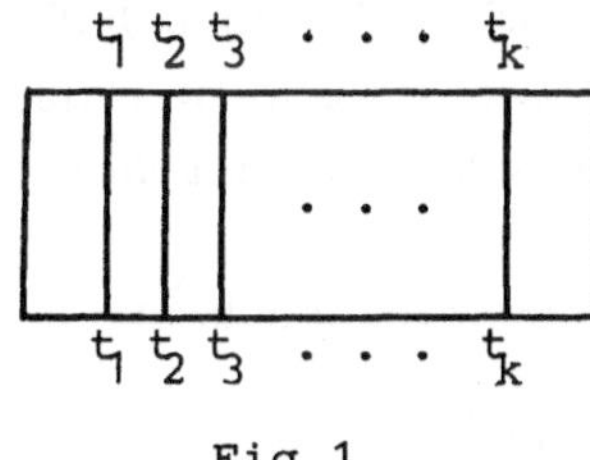

Fig.1

Betrachten wir wie im folgenden der Kürze halber nur den Fall, daß T einelementig ist, dann schreiben wir anstelle von $w = t_1 \ldots t_k$ kurz $\underline{k}$ bzw. $k|$. Es ist nicht das Ziel dieses Artikels die Theorie der Bikategorie dieser Netze zu entwickeln, sondern einen Eindruck zu geben von der Kraft der Sprache. Dies tun wir, indem wir einige Beispiele behandeln. Anschließend gehen wir, soweit es der Platz erlaubt, auf weitere Operationen ein. Der Leser sei hier auf [Ho1] oder [Ho2] verwiesen und auf technische Berichte des SFB 124, die unten aufgeführt sind.

Einige Beispiele:

Zunächst betrachten wir einige Permutationsnetzwerke, die uns für die folgenden Beispiele nützlich sein werden.

Elementare Permutationsnetzwerke sind

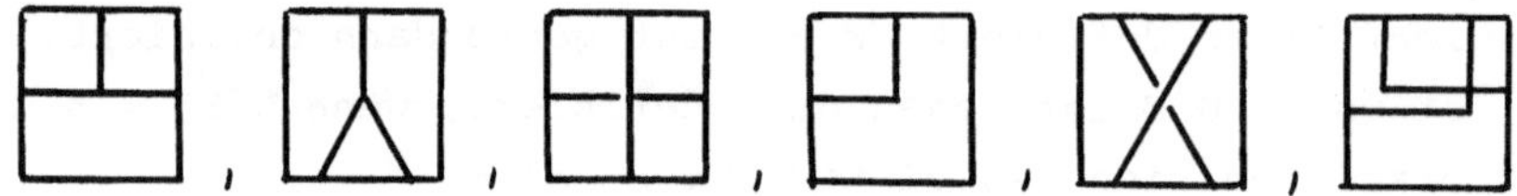

Die Funktion dieser Netze versteht sich fast von selbst. Das erste Netz nimmt von oben einen Wert auf und gibt diesen Wert im Osten und Westen aus. Die entsprechende Funktion hat das zweite Netz aus Fig.1. Die Funktion der restlichen versteht sich von selbst.

Wir führen als Operatoren Spiegelungen und Drehungen von Netzen ein. Ist F ein Netz, dann ist F^i die Drehung von F um 90° gegen den Uhrzeigersinn. i ist hier das Symbol für $\sqrt{-1}$. Wir haben dann: Die Netze

$$(F^i)^i = F^{-1},\ (F^{-1})^i = F^{-i},\ (F^{-i})^i = F$$

sind Drehungen von F gegen den Uhrzeiger um 90°, 180°, 270° und 360°. Mit F^σ bezeichnen wir die Spiegelung von F an der Vertikalen. Wir haben also $(F^\sigma)^\sigma = F$. So ist $((F^i)^\sigma)^{-i}$ die Spiegelung von F an der Horizontalen.

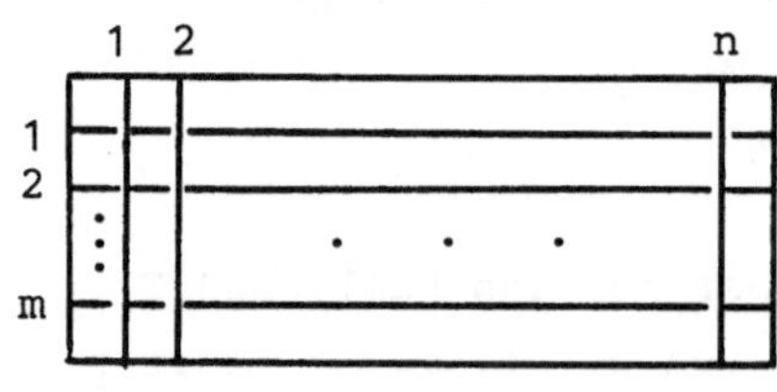

Fig.2

Das in Figur 2 beschriebene Netz ergibt sich als

$$\overset{n}{\ominus}\ \overset{m}{\oplus}\ \boxplus = \overset{m}{\oplus}\ \overset{n}{\ominus}\ \boxplus$$

wobei wir definieren

$$\overset{n}{\ominus} F = \underbrace{F \ominus F \ominus \ldots \ominus F}_{n\ \text{mal}},\quad \overset{m}{\oplus} F = \underbrace{F \oplus \ldots \oplus F}_{m\ \text{mal}}$$

falls $F \ominus F$, bzw. $F \oplus F$ definiert ist.

Als nächstes beschreiben wir ein Netzwerk μ_n, das zwei n-Tupel von Werten mischt, wie es rekursiv durch Figur 3 definiert wird. Das Netzwerk stellt also 1 neben 1', 2 neben 2' ... und n neben n'.

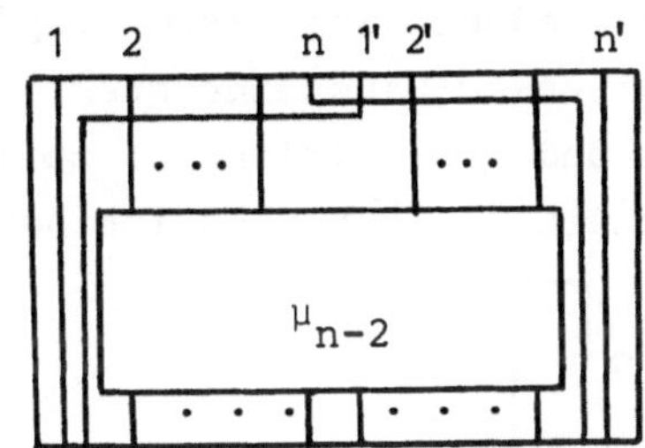

Fig.3

Wir haben

$\mu_1 = \square = 2|$, $\mu_2 = 1| \ominus \square \ominus 1|$,

und aus Figur 3 entnimmt man

$$\mu_n = (2| \ominus \mu_{n-2} \ominus 2|) \oplus (1| \ominus \square \ominus (\overset{n-2}{\ominus} \square) \cdot \ominus \square \ominus (\overset{n-2}{\ominus} \square) \ominus \square \ominus 1|)$$

Als nächstes beschreiben wir induktiv einen Dekoder, wie er z.B. bei Speicheransteuerungen verwendet wird. Der Dekoder D_j mit j Eingängen wird verwendet, um 1 Element aus 2^j Elementen auszuwählen. Dies geschieht hier so, daß j-1 Eingänge verwendet werden, je ein Element aus zwei Mengen zu 2^{j-1} Elementen auszuwählen. Die endgültige Auswahl zwischen den beiden ausgewählten Elementen trifft die j-te Leitung. (Fig. 4).

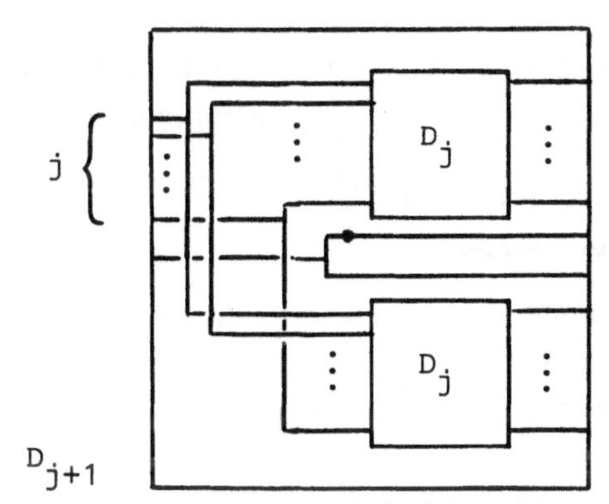

Fig.4

Wir setzen $D_1 = \square$, worin der Baustein $\square$ die <u>Negation C</u> bezeichnet. Wir können also schreiben

$$D_1 = \square^{\,i} \ominus (\underline{1} \oplus C^i).$$

Nun definieren wir induktiv D_{j+1}, indem wir der Reihe nach setzen

$$V_n = (\square \oplus \overset{n-1}{\oplus} \square \oplus \square \oplus \square)$$

$$V_{n,o} = V_n,$$

$$V_{n,j+1} = V_n \ominus (V_{n,j} \oplus \underline{1}),$$

$$D_{j+1} = V_{j,j-1} \ominus (\underline{j-1} \oplus D_1 \oplus \underline{j-1}) \ominus (D_j \oplus \underline{2} \oplus D_j).$$

Diese Rekursionen lassen sich leicht als korrekt beweisen und automatisch auflösen. Es scheint möglich, daß sich diese Rekursionen sogar graphisch z.B. als Figur 4 eingeben und automatisch ablesen lassen.

Wir betrachten ein n-stelliges <u>Addierwerk</u> für Dualzahlen der der Tiefe log n, das unter dem Namen "conditional sum adder" seit 1960 ([Sp],[Sk]) bekannt ist. Hierzu erweitern wir zunächst unser Bausteinsystem, indem wir je einen Baustein für Konjunktion (k) und Disjunktion (d) zu den bereits vorhandenen hinzunehmen. Den Baustein (c) für Negation haben wir

Fig.5 k , d , c

bereits oben eingeführt. Diese Bausteine sind die "booleschen" Bausteine. Wir schildern zunächst die Idee des Verfahrens. Wir konstruieren ein Addierwerk A_i für Summanden aus 2^i Binärstellen, das etwa mehr leistet als ein normales Addierwerk. Es bildet nämlich zu Zahlen $a=\alpha_{m-1}\dots\alpha_o$ und $b=\beta_{m-1}\dots\beta_o$, $m=2^i$ die beiden Summen $c=a+b$ und $d=a+b+1$. Die Voraussetzung hierzu ist, daß die Ziffern gemischt in der Reihenfolge α_{m-1}, β_{i-1}, α_{m-2}, $\beta_{i-2}\dots\alpha_o\beta_o$ eingegeben werden und die Summen $C=\gamma_m\gamma_{m-1}\dots\gamma_o$ und $\delta_m\delta_{m-1}\dots\delta_o$ gemischt in der Reihenfolge $\delta_m\gamma_m\delta_{m-1}\gamma_{m-1}\dots\delta_o\gamma_o$ ausgegeben werden.

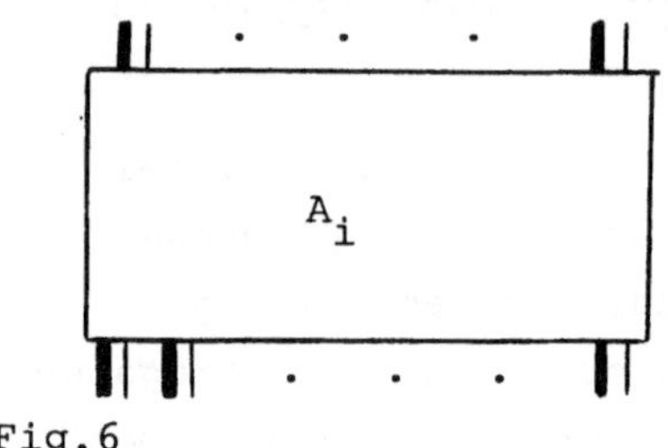

Fig.6

In Figur 6 entsprechen die stark ausgezogenen Eingänge den α_j und die stark ausgezogenen Ausgänge den δ_j. Nun kann man auf folgende Weise aus den A_i ein Addierwerk A_{i+1} bauen. Man teilt die Eingänge von A_{i+1} in zwei gleich große Gruppen, die man so wie es in Figur 8 erläutert wird an zwei Addierwerke A_i. Dann sind die 2^i hinteren Ausgänge des rechten Addierwerkes bereits korrekt. In Abhängigkeit von den Überträgen δ_m und γ_m des rechten Addierwerkes errechnet man nun aus den Resultaten des linken Addierwerkes die richtigen Resultate für die entsprechenden Ausgänge von A_{i+1}. Dies geschieht, wie man sich leicht überlegt, für jedes Paar δ_j, γ_j des linken Addierwerkes A_i durch den Baustein S, der durch Figur 7 beschrieben wird. In dieser Figur trägt die mit σ_2 bezeichnete Leitung den Wert δ_m, die Leitung σ_1 den Wert γ_m des rechten Addierwerkes A_i. Die Leitungen σ_2 und σ_1 laufen durch den Baustein S hindurch und treten rechts wieder aus.

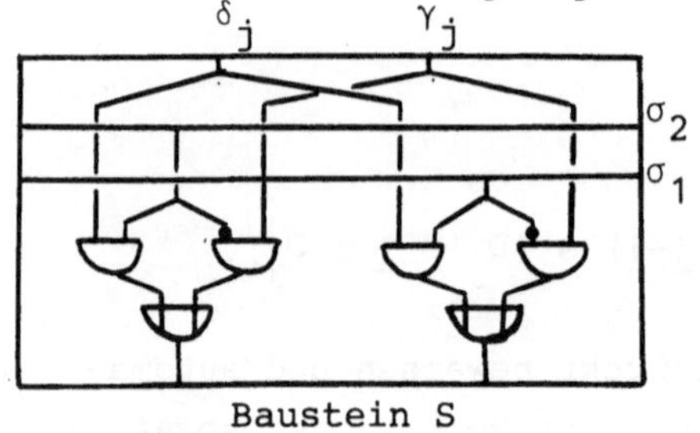

Fig.7

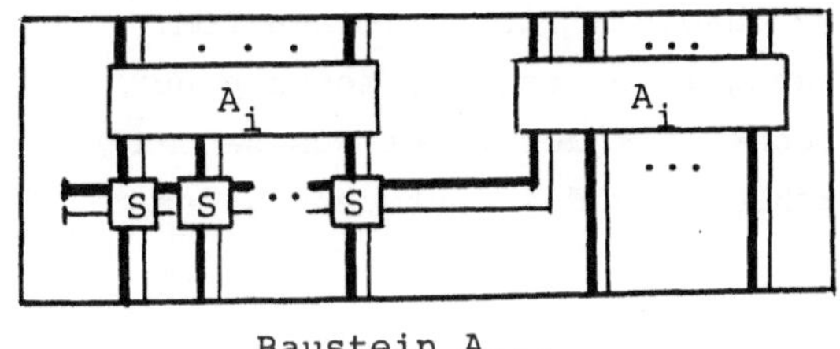

Fig.8 Baustein A_{i+1}

Hierin ist $\boxed{\vdash}$ eine Versorgung der freien Enden, d.h. mathematisch eine Projektion, die wir mit Π_2^{-i} bezeichnen.

Man entnimmt aus Figur 8 die Rekursion

$$A_{i+1} = (\Pi_2^{-i} \ominus (\overset{m+1}{\ominus} S) \ominus \boxed{\lrcorner} \ominus 2\,m|) \oplus (A_i \ominus A_i)$$

für i = 0,1,...,k. Wir finden aus Figur 7

$$S = (d \ominus d) \oplus (\overset{4}{\ominus} k) \oplus (2| \ominus C \ominus 3| \ominus C \ominus 1|)$$
$$\oplus (1| \ominus \boxed{\Lambda} \ominus 2| \ominus \boxed{\Lambda} \ominus 1|) \oplus (\overset{4}{\ominus} \boxplus \ominus \boxplus \ominus \boxplus)$$
$$\oplus (\boxplus \ominus \boxplus \ominus (\overset{3}{\ominus} \boxplus)) \oplus (1| \ominus \boxtimes \ominus 1|) \oplus (\boxed{\Lambda} \ominus \boxed{\Lambda})$$

Wie man leicht sieht, gilt

$$A_o = (2| \ominus C \ominus 1|) \oplus (d \ominus k \ominus \boxed{\Lambda}) \oplus (1| \ominus \boxtimes \ominus 2|) \oplus (\boxed{\Lambda} \ominus \boxed{\Lambda} \ominus \oplus) \oplus$$
$$(1| \ominus \boxtimes \ominus 1|) \oplus (\boxed{\Lambda} \ominus \boxed{\Lambda})$$

Nun können wir das gesamte Addierwerk $(AD)_k$ definieren.

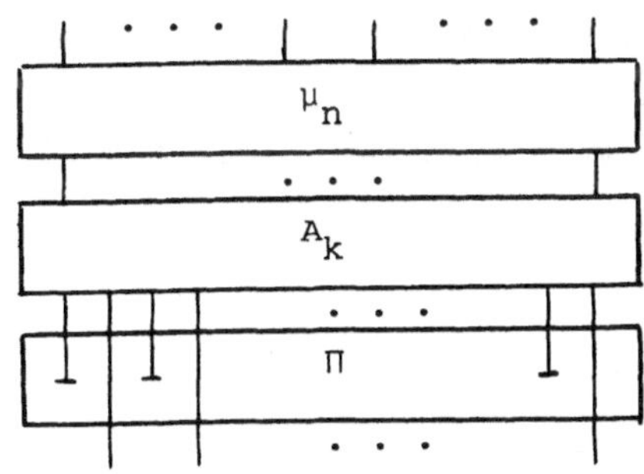

Sei $n = 2^k$. Wir haben das Netzwerk zu m Mischen bereits definiert. Am Ausgang benötigen wir nur die Ausgänge für a+b. Deshalb "projezieren wir die Ausgänge für a+b+1 weg. Dies geschieht durch den Baustein Π (Figur 9).

Wir haben

Addierwerk (conditional sum) $(AD)_k = \Pi \oplus A_k \oplus \mu_n$.

Fig.9

Wir sehen wieder, daß wir durch einfache Ausdrücke, deren Umfang <u>nicht</u> von der <u>Größe</u> des Addierwerkes abhängen, das logisch-topologische Schaltnetz für die doch schon nicht mehr ganz einfachen Verfahren hinschreiben konnten.

Als letztes Beispiel geben wir die Beschreibung eines Speichers an, der matrixförmig angelegt ist und durch zwei Dekoder von links und von oben angesteuert wird. Der Kürze halber beschreiben wir nur einen ROM. Wir geben hier nicht mehr die Begründung im einzelnen, sondern nur die Figuren und die rekursiven Ausdrücke, die der Leser aus den Figuren leicht gewinnt. Zunächst betrachten wir die Ansteuerung des Speichers aus 4 Zellen (Figur 10).

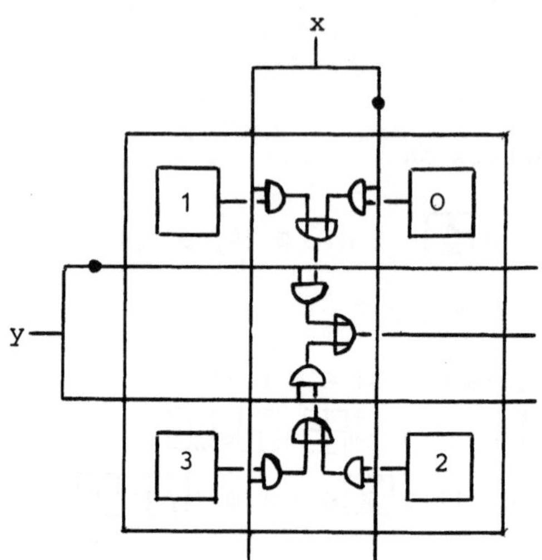

Fig.10

Speicher S_1 mit vier Zellen (S_1 ist nur der eingerahmte Schaltkreis).

Die Speicherzellen 1 und 3 bezeichnen wir mit S und die Zellen 0 und 2 durch S^{-1}. In Figur 10 kommt die in Figur 11 dargestellte Zelle C wiederholt vor. Die Signale 1 und 2 gehen unverändert durch die Zelle.

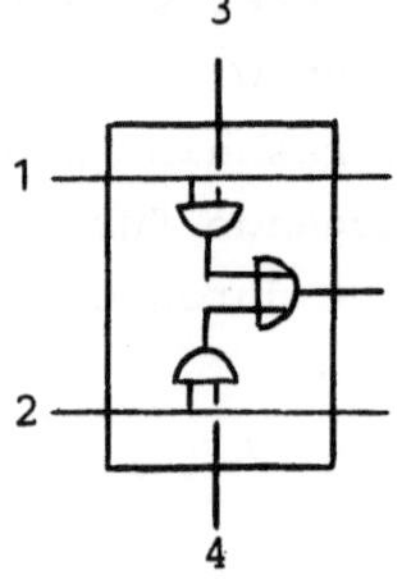

Zelle C

Fig.11

Nun definieren wir induktiv einen Speicher mit 4^k Speicherzellen. Dies geschieht durch Figur 12.

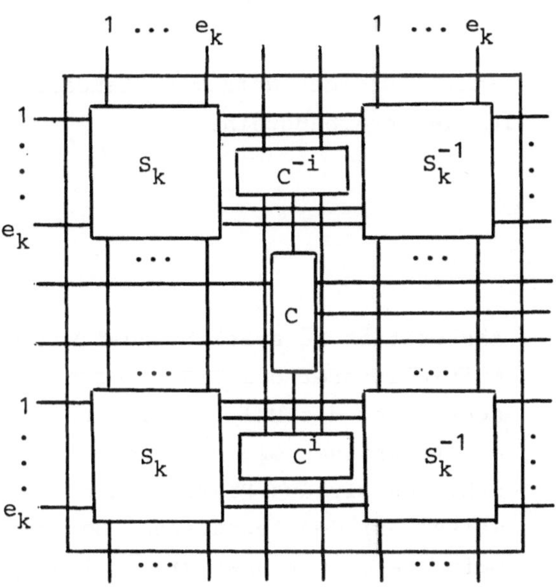

Speicher S_{k+1}, $e_k = 2e_k + 1$, $e_o = o$
Fig. 12

Die Dekodierung der Adressen besorgt unser Dekodierer D_k. Wir entnehmen den Figuren

$$S_1 = (S \ominus C^i \ominus S^{-1}) \oplus (\Gamma_{2,1} \ominus C \ominus \Gamma_{3,1}) \oplus (S \ominus C^{-i} \ominus S^{-1}) \text{ mit}$$

$$\Gamma_{i,k} = \overset{i}{\oplus} \overset{k}{\ominus} \boxplus$$

$$\begin{aligned} S_{k+1} = {} & (S_k \ominus (\Gamma_{e_{k-1}} + 1{,}2 \oplus C^i \oplus \Gamma_{e_{k-1}} + 1{,}3) \ominus S_k^{-1}) \\ & \oplus (\Gamma_{2,e_k} + 1 \ominus C \ominus \Gamma_{3,e_k} + 1) \\ & \oplus (S_k \ominus (\Gamma_{e_{k-1}} + 1{,}3 \oplus C^{-i} \oplus \Gamma_{e_{k-1}} + 1{,}2) \ominus S_k^{-1}). \end{aligned}$$

Damit erhalten wir für unseren Speicher M_n mit 4^n Speicherzellen die Formel

$$M_n = (D_n \ominus S_n) \oplus D_n^{-i}$$

Man hat Tiefe $(M_n) = 4 \cdot n$. Die Tiefe des Speichers wächst also mit $2 \cdot$Adressenlänge.

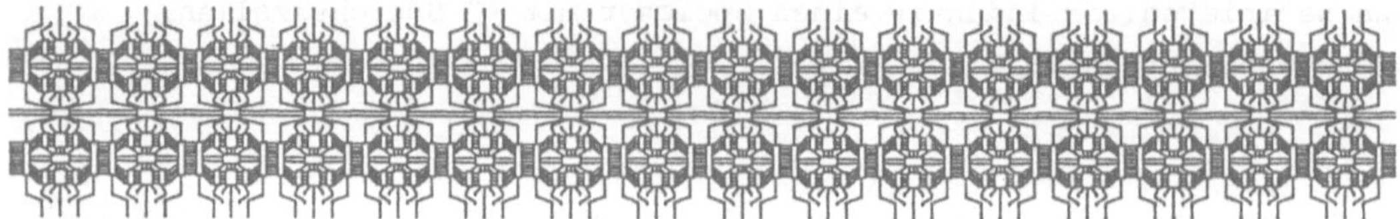

Fig.13
8-Bit-Multiplizierer, logisch-topologisches Netz mit Standardzellen für "Half-Adder" und "Produkt" als Elementarbausteine.

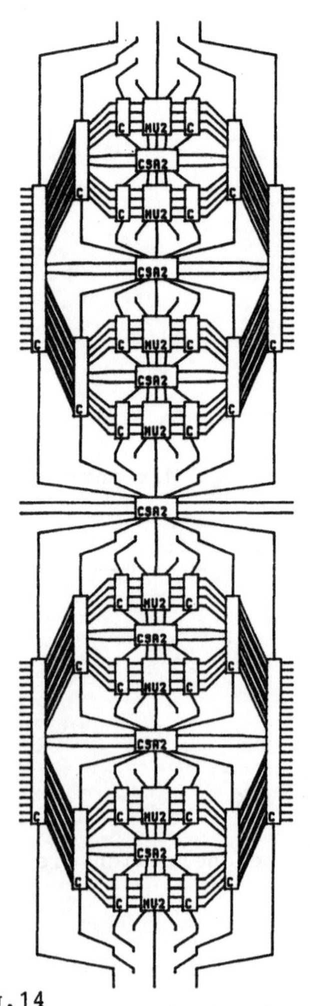

Fig.14
Ausschnitt aus einem 16-Bit-Multiplizierer in Standardzellen-Auflösung wie in Fig.13.

Als drittes Beispiel bringen wir einen Multiplizierer der Tiefe log n. Die Beschreibung des Multiplizierers durch ein rekursives Gleichungssystem unterschlagen wir aus Platzgründen und verweisen auf den technischen Bericht [BHKM]. Dafür geben wir aber die Auflösung der Rekursion für 8-Bit (Fig.13) bis auf Standardzellen und einen Ausschnitt des 16-Bit-Multiplizierers für 16 Bit (Fig.14). Fig.15 zeigt die Auflösung der Rekursion für einen 4 Bit-Multiplizierer bis auf Gatterebene. Man sieht, daß die geometrische Information, die in dieser Beschreibungsebene mit der funktionalen Beschreibung verbunden ist, bereits zu sehr ausgewogenen Verteilungen der informationsverarbeitenden und leitenden Komponenten in der Ebene führt. Betrachtet man die Leitungen genauer, so erkennt man, daß aber eine Optimierung der Leitungsführungen durchaus noch wünschenswert ist. Diese Optimierungen finden beim Übergang in die logisch geometrische Ebene statt, über die wir hier nicht weiter mitteilen [Be,Ho], [Be,Ost], [G.Ho].

Fig.15
4-Bit-Multiplizierer auf Gatterebene

Die Figuren 13, 14 und 15 wurden durch ein System erzeugt, das unsere Netzwerkausdrücke übersetzt, auflöst und auszeichnet. Dieses System versieht die Logik auch automatisch mit den Versorgungsleitungen, die wir hier aus Gründen der Übersichtlichkeit unterdrückt haben. [BHKM].

Schlußbemerkungen

Wir haben hier Beispiele ausgewählt, die für eine Beschreibung in der "Netzwerksprache" besonders geeignet sind. Wir haben hier nicht den Fall der "Rückkopplung" von Eingängen eines Netzes auf seine eigenen Eingänge mitbehandelt. Hierfür sehen wir eine spezielle Operation vor, die gewisse Zellen "identifiziert". Weiter haben wir gewisse "Verschmelzungsoperationen" von Netzen untersucht, die es erlauben sollen, in einem Team von verschiedenen Bearbeitern entwickelte Netze zu einem Netz zu integrieren.

Aus den Ausführungen ergibt sich, daß unser CAD-System im Kern die folgenden Datentypen enthalten sollte: String über A, wenn A vom Typ set ist. Net über Bausteinsystemen, die Operationen Φ, Θ, O, W, N, S und Stringoperationen. Weiter sollten sich Homomorphismen und Funktoren spezifizieren lassen. Der interessierte Leser sei auf den Bericht [BHKM] verwiesen.

Der Formelübersetzer für bikategorielle Ausdrücke, der die Rekursion für den Multiplizierer aufgelöst und ausgezeichnet hat, wurde von R. Kolla und P. Molitor in COMSKEE geschrieben. Die Idee des schnellen Multiplizierens stammt von Wallace [Wa]. Sie wurde auch in [Lu,Vu] verwendet und für diese Arbeit von B. Becker rekursiv beschrieben. Die Operationen $\ominus$ und $\oplus$ wurden als x-bzw. y-Produkt für die geometrische Ebene in HILL übernommen[Le,Me].

Literatur:

[Be, Ho]: Becker, B., Hotz, G.: "On the Optimal Layout of Planar Graphs with Fixed Boundary". Technischer Bericht des SFB 124, Nr. 3/83, S. 1-47

[Be,Os]: Becker, B., Osthof, H.-G.: "Layouts with Wires of Balanced Length". Technischer Bericht des SFB 124, Nr. 7/84, S. 1-22

[BHKM]: Becker, B., Hotz, G., Kolla, R., Molitor, P.: "Ein CAD-System zum Entwurf integrierter Schaltungen". Technischer Bericht des SFB 124, erscheint 1984

[Gr,Ho]: Groh, U., Hotz, G.: "Ein Planaritätstest für planar-konvexe Grapheneinbettungen mit linearer Komplexität". Technischer Bericht des SFB 124, Nr. 2/84, S. 1-10.

[Ho1]: Hotz, G.: "Eine Algebraisierung des Syntheseproblems für Schaltkreise". EIK, VIL. 1965, S. 185-231.

[Ho2]: Hotz, G.: "Schaltkreistheorie" de Gruyter Berlin, New York 1974, S. 1-334

[Le,Me]: Lengauer, T., Mehlhorn, G.: "The HILL System: A Design Environment for the Hierarchical Specification, Compaction, and Simulation of Integrated Circuit Layouts". Technischer Bericht des SFB 124, Nr. 02/1983, S. 1-11

[Sk]: Sklansky, J.: "Conditional-Sum Addition Logic". IRE-EC 9 (1960) S. 226-231)

[Sp]: Spaniol, O.: "Arithmetik in Rechenanlagen". Teubner Studienreihe Informatik, Stuttgart 1976.

[Lu,Vu]: Luk, W.K., Vuillemin, J.: "Recursive Implementation of Optimal Time VLSI Integer Multipliers". IFIP 1983 , S155-168

[Wa]: Wallace, C.S.: "A Suggestion for a Fast Multiplier" IEEE 13, 1964, S. 14-17

Simulation digitaler Systeme auf verschiedenen Abstraktionsebenen

Franz J. Rammig
Universität-Gesamthochschule-Paderborn

1. Zusammenfassung

Es werden Techniken zur Simulation digitaler Systeme vorgestellt. Zunächst wird auf verschiedene Abstraktionsebenen der Modellierung eingegangen. Für die Modellierung von Einzelkomponenten werden Beispiele auf verschiedenen Abstraktionsebenen genannt. Auf dieser Basis werden Kompositionstechniken und Simulationsprototypen angegeben. Auf die Simulation der Schalterebene in diesem Kontext wird besonders eingegangen. Als Beispiel für einen "mixed level"-Simulator wird der Simulator für die Hardware Beschreibungssprache CAP/DSDL vorgestellt.

2. Abstraktionsebenen

Es liegt nahe, hochintegrierte Schaltkreise als Objekte sehr hoher Komplexität auf verschiedenen Abstraktionsstufen zu beschreiben. Dabei konstituiert eine Einteilung in Abstraktionsebenen nicht nur eine Hierarchie von Objekten verschiedener Komplexität sondern in der Regel auch ein System unterschiedlicher Systemsichten. Es ist hauptsächlich eine gemeinsame Systemsicht (Modellvorstellung), die eine Abstraktionsebene konstituiert, innerhalb einer Abstraktionsebene sind dann sehr wohl hierarchische Beschreibungen möglich (und sinnvoll).

Es gibt kein "genormtes" Ebenensystem, doch kann das im Folgenden vorgestellte System als repräsentativ betrachtet werden.

Ebene 7: Systemebene

Die Modellvorstellung auf dieser Ebene ist die kooperierender semiautonomer Module (z.B. Prozessoren, DMA-Kanäle u.ä.). Typische Elementarbausteine sind abstrakte Datentypen. Das Zeitmodell reduziert sich in der Regel auf eine Kausalitätsstruktur. Die beobachtbaren Werte an Meßpunkten sind Werte aus einem frei definierbaren endlichen Wertebereich. Als typische dedizierte Sprachen für diese Ebene sind SIMULA /SIM/ oder OCCAM /IN1/ zu nennen.

Ebene 6: Algorithmische Ebene

Die Moduln der Systemebene kann man als Prozessoren auffassen, deren Wirkungsweise in Form eines ADT definiert ist. Für den Instruktionssatz eines Prozessors ist nun ein Interpretationsalgorithmus anzugeben. Damit ist man auf der algorithmischen Ebene angelangt. Die Modellvorstellung ist die eines (in der Regel hochgradig nebenläufigen) Algorithmus (z.B. interpretiertes Petri Netz), wobei auf Datenobjekten operiert wird, die relativ hardware-nahe definiert sind. Man hat also manipulative Elementarobjekte wie Register, Busse, Operatoren und algorithmische Elementarobjekte wie sequentielle Ausführung, Parallelausführung, Fallunterscheidung, Schleifen. Bezüglich des Zeitmodells beschränkt man sich oft weiterhin auf eine Kausalitätsstruktur. Allerdings erscheint es manchmal auch sinnvoll zu sein, bereits auf dieser Ebene eine erste Taktstruktur (Zeit als Zählung von Taktsignalen) einzuführen bzw. erste Realzeitaussagen zu machen. Die beobachtbaren Werte sind auf dieser Ebene meist Bitketten mit Interpretation. Als typische dedizierte Sprache für diese Ebene ist wohl ISPS /BA1/ zu nennen.

Ebene 5: Register Transfer Ebene

Die RT-Ebene ergibt sich aus der algorithmischen Ebene durch Invertierung: Das System wird nicht mehr aus der Gesamtsicht des Algorithmus gesehen (imperative Sicht) sondern aus Sicht der gesteuerten Objekte (reaktive Sicht). Wichtig ist die Separation zwischen steuerndem Automaten und darauf reagierendem Datenmanipulationsteil, wobei der Steuerungsteil natürlich sehr wohl auch aus reaktiver Sicht angegeben werden kann. Als Zeitmodell hat man in der Regel ein Taktschema zusammen mit einer Realzeitvorstellung. Elementarbausteine sind Register, Busse, Operationswerke. Beobachtbare Werte sind Bitketten ohne Interpretation. CDL /CH1/ mag als klassisches Beispiel einer dedizierten Sprache für diese Ebene gelten.

Ebene 4: Gatterebene

Expandiert man die Elementarobjekte der RT-Ebene in Schaltwerke aus logischen Gattern, so erhält man die Gatterebene. Die Separation zwischen Datensignalen und Kontrollsignalen geht hierbei natürlich verloren. Als Modellvorstellung hat man nun ein System Boolescher Gleichungen. Das Zeitmodell wird durch die reellen Zahlen dargestellt. Elementarobjekte sind logische Gatter und Verbindungsleitungen. Beobachtbare Werte sind "Bits" in einer 2 - 4 wertigen Logik. Als typische dedizierte Beschreibungssprache mag DISIM /JÄ1/ dienen.

Ebene 3: Schalter-Ebene

Die Schalter-Ebene ergibt sich einerseits durch Expansion von logischen Gattern zu Transistorschaltungen, zum anderen aber auch durch Schaltungen, die kein Äquivalent in der Gatterebene haben (z.B. Ausnutzung kapazitärer Effekte zur Speicherung). Die Modellvorstellung ist die eines endlichen Automaten, dessen Zustand im Wesentlichen durch die Ladungsverteilungen auf den Kapazitäten gegeben ist. Das Zeitmodell wird durch die reellen Zahlen dargestellt. Elementarobjekte sind Transistoren verschiedenen Typs und "Knoten" (Kapazitäten). Beobachtbare Werte sind Kapazitäten mit Interpretation, meist in einem diskretisierten Wertebereich. Als typische dedizierte Beschreibunssprache mag MOSSIM /BR1/ gelten.

Ebene 2: Symbolisches Layout

Diese Ebene unterscheidet sich aus Verhaltenssicht nicht von der Schalterebene. Es wird nur Strukturinformation hinzugefügt: Relative Lage der Transistoren zueinander, Datierungstyp der Verbindungswege. Als typische dedizierte Sprache für diese Ebene mag HILL /LM1/ dienen.

Ebene 1: Layout

Diese Ebene entspricht aus Verhaltenssicht der elektrischen Ebene. Die Prozessinformation wird als globale Information betrachtet, sodaß nur die Geometrieinformation angegeben werden muß. Als typische dedizierte Sprache für diese Ebene mag CIF dienen.

Ebene 0: Elektrische Ebene

Auf dieser Ebene ist die digitale Interpretation eines Schaltkreises auf die analoge Wirkungsweise zurückgeführt. Die Modellvorstellung ist die eines Systems von Differentialgleichungen mit einer kontinuierlichen Vorstellung von Zeit und beobachtbaren Werten. Die Elementarobjekte sind Induktivitäten, Kapazitäten, Resistoren. Als typische dedizierte Sprache für diese Ebene mag SPICE /VL1/ dienen.

3. Modellierung von Einzelkomponenten

Eine weit verbreitete Technik, das dynamische Verhalten von Systemkomponenten zu beschreiben, ist die Modellierung durch endliche Automaten. Diese Technik wird in verschiedenen Ausprägungen auf der elektrischen Ebene (z.B. DOMOS /SI1/, MOTIS /CGK/), auf der Schalterebene (z.B. MOSSIM /BR1/, CAP/DSDL /RA1/) und auf den höheren Ebenen benutzt. Natürlich werden sehr unterschiedliche Bestimmungsgrößen für den jeweiligen Zustand und sehr unterschiedliche Überführungsfunktionen benutzt. Dies soll an drei Beispielen erläutert werden:

3.1 Ein Modell für die Gatter-Ebene: QRBF

Quasi Reale Boolesche Funktionen (QRBF) wurden vom Autor vor etwa 10 Jahren als hinreichend exaktes Modell für das zeitlich-logische Verhatlen logischer Gatter entwickelt.Später wurde noch eine fünfwertige Variante /RA2/ vorgestellt.

Sei V der Wertebereich des Modells an Meßpunkten. Die Grundidee der QRBF ist es, ein Gatter nicht durch eine Funktion $f : V^n \to V$ zu modellieren sondern durch eine Funktion $f' : (V^n)^m \to V$, $f'(a_{1,t-m}, \ldots a_{m,t-m}, a_{1,t-m+1}, \ldots, a_{n,t}) = e_t$. D.h. ein Ergebnis zum Zeitpunkt t wird auf der Basis der Argumentwerte über einen gewissen Zeitraum der Vergangenheit berechnet. Dabei wird die Zeit in diskreten Schritten modelliert. Je nach zugrundegelegtem Wertebereich lassen sich nun reine Verzögerung, träge Verzögerung, Schalt- und Laufzeiten, Flankenverschleifungen u.ä. modellieren. Aus technischen Gründen setzt man die Funktion f' dabei aus mehreren Subfunktionen zusammen.

Statt auf die Argumentwerte der letzten m Zeitschritte zuzugreifen, kann man diese Werte natürlich auch als internen Zustand des Gattermodells speichern. Man erhält damit einen endlichen Automaten. Die oben genannten zeitlichen Effekte werden dann durch eine geeignete Zustandsüberführungsfunktion dargestellt. Ein dem QRBF-Modell ähnliches Modell des Zeitverhaltens liegt der CONLAN-Sprachfamilie /CN1/ zugrunde.

3.2 Ein Modell für die Schalterebene: MOSSIM

In MOSSIM /BR1, BR2/ wird von einem Netzwerk ausgegangen, das aus Knoten und Transistoren besteht. Jedem Knoten kann eine Größe zugewiesen werden, um seine Speicherfähigkeit für Ladung zu beschreiben. Als mögliche Zustände werden 0,1 und x vorgesehen, wobei hier x als eigenständiger Wert betrachtet wird. Transistoren werden als Schalter für bidirektionale Leitungen interpretiert. Je nach Typ und Wert des mit dem "gate"-Eingang verbundenen Knotens ist ein Transistor im Zustand "offen", "geschlossen" oder "unbekannt". Jedem Transistor kann eine Stärke zugewiesen werden, um seine Leitfähigkeit zu modellieren. Mit diesen Annahmen kann man aus jedem Zustand den Folgezustand errechnen, wenn man annimmt, daß bis zum Erreichen dieses Folgezustands sich die Transistorzustände nicht ändern ("unit delay"-Modell). Die Übergangsfunktion läßt sich recht elegant aufschreiben, wenn man die Menge der Werte an Knoten als Elemente eines Verbandes auffaßt, der nach Signalstärken geordnet ist. Bryant leitet dabei die Signalstärke bei Knoten, die aktuell nicht mit einem Eingang verbunden sind, von der Knotengröße ab, bei solchen Knoten, die aktuell mit einem Eingang verbunden sind, durch den maximalen Transistorwiderstand auf dem Weg vom Eingang zum Knoten.

3.3 Ein Modell für die elektrische Ebene: DOMOS

DOMOS /SI1/ ist ein Simulationssystem für MOS-Schaltungen, das von der Zustandsvariablen-Technik /KR1/ Gebrauch macht. Die Elemente des Zustandsvektors zu einem Zeitpunkt t sind die Spannungen (oder die Ladungen) der Kapazitäten und die Ströme (oder die magnetischen Flüsse) der Induktivitäten. Bei bekannten Schaltungsparametern können daraus dann mit einem algebraischen Gleichungssystem die Spannungen und Ströme durch alle nicht speichernden Bauelemente berechnet werden. Hat man all diese Werte, so lassen sich die Kapazitäten und die Spannungen an den Induktivitäten berechnen. Integriert man diese Werte über einen Zeitschritt, so erhält man die Änderung des Zustandsvektors, mit der dann auf der Basis des alten Zustandsvektors der neue berechnet werden kann.

Für die Integration könnte man sich auf eine einfache "Forward Euler" Integration beschränken, d.h. einfach die Anfangswerte über den Zeitraum integrieren. DOMOS benutzt etwas kompliziertere Verfahren, um den Simulationsfehler geringer zu halten.

Die simulierte Schaltung muß man sich um ideale Spannungsquellen erweitert denken, die die " Eingaben" in das zu simulierende Netzwerk darstellen (Anregungsvektor).

Die Übergangsgleichungen von DOMOS sollen hier nicht behandelt werden. Sie sind z.B. in /SI1/ nachzulesen. Einen Überblick über alternative Simulationsverfahren auf der elektrischen Ebene gibt /SI2/.

4. Kompositionstechniken

Zur Modellierung von Einzelkomponenten ist das Modell des endlichen Automaten gut geeignet, wie oben anhand dieser Beispiele demonstriert wurde. Die einfachste Methode, aus Komponentenmodellen ein Globalmodell zu erstellen, ist die Konstruktion eines Produktautomaten aus den Einzelmodellen anhand der Verschaltung des zu modellierenden Systems.

Dazu muß nur das Kreuzprodukt der einzelnen Zustandsvektoren als globaler Zustandsvektor benutzt werden und die Überführungsfunktion δ muß aus den einfachen Überführungsfunktionen unter Berücksichtigung der Verschaltung konstruiert werden. Diese Konstruktion ist problemlos und soll hier nicht näher erläutert werden.

Da diese Konstruktion so einfach ist, wurde sie früher für Simulatoren auf der Gatterebene gern benutzt. Auf anderen Abstraktionsebenen wird sie bis heute eingesetzt. DOMOS und MOSSIM mögen als Beispiele für Simulatoren, die auf dieser Technik basieren, dienen.

Aus zwei Gründen ist dieser Ansatz jedoch problematisch:

a) Es muß unterstellt werden, daß für alle Komponenten des zu simulierenden Systems im modellierenden Automaten eine Zustandsfortschaltung im selben "Zeitraster" erfolgt (erfolgen kann) (Synchronieproblematik).
b) In der Regel wird zu einem Zeitpunkt ein System nur punktuell angeregt (wenige Komponenten des Eingabevektors werden verändert). Diese punktuelle Anregung hat in der Regel auch nur eine Folge von punktuellen Wertänderungen im Zustandsvektor zur Folge. Da jedoch stets die gesamte Zustandsüberführungsfunktion berechnet wird, wird bei den meisten Iterationen für die meisten Komponenten des Zustandsvektors die Identität als Überführungsfunktion berechnet (Lokalitätsproblematik).

Die Synchronieproblematik läßt sich relativ leicht in den Griff bekommen, wenn man nur Objekte verschaltet, für die eine gemeinsame Auflösung der Beobachtung angemessen erscheint. Dies führt natürlich zu Simulatoren, die dediziert für eine spezielle Abstraktionsebene sind. Es kann darüber hinaus zu spezifischen Einschränkungen bzgl. der modellierbaren Systeme führen. Ein Musterbeispiel für derartige Einschränkungen ist die Beschränkung vieler RT-Simulatoren auf getaktete Systeme. Hier liefert der Systemtakt des zu simulierenden Systems die globale Synchronisation des Modells.

Eine Steigerung der Effizienz erhält man auch dadurch, daß man die Zeitfortschaltung nicht in festen Inkrementen vornimmt, sondern situationsabhängig. So müssen beispielsweise lineare Abhängigkeiten nicht mehrfach berechnet werden. Dient eine lineare Abhängigkeit zur Approximation einer höherwertigen, so kann als jeweiliger Zeitschritt der größte gewählt werden, bei dem ein vereinbarter Fehler nicht überschritten wird. Da Fehlerabschätzungen in diesem Zusammenhang relativ einfach sind, wird das Konzept der dynamsichen Schrittweitenberechnung bei Simulatoren der elektrischen Ebene häufig eingesetzt (z.B. DOMOS /SI1/). Die Lokalitätsproblematik läßt sich im Rahmen des Produktautomatenansatzes kaum vernünftig lösen. Man kann nur "hoffen", daß die zu simulierende Schaltung derart vermascht ist, daß sich Anregungen relativ breit verteilen. Sinnvoll ist dieser Ansatz daher m.E. auch nur dort, wo dies noch am ehesten gewährleistet ist und wo sich auch die Synchronieproblematik noch in vertretbarer Weise lösen läßt, d.h. auf der Ebene der elektrischen Simulation.

Beide genannten Problematiken lassen sich lösen, wenn man den Zustand als gespeicherte Basisinformation ersetzt durch das Ereignis, d.h. eine Zustands<u>änderung</u>. Ausgehend von der Schaltungsbeschreibung lassen sich für jedes Ereignis seine auslösenden Komponenten ("influencer") und unmittelbar beeinflußte Komponenten ("influencees") bestimmen.

Anstelle einer strikten Kopplung von Einzelmodellen durch Integration in ein Globalmodell hat man nun eine lose Kopplung von Einzelmodellen über die Influencer/Influencee-Kopplung. Eine stabile Komponente bleibt passiv bis sie durch ein Ereignis (Wertänderung an mindestens einer Komponente des Eingabevektors) angeregt wird. Diese Anregung kann eine oder mehrere Wertänderungen an Komponenten des <u>lokalen</u> Zustandsvektors zur Folge haben. Diese Zustandsüberführungen können zu Zeitpunkten einer <u>lokalen</u> Zeitfortschaltung stattfinden und Wertänderungen an Komponenten des Ausgabevektors zur Folge haben. Für derartige Komponenten mit Wertänderungen werden aus der Schaltungsbeschreibung die Indluencees bestimmt und für diese zum entsprechenden Zeitpunkt Ereignisse eingeplant.

Man sieht, daß sowohl die Synchronieproblematik wie auch die Lokalitätsproblematik vollständig gelöst sind. Jede Komponente kann mit ihrer lokalen Zeitfortschaltung arbeiten und an die Stelle der globalen dynamischen Schrittweitenanpassung tritt nun die lokale dynamische Anpassung. Da für jedes Ereignis die betroffenen Influencees bestimmt werden und nur diese aktiviert werden, wird die Lokalitätsproblematik optimal gelöst. Man zahlt durch einen höheren Basisaufwand, der sich im wesentlichen dadurch ergibt, daß man neue zukünftige Ereignisse in die nach Zeitpunkten vollständig sortierte Liste der zukünftigen Ereignisse einsortieren muß. Als einmaliger Aufwand ist auch noch die Bestimmung der Influencer/Influencee-Beziehungen, die sich jedoch unmittelbar aus der Schaltungsbeschreibung ableiten läßt, zu nennen.

Ein typischer Vertreter dieser Art von Simulatoren ("event scheduling") ist auf der Gatterebene TEGAS /SZ1/. Als "multilevel" Simulator (und nur über "event scheduling" lassen sich .E. "multilevel" Simulatoren effizient implementieren) ist CAP/DSDL als Beispiel für diese Klasse von Simulatoren zu nennen.

5. Simulationsprototypen

Die Wirkungsweise der beiden vorgestellten Simulationstechniken soll anhand von Simulator-Prototypen verdeutlicht werden. (Einen umfassenden Einblick in Simulationstechniken vermittelt /ZE1/.)

Sei X_t der Zustand des Simulationsmodells zum (simulierten) Zeitpunkt t, gegeben durch die Werte seiner Komponenten (Darstellungsvariable) $x_{1,t}$ ..., $x_{m,t}$. Sei h die (hier als fest angenommene) Schrittweite, angegeben in zu simulierender Zeit, t_0 der Startzeitpunkt, $t_f = t_{0+nh}$ der Endezeitpunkt.

Mit X_{t_0} wird der Anfangszustand bezeichnet. Faßt man die Eingabemuster als Beschreibung des Moduls "Ambiente" auf und geht davon aus, daß der gesamte Zustandsvektor beobachtet wird, die Ausgabefunktion also einfach die Identität auf dem Zustand ist, so erhält man einen sehr einfachen Simulationsprototyp.

```
while t ≤ tf do
   begin
      for all xi do
         xi' := fi(X)
      t := t + h ;
      for all xi do
         xi := xi'
   end
```

Man beachte, daß die Wertzuweisungen an die Darstellungsvariablen über einen Zwischenpuffer geschehen. Dadurch ist sichergestellt, daß nur Werte zum Zeitpunkt t für die Berechnung zum Zeitpunkt $t + h$ eingehen. Der Algorithmus wird damit auch unabhängig von der Anwendungsreihenfolge der f_i .

Will man noch eine dynamische Schrittweitenberechnung vornehmen, so erweitert sich der Algorithmus zu:

```
while t ≤ tf do
   begin
      h := step (error) ;
      for all xi do
         xi':= fi(X,h) ;
      t := t + h ;
      error := errorfkt (X,X',h) ;
      for all xi do
         xi := xi'
   end
```

Hier muß natürlich ein initialer Fehler vorgegeben werden, z.B. $\emptyset$.

Für den Simulatorprototyp für die ereignisgesteuerte Simulation sei angenommen, daß Ereignisse zeitlich sortiert in einer Warteschlange stehen. Jedes Ereignis ist von der Form $E_{k,t} = (K,t,V)$, d.h. die Komponente K bekommt zum Zeitpunkt t den Wert V zugewiesen. Für jede Komponente K des Zustandsvektors wird folgende Information gespeichert.

Influencees_k

$B_k = \beta_k(bx_{k_1}, \ldots, bx_{k_m})$ Ausführbarkeitsbedingung

$A_k = \alpha_k(ax_{k_1}, \ldots, ax_{k_n})$ lokale Zustandüberführung

$D_k = \delta_k(dx_{k_1}, \ldots, dx_{k_l})$ lokale Verzögerung

Mit diesen Annahmen läßt sich ein Simulatorprototyp für ereignisgesteuerte Simulation wie folgt aufschreiben:

```
begin
   t := ∅
   while t ≤ tf do
      begin
        extract (ke,te,ve) with t minimal from queue ;
        t := te ;
        xk:= ve ;
        for all k' elem influenceesk do
           if Bk' satisfied then
              begin
                 ve' := Ak' ;
                 te' := t + Dk' ;
                 insert (k'e ,te',ve') into queue
              end
      end
end
```

Auch dieser Basisalgorithmus läßt sich noch verfeinern, wobei hauptsächlich darauf geachtet wird, keine "überflüssigen" Ereignisse zu produzieren (z.B. Wertzuweisungen, die keine Änderung bedeuten).

6. Simulation der Schalterebene mit ereignisgesteuerter Simulation

Die Simulationstechnik, die hier vorgestellt werden soll, arbeitet mit einem Potenzmengenmodell für die beobachtbaren Werte an Netzwerkknoten. Dieses Wertemodell ist für die eigentliche Simulationstechnik nicht zwingend, erscheint aber sehr adäquat.

Das Potenzmengenmodell geht von einer endlichen Menge eigentlicher Werte aus, unbestimmte Werte werden durch Angabe aller möglichen Werte dargestellt. Alle Operationen werden nun auf derartigen Teilmengen (die im Falle von eigentlichen Werten einelementig sind) definiert. Bei der üblichen Mengendarstellung durch Bitvektoren lassen sich alle diese Operationen auf logisches Und und Oder zurückführen, sodaß alle Alternativen ohne zeitlichen Zusatzaufwand simultan durchgerechnet werden (und beim üblichen Instruktionsvorrat auch sehr effizient). In /LR1/ wird von folgender Menge V eigentlicher Werte ausgegangen:

L0 (niederohmig Null)	L1 (niederohmig Eins)
M0 (abgeschwächte Null)	M1 (abgeschwächte Eins)
H0 (hochohmige Null)	H1 (hochohmige Eins)
Z (hochohmig ohne Wertinterpretation)	

Auf V wird die offensichtliche Halbordnung definiert. Mit dieser Ordnung lassen sich nun die beiden Basisoperationen der Modellierung definieren:

a) Sup-Funktion (Basisfunktion für Werteverhalten an Knoten)

$$\forall a, b \in V : \sup(a,b) = \underline{\text{if}}\ a \le b\ \underline{\text{then}}\ b\ \underline{\text{else}}\ \underline{\text{if}}\ b \le a\ \underline{\text{then}}\ a\ \underline{\text{else}}\ \{a,b\}$$

$$\forall A, B \in 2^V : \sup(A,B) = \bigcup_{\substack{a \in A \\ b \in B}} \sup(a,b)$$

b) $\downarrow$-Funktion (Basisfunktion für Verhalten sperrender Transistoren)

$$\forall a \in V : \downarrow(a) = \underline{\text{if}}\ a \in \{H1,M1,L1\}\ \underline{\text{then}}\ H1\ \underline{\text{else}}\ \underline{\text{if}}\ a \in \{H0,M0,L0\}\ \underline{\text{then}}\ H0\ \underline{\text{else}}\ Z$$

$$\forall A \in 2^V : \downarrow(A) = \bigcup_{a \in A} \downarrow(a)$$

Ein Feldeffekttransistor als bidirektionales Schaltelement ist zunächst in einen unidirektionalen Simulationsalgorithmus schwer einzubinden. Dies läßt sich aber relativ einfach lösen, wenn man die bidirektionalen Anschlüsse jeweils durch Paare (Eingang, Ausgang) modeliert. Aus technischen Gründen ist es zudem notwendig, zwischen den Werten von benachbarten Knoten einschließlich des Eigenanteils a.in.me, b.in.me und ohne den Eigenanteil a.in.oe, b.in.oe zu unterscheiden.

Man erhält damit beispielsweise für einen positiven Schalter PS (z.B. n-Kanal MOSFET) folgendes Modell:

PS : $(2^V)^5 \rightarrow (2^V)^2$

PS (gate,a.in.oe, a.in.me, b.in.oe, b.in.me) = (a.out, b.out)
= *if* gate $\in$ {DO,MO,HO,Z} *then* ($\downarrow$(b.in.me), $\downarrow$(b.in.in.me))
else (b.inoe, a.in.oe)

Ein Knoten nd mit Ladungszerfallszeit n kann modelliert werden durch:

nd : $((2^V)^2)^n \rightarrow 2^V$

nd(a_{t-n}, b_{t-n}; a_{t-n+1}, b_{t-n+1}; ...; a_t, b_t)
= *if*(*for all* t' $\in$ [t -n+1, t] : sup ($a_{t'}$, $b_{t'}$) $\in$ {H1,HO,Z}
then Z *else* sup(a_t,b_t)

Diese Modelle lassen sich sehr einfach mit ereignisgesteuerter Simulation behandeln. Somit lassen sich sowohl sehr effiziente Schalterebenen-Simulatoren bauen wie auch diese Abstraktionsebene in Mehrebenen-Simulatoren integrieren.

Nicht ganz trivial ist die Umsetzung einer Transistorschaltung in eine "Schaltung" (Strukturbeschreibung) aus den modellierenden Objekten. In /MU1/ wird dieser Transformationsalgorithmus mit Hilfe einer Graph Grammatik spezifiziert.

7. Ein Beispiel für einen "multilevel" Simulator: CAP/DSDL

CAP/DSDL soll hier als Beispiel für einen komplexen "multilevel" Simulator dienen. (In Rahmen dieser Abhandlung wird nur auf den Simulationsaspekt von CAP/DSDL eingegangen, andere Systemkomponenten werden bewußt ausgeklammert.)

Die Hardware Beschreibungs Sprache CAP/DSDL überdeckt den Bereich von Systemebene bis Schalterebene. Somit ist der CAP-Simulator als Laufzeitsystem für diese Sprache ein "multilevel" und "mixed level" Simulator. Die für das genannte Ebenenspektrum genannten externen Modellierungskonzepte "aktive Steuerung", "datengetriebene Steuerung" und "stimulierte Gleichungen" werden auf zwei interne Modellierungskonzepte "aktive Steuerung" und "datengetriebene Steuerung" zurückgeführt. Diese beiden internen Konzepte schließlich werden abgebildet auf ereignisgesteuerte Simulation als Simulationstechnik. Man erhält somit den folgenden konzeptionellen Aufbau des CAP-Simulators:

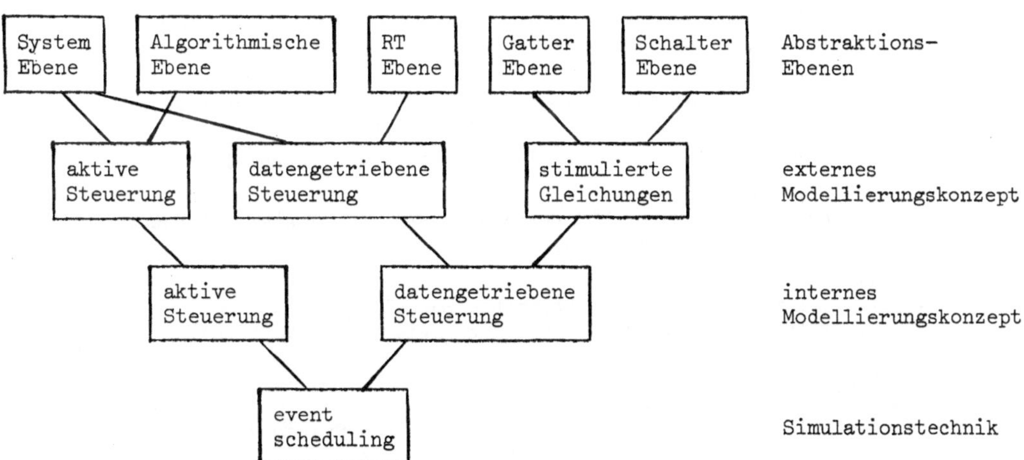

Die Abbildung einer datengetriebenen Steuerung auf ereignisorientierte Simulation ist eine wohlbekannte Technik, zumindestens solange man sich auf der Gatterebene bewegt. Die Schalterebene wird integriert, indem man das in Kapitel 6 beschriebene Verfahren wählt.

Das Simulationssystem ist in mehreren Schalen aufgebaut. Den Kern bildet die Modellierung atomarer Ereignisse (z.B. Abarbeitung von Ausdrücken). Dies wird durch direkt ausführbaren Code geleistet. Darauf sitzt ein ereignisgesteuerter Simulator für die datengetriebene Steuerung. Dieser wird überlagert von einem weiteren ereignisgesteuerten Simulator für die aktive Steuerung. Der Gesamtalgorithmus ist selbstadaptierend, d.h. die aktuell benötigten Systemteile werden aktiviert.

Literatur

/BA1/ M.R. Barbacci et al.
The ISPS Computer Description Language
Technical Report, Dept. of Computer Science, Carnegie Mellon University, 1977

/BR1/ R.E. Bryant
MOSSIM: A Switch-Level Simulator for MOS-LSI
Proceedings 18th Design Automation Conference, 1981

/BR2/ R.E. Bryant
A Switch-Level Model of MOS-Logic Circuits
Proceedings VLSI, 81, Edinburgh 1981

/CH1/ Y. Chu
Introducing CDL
IEEE Computer, Dec. 1979

/CGK/ B.R. Chawla, H.K. Gummel, P. Kozak
MOTIS - A MOS Timing Simulator
IEEE T-CAS-22, Dec. 1975

/CD1/ R. Piloty, M. Barbacci, D. Borrione, D. Dietmeyer, F. Hill, P. Shelly
CONLAN Report
Springer, 1983

/IN1/ Inmos
Occam Programming Manual
Prentice Hall, 1984

/JÄ1/ U. Jäger
Logik- und Fehlersimulation mit dem Programmsystem DISIM
Seminarunterlagen Praxis der Großintegration, Abt. Elektrotechnik, Universität Dortmund, 1983

/KR1/ E.S. Kuh, R.A. Rohrer
The State-Variable Approach to Network Analysis
Proc. IEEE, Vol. 53, July 1965

/LM1/ T. Lengauer, K. Mehlhorn
The HILL System: A Design Environment for the Hierarchical Specification, Compaction, and Simulation of Integrated Circuit Layouts
TR A 83/04 , SFB 124, B2 Univ. des Saarlandes, Saarbrücken, 1983

/LR1/ K.-D. Lewke, F.R. Rammig
Description and Simulation of MOS Devices in Register Transfer Languages
Proceedings VLSI '83, Trondheim, 1983

/RA1/ F.J. Rammig
CAP/DSDL: Preliminary Language Reference Manual
Forschungsbericht Nr. 129, Abt. Informatik, Universität Dortmund, 1980

/RA2/ F.J. Rammig
Five Valued Quasi Real Boolean Functions
Proceedings 5th European Meeting on Cybernetics and System Research, Wien, 1980

/SI1/ H. Sibbert
Modellierung und Netzwerkanalyseprogramm für MOS-Schaltungen mit hoher Leistungsfähigkeit
Diss. Univ. Dortmund, 1977

/SI2/ H. Sibbert
Verfahren und Programme für die Schatlungs- und Timing-Simulation
Seminarunterlagen Praxis der Großintegration, Abt. Elektrotechnik, Univers. Dortmund, 1983

/SIM/ O. Belsnes
The Use of SIMULA for Real-Time System Implementation
Norwegian Computing Center, Oslo, 1978

/SZ1/ S.A. Szygenda
TEGAS 2 - Anatomy of a general purpose generation test generation and simulation system for digital logic
Proceedings Design Automation Workshop, 1972

/VL1/ A. Vladimirescu, S. Liu
The Simulation of MOS Integrated Circuits Using SPICE 2
Memo UCB/ERLM 80/7, Univ. of Calif., Berkley, 1980

/ZE1/ B. Zeigler
Theory of Modelling and Simulation
Wiley & Sons (1976)

/MU1/ E. Muliyanto
Logiksimulation für MOS-Schaltungen
Diplomarbeit Universität Dortmund, 1984

TESTPROBLEME BEI HÖCHSTINTEGRIERTEN SCHALTUNGEN

J. Mucha

Institut für Theoretische Elektotechnik
Universität Hannover
Callinstraße 32, D-3000 Hannover 1

Zusammenfassung

Herkömmliche Testverfahren sind für den Test von VLSI-Komponenten ungeeignet. Die Ursachen liegen in der von der Großintegration bevorzugt verwendeten CMOS-Technologie und in der Komplexität der Prüflinge. Die einzelnen Probleme werden beschrieben und Lösungswege, soweit erkennbar, aufgezeigt.

1. Einleitung

Aufgrund der wachsenden Komplexität hochintegrierter Schaltungen sind die Testkosten für derartige Schaltungen heute von der Größenordnung der übrigen Herstellungskosten. Damit wird das Testen zu einem der wichtigsten Probleme der Größtintegration.

Wir verstehen unter Testen die Überprüfung jedes gefertigten Exemplars einer integrierten Schaltung auf Übereinstimmung mit dem Entwurf. Auch schon während des Entwurfsprozesses sind vielfältige Tests erforderlich, um sicherzustellen, daß der Entwurf der Intention des Designers oder seines Auftraggebers entspricht. Diese sogenannte Designverifizierung ist jedoch nicht Gegenstand der folgenden Betrachtung, da eine gewisse Hoffnung besteht, die Korrektheit von Entwürfen in Zukunft durch Designautomatisierung zu garantieren.

Eine solche Garantie kann es für den physikalischen Fertigungsprozeß von Chips natürlich nicht geben, schon allein wegen der unvermeidlichen Kristalldefekte. Hier bleibt also ein physikalischer Test erforderlich, der apparativ sehr aufwendig ist.

Die folgenden Ausführungen beschränken sich auf digitale synchrone integrierte Schaltungen.

2. Test und Komplexität

Im allgemeinsten Fall muß Testen als ein Maschinenidentifikationsproblem aufgefaßt werden. Hierzu ist Voraussetzung, daß die Automatentafel gegeben ist. Man kann zeigen (MOORE 1956 /1/), daß sich bei einem reduzierten streng zusammenhängenden Schaltwerk mit n Zuständen die obere Schranke für die Länge des Tests allgemein nicht unter m^{n-1} drücken läßt, wobei m der Umfang des Eingangsalphabets ist.

Es ist offensichtlich, daß ein solches Vorgehen wegen der exponentiellen Komplexität des Tests bei technisch sinnvollen Schaltungen nicht praktikabel ist. Es ist aber auch bekannt, daß die Komplexität drastisch sinkt, wenn man die Steuerbarkeit (controllability) und Beobachtbarkeit (observability) einer Schaltung erhöht /2/. Hierfür muß zwar zusätzliche Hardware (overhead) aufgewendet werden, auf diese Weise kann aber bereits beim Entwurf sicher gestellt werden, daß das endgültige Produkt leichter testbar ist. In einem solchen testfreundlichen Entwurf liegt der Schlüssel zur Lösung des Testproblems bei hochintegrierten Schaltungen.

Im Gegensatz zu den Herstellern haben die Anwender mikroelektronischer Komponenten im allgemeinen keine Möglichkeit, die Testfreundlichkeit eines Entwurfs zu beeinflussen. Für sie stellt sich das Testproblem in unverminderter Schärfe .

Hieraus wurden nun höchst unterschiedliche Schlußfolgerungen gezogen, die in gegensätzlichen Teststrategien ihren Ausdruck finden, dem strukturellen und dem funktionalen Test.

3. Teststrategien

Beim strukturellen Test trägt man der Tatsache Rechnung, daß eine Maschinenidentifikation bei technisch sinnvollen Schaltungen nicht anwendbar ist, und beschränkt sich darauf, die Übereinstimmung zwischen physikalischer Realisierung und dem als korrekt angenommenen Logikentwurf zu überprüfen. Dazu muß eine Beschreibung des Prüflings auf Gatterebene zur Verfügung stehen, aus der die Testmuster (Stimuli) hergeleitet werden können. Ferner benötigt man ein Fehlermodell (vgl. Abschnitt 4). Eine Designverifizierung ist so allerdings nicht möglich.

Der funktionale Test, der den Anspruch erhebt, die Funktion zu testen, müßte im Sinne der Maschinenidentifikation eigentlich von der Automatentafel ausgehen. Da diese aber meist nicht bekannt ist, jedenfalls nicht bei technisch sinnvollen Schaltungen, behilft man sich mit einer näherungsweisen Beschreibung des Prüflings auf einer Ebene oberhalb der Gatterebene, etwa mit dem Befehlssatz im Falle eines Mikroprozessors /3,4/. Diese Teststrategie muß als Notbehelf für den Fall angesehen werden, daß eine Beschreibung auf Gatterebene nicht erhältlich ist, ein struktureller Test also ausscheidet. Diese Situation ist für viele Anwender integrierter Schaltungen typisch.

Der strukturelle Test hat sich gegenüber dem funktionalen Test in der Industrie weitgehend durchgesetzt. Die Gründe hierfür werden im nächsten Abschnitt aufgezeigt.

4. Fehlermodelle und Fehlererkennungsgrad

Aufgrund von physikalischen Defekten kann man zum Beispiel in einem MOS-NOR-Gatter mit drei Eingängen etwa 30 verschiedene elektrische Einfachfehler identifizieren. Diese wiederum bilden sich auf nur acht verschiedene logische Fehler ab, sogenannte Haftfehler, die sich dadurch äußern, daß entweder ein Gattereingang oder ein Gatterausgang ständig den logischen Wert 0 oder 1 annimmt (single stuck-at 0, single stuck-at 1).

Da für andere Gatter und andere Technologien Ähnliches gilt, steht somit in Form des Haftfehlermodells ein einfaches leistungsfähiges Fehlermodell zur Verfügung. Vom Standpunkt der Maschinenidentifikation wird die Menge der zu identifizierenden Maschinen durch dieses Modell stark reduziert. Fast noch bedeutender ist aber, daß mit Hilfe dieses Modells Fehler zum Zwecke der Fehlersimulation oder Testmusterberechnung automatisch erzeugt werden können.

Das Fehlermodell eröffnet auch die Möglichkeit, den Fehlererkennungsgrad eines Tests quantitativ anzugeben, nämlich als Verhältnis der Zahl der erkannten Fehler zu der Zahl der modellierten Fehler.

Diese Vorzüge haben dem Haftfehlermodell eine breite Akzeptanz verschafft, die sich auf eine jahrzehntelange Erfahrung abstützen kann.

Beim funktionalen Test hingegen gibt es kein derartiges Fehlermodell. Deshalb läßt sich dort auch kein sinnvoller Fehlererkennungsgrad angeben. Experimente, in denen funktionale Tests durch Fehlersimulation hinsichtlich ihres Haftfehlererkennungsgrades untersucht wurden, lieferten enttäuschende Ergebnisse: nur etwa 70% der Haftfehler wurden durch die funktionalen Testmuster erkannt /3,5/. Andererseits ist aber bekannt, daß der Haftfehlererkennungsgrad deutlich über 90% liegen muß, um nichttolerierbare Ausfälle der Prüflinge bei ihrem späteren Einsatz zu vermeiden /6/.

Natürlich weist das Haftfehlermodell (für Einfachfehler) auch Schwächen auf. Es versagt bei gewissen Kurzschlüssen und Mehrfachfehlern, bei allen Fehlern, die ausschließlich das Zeitverhalten beeinflussen, sowie bei einigen technologiespezifischen Fehlern.

Bei Defekten, die ausschließlich das Zeitverhalten einer Schaltung beeinflussen, wie etwa eine fehlerhafte Schottky-Diode oder ein fehlerhafter Transistor in einem CMOS-Transfergatter, kann vom Haftfehlermodell keine Hilfe erwartet werden, da dieses Modell für einen statischen Test (DC Test) entwickelt wurde. Bei einem solchen sind nur die logischen Signalpegel, also keine Zeiten, relevant. Die hier angesprochenen Fehler erfordern einen dynamischen Test (AC Test).

Es ist bekannt, daß bis auf gewisse Ausnahmen Kurzschluß- und Mehrfachfehler durch Tests für einfache Haftfehler ebenfalls entdeckt werden, gegebenenfalls mit Hilfe zusätzlicher Restriktionen bei der Testmusterberechnung /7/. Eine solche Ausnahme ist zum Beispiel ein Kurzschluß zwischen Leitbahnen, durch den eine kombinatorische Schaltung in eine sequentielle umgewandelt wird. Für die praktische Anwendung ist die Häufigkeit des Auftretens solcher Ausnahmen von großer Wichtigkeit. Zur Abschätzung dieser Häufigkeit wurden Computerexperimente durchgeführt /6/, bei denen Kurzschlüsse zufällig in eine Schaltung eingefügt wurden. Die so modifizierte Schaltung wurde dem Haftfehlertest für die nicht modifizierte Schaltung unterworfen. Dabei wurden 99,5% der Kurzschlüsse entdeckt, aber nur, wenn der Haftfehlererkennungsgrad nahe bei 100% lag. Hier sind sicher weitere Untersuchungen notwendig, da hochintegrierte Schaltungen von Leitbahnen dominiert werden und damit Leitbahnfehler, wozu die Kurzschlüsse zählen, zunehmend wichtiger werden.

Bei den technologiespezifischen Fehlern sind insbesondere CMOS-Fehler und hier vor allem CMOS-Stuck-Open-Faults zu nennen, durch die eine kombinatorische Schaltung aufgrund von kapazitiven Speichereffekten in eine sequentielle Schaltung umgewandelt wird /8/. Viele dieser Fehler werden durch Tests für Haftfehler mitentdeckt, leider aber nicht alle. Diese Ausnahmen sind sogar durch vollständige (exhaustive) Tests nicht zu entdecken /9/. Auch die noch zu besprechende Scan-Path-Methode (s. Abschnitt 6.1) gerät bei CMOS-Stuck-Open-Faults in Schwierigkeiten. Da CMOS die bevorzugte VLSI-Technologie ist, sind zwei Fragen dringend zu klären: wie häufig sind CMOS-Stuck-Open-Faults überhaupt und wie häufig werden sie durch übliche Haftfehlertests nicht erkannt. Von den Antworten wird es abhängen, ob wesentlich aufwendigere Tests für CMOS-Stuck-Open-Faults angewendet werden müssen.

Der Vollständigkeit halber muß noch erwähnt werden, daß gerade bei CMOS aber auch bei NMOS layout-abhängige Fehler auftreten können, die Spannungspegel zur Folge haben, welche nicht eindeutig als logische 0 oder 1 interpretierbar sind. Hier muß auf analoge Methoden zurückgegriffen werden.

Zusammenfassend kann über Fehlermodelle gesagt werden:

- Das Haftfehlermodell (für Einfachfehler) modelliert nicht alle in der Praxis auftretenden Fehler.
- Dennoch erkennen auf dem Haftfehlermodell basierende Tests eine Vielzahl der nicht modellierten Fehler ebenfalls.
- Insbesondere für die CMOS-Technologie muß die Brauchbarkeit des Haftfehlermodells überprüft werden.

5. Testmusterbestimmung

Jedem Test geht eine Testvorbereitung voraus, die im wesentlichen aus der Bestimmung der Testmuster besteht. Der hierfür erforderliche Entwicklungsaufwand entsteht einmal pro Chipdesign und kann auf die Anzahl der gefertigten Chips umgelegt werden. Komplexe Chips werden - abgesehen von Speicherchips - meist in geringeren Stückzahlen gefertigt. Daraus folgt, daß für VLSI-Chips die Testmusterbestimmung einen großen Kostenfaktor darstellt.

5.1 Manuelle Testmustererstellung

Diese Methode basiert auf der Intuition des Designers. Sie besitzt im allgemeinen keine Systematik und Erfolgsgarantie und ist bei großen Schaltungen nicht anwendbar. Im Falle von Mikroprozessoren wird vielfach der Instruktionssatz benutzt, eine fragwürdige Vorgehensweise, weil Datenabhängigkeiten nicht überprüft werden. Im übrigen gilt hier das zum funktionalen Test bereits Gesagte (s. Abschnitt 3).

Erfolgreich ist diese Methode jedoch bei Spezialschaltungen wie Speicherchips, wo sich effiziente heuristische Muster (z.B. marching ones, galpat u.a.m.) herausgebildet haben. Jede andere Vorgehensweise ist hier ohnehin aus Komplexitätsgründen ausgeschlossen.

5.2 Algorithmische Verfahren

Heutiger Stand der Technik sind algorithmische Verfahren zur Testmusterberechnung. Sie beruhen auf dem Prinzip des Pfades, dem topologischen Äquivalent der Booleschen Differenz. Gebräuchlich sind der D-Algorithmus nach ROTH /10/ und Programme wie LASAR oder PODEM /11,12/.

Nicht alle sogenannten algorithmischen Verfahren sind Algorithmen im strengen Wortsinn, von denen wir erwarten, daß sie für einen Fehler einen Test liefern, wenn ein solcher existiert. So bleibt der Benutzer oft im Unklaren darüber, ob ein bestimmter Fehler nicht erkennbar, also redundant ist, oder ob lediglich das benutzte Verfahren nicht in der Lage war, ein Testmuster zu finden. In einem solchen Fall bleibt natürlich auch der Fehlererkennungsgrad unbestimmt, was zu nutzlosem Weiterrechnen mit vermeidbaren Kosten führen kann.

Viele Programme zur Testmusterberechnung sind eine Mischung aus D-Algorithmus und Fehlersimulation, weshalb die letztere zusammen mit der logischen Richtigsimulation ein wesentlicher Bestandteil der Testvorbereitung ist. Alle algorithmischen

Verfahren zur Testmusterberechnung sind sehr rechenintensiv.

5.3 Universelle Testmengen

Eine Alternative zur Vermeidung der hohen Rechenkosten sind universelle Testmengen. Darunter versteht man Testmuster, von denen von vornherein bekannt ist, daß sie alle oder gewisse angebbare Fehler einer Schaltung erkennen. Die bekannteste universelle Testmenge ist der vollständige Test (exhaustive test) für kombinatorische Schaltungen, der in einem Abprüfen der Wahrheitstafel vermittels sämtlicher 2^n Kombinationen der n Eingangsvariablen besteht.

Die Vorteile des vollständigen Tests sind beträchtlich:

- die Testmusterberechnung entfällt
- man benötigt keine Fehlersimulation
- man benötigt kein Fehlermodell
- das Redundanzproblem entfällt
- der Fehlererkennungsgrad ist 100%.

Neben den bereits erwähnten Unzulänglichkeiten bei CMOS-Stuck-Open-Faults und der Gefahr, gelegentlich Prüflinge mit verbotenen Mustern zu stimulieren, wird als Hauptnachteil oft die große Testlänge angesehen, z. B. etwa 10^6 Muster bei n=20 Eingängen. Bei der Geschwindigkeit heutiger Tester sind jedoch wesentlich größere Testlängen handhabbar, erst recht wenn man an selbsttestende Schaltungen denkt. Die 2^n Testmuster können in einfacher Weise durch Zähler oder rückgekoppelte Schieberegister physikalisch generiert werden.

5.4 Pseudozufällige Testmuster

Mit wachsender Zahl der Eingänge wird schnell die Grenze für einen vollständigen Test erreicht. Als Alternative kann in diesem Fall der Test mit pseudozufälligen Testmustern ins Auge gefaßt werden, die z. B. wieder leicht mit linear rückgekoppelten Schieberegistern generiert werden können.

Hier stellt sich aber nun wieder das Problem, den Fehlererkennungsgrad zu berechnen. Dies kann auf zwei Arten geschehen: durch Fehlersimulation oder mit Hilfe der Wahrscheinlichkeitsrechnung.

Die letzten Jahre haben eine unglaubliche Leistungssteigerung bei den Logiksimulatoren gebracht, insbesondere durch den Einsatz von "dedicated hardware" /13/.

Pro Sekunde werden bis zu 22,5 Millionen Gatterevaluierungen erreicht /14/. Damit ist es in der Tat möglich, auch für große Schaltungen eine Fehlersimulation mit vielen Testmustern durchzuführen.

Der wahrscheinlichkeitstheoretische Ansatz versucht, ein Vertrauensintervall dafür anzugeben, daß für eine gegebene Schaltung ein Fehlererkennungsgrad von p% mit N pseudozufälligen Mustern erreicht wird /15,16/. Die Untersuchungen konzentrieren sich hier darauf, sogenannte schwer erkennbare Fehler in einer Schaltung zu identifizieren. Die bekannten Programme zur Berechnung von Maßen für Testbarkeit (SCOAP, TMEAS, CAMELOT, VICTOR u.a.m. /17/) können als erster, wenn auch völlig unzureichender, Schritt in diese Richtung betrachtet werden. Die Entwicklung befindet sich hier noch in den Anfängen.

Insgesamt scheint sich ein Trend zu größeren Testlängen abzuzeichnen, worunter durchaus einige Millionen Testmuster zu verstehen sind.

6. Entwurf testfreundlicher Schaltungen

Auch in Anbetracht der Leistungssteigerung der Simulationswerkzeuge kann das Komplexitätsproblem des Testens - wie schon erwähnt - nur durch einen testfreundlichen Entwurf gelöst werden. Hierbei haben sich zwei wesentliche Entwicklungslinien herausgebildet: der Scan-Path und der Selbsttest. Natürlich gibt es darüber hinaus viele Möglichkeiten, durch Schaltungstricks die Testbarkeit zu verbessern, aber sie beruhen auf der Intuition des Designers und entbehren der Systematik.

6.1 Die Scan-Path-Methode

Die Scan-Path-Methode ist derzeitiger Stand der Technik bei allen Großrechnerherstellern und unter Bezeichnungen wie LSSD, Scan Test, Scan Set, Prüfbus u.ä. gebräuchlich. Am bekanntesten ist der von IBM entwickelte Level Sensitive Scan Design (LSSD). Wegen der ausführlichen Behandlung dieser Methode in der Literatur /18/ können wir uns zur Funktionsweise auf wenige Bemerkungen beschränken:

(1) Das Prinzip der Scan-Path-Methode besteht darin, daß zum Zwecke des Testens eine schwer testbare sequentielle Schaltung in eine kombinatorische Schaltung umgewandelt wird, die - wie wir wissen - leicht testbar ist.

(2) Diese Umwandlung geschieht dadurch, daß alle Flipflops der Schaltung zu einem Schieberegister, dem Scan-Path, zusammengeschaltet werden, dessen Anfang und Ende mit Chipanschlüssen verbunden sind. Der Rest der Schaltung

ist kombinatorisch und über den Scan-Path jetzt sehr gut beobachtbar und steuerbar und damit leicht testbar.

Nachteilig beim Scan-Path ist das bit-serielle Einlesen der Testmuster und Auslesen der Testantworten, denn dadurch wird die Testzeit um den Faktor k verlängert, wenn k die Anzahl der notwendigen Schiebetakte (Länge des Schieberegisters) ist. Tests mit an sich schon großer Länge, wie vollständiger und pseudozufälliger Test, kommen daher hier kaum noch in Betracht.

Eine weitere Schwierigkeit ergibt sich beim Testen von CMOS-Schaltungen: Jeder Stuck-Open-Fault-Test besteht aus einem geordneten Paar von Testmustern. Die bit-serielle Arbeitsweise des Scan-Path ist aber nicht in der Lage, diese Muster in zwei unmittelbar aufeinanderfolgenden Takten bereitzustellen. Die Anwendbarkeit des Scan-Path für CMOS könnte damit in Frage gestellt sein. Zwar sind Schaltungsmodifikationen denkbar, die den Scan-Path auch für den Test von Stuck-Open-Faults geeignet machen, jedoch ist der Overhead hierfür vermutlich zu groß.

6.2 Selbsttest

Die sich durch die bit-serielle Arbeitsweise des Scan-Path ergebenden Nachteile sind vermeidbar, wenn sowohl die Generierung der Testmuster als auch die Auswertung der Testantworten auf dem Chip selbst geschieht. Eine solche Schaltung ist selbsttestend.

Als Testmuster eignen sich vollständige oder pseudozufällige Muster besonders gut, weil sie schaltungstechnisch mit Zählern oder linear rückgekoppelten Schieberegistern - eventuell unter Ausnutzung bereits vorhandener Bauelemente - ökonomisch auf dem Chip erzeugt werden können. Mit gewissen Einschränkungen ist es sogar möglich, deterministische, z. B. algorithmisch gefundene, Testmuster zu generieren, indem man Schieberegister mit nichtlinearer Rückkopplung verwendet /19/. Von großer Bedeutung ist die Frage der Partitionierung in Subsysteme, die z. B. einem vollständigen Test zugänglich sind. Außer den in Abschnitt 5 bereits behandelten Problemen treten hier keine wesentlich neuen auf.

Anders ist es bei der Auswertung der Testantworten auf dem Chip. Da die Testantworten wegen ihres Umfangs in ihrer ursprünglichen Form natürlich nicht auf dem Chip gespeichert werden können, muß auf Datenkompression zurückgegriffen werden. Als Verfahren bieten sich an /18/: Zählen von Mintermen (Syndrome Testing bzw. Walsh Coefficient Testing), Zählen von Flanken (Transition Count) und Signaturanalyse. Letztere findet zunehmend Eingang in die Anwendung, und zwar in Form von Signaturregistern mit parallelen Eingängen /20/. Es stellen sich nun die zwei Fragen: wie lautet die Signatur der fehlerfreien Schaltung und ist bei der Datenkompression eine Fehlermaskierung aufgetreten?

Die erste Antwort erhält man durch Logiksimulation. Da aber die Art der Testmustererzeugung beim Selbsttest große Testlängen favorisiert, ist im allgemeinen eine Simulation der fehlerfreien Schaltung mit Millionen von Mustern erforderlich. Hier tritt erneut die Forderung nach äußerst leistungsfähigen Simulatoren auf.

Unter Fehlermaskierung verstehen wir, daß die Testantwort einer fehlerhaften Schaltung aufgrund von Mängeln der Datenkompression in die Signatur der fehlerfreien Schaltung abgebildet wird. Bei einem Signaturregister der Länge m ist die Maskierungswahrscheinlichkeit $P = 2^{-m}$, z. B. P = 0,00002 für m = 16, also eine für praktische Anwendungen hinreichend kleine Zahl. Diese Beziehung gilt aber nur unter gewissen statistischen Annahmen über die Fehlerverteilung und bei bestimmten Rückkopplungen auch nur im Mittel über alle Fehlerklassen /21/. Im Einzelfall sind also stärkere Abweichungen möglich und wegen des regulären Aufbaus von VLSI-Chips sogar wahrscheinlich. Eine Klärung erscheint hier notwendig. Sie könnte Kriterien für die Wahl einer günstigen Rückkopplung liefern und so zur Reduzierung des Overheads beitragen.

7. Schlußfolgerung

Der technologische Fortschritt hat auf dem Gebiet des Testens dazu geführt, daß neben der Weiterentwicklung von Werkzeugen, wie Simulatoren und Testmustergeneratoren, vor allem grundsätzliche Probleme zu klären sind. Hierzu zählen insbesondere das Problem der Fehlermodellierung, der großen Testlängen und der Fehlermaskierung beim Selbsttest.

8. Literatur

/1/ Moore, E. F.: Gedankenxperiments on Sequential Machines. Automata Studies, Annals Math. Studies, No. 34, Princeton, N. J., 1956, pp. 129 - 153.

/2/ Fujiwara, H., Nagao, Y., Sasao, T., and Kinoshita, K.: Easily Testable Sequential Machines with Extra Inputs. IEEE Trans. Computers, vol. C-24, no. 8, Aug. 1975, pp. 821 -826.

/3/ Hunger, A.: Mikroprozessor-Selbsttest auf der Basis des Befehlssatzes. Elektron. Rechenanlagen, Bd. 24,pp. 8 - 15, Jan. 1982.

/4/ Thatte, M. S. and Abraham, J. A.: Testgeneration for Microprocessors. IEEE Trans. Computers, vol. C-29, no. 6, June 1980, pp. 429 - 441.

/5/ Eichelberger, E. B. and Lindbloom, E.: Trends in VLSI Testing. Proc. VLSI'83 Conf., Trondheim, Aug. 16. - 19, 1983, pp. 339 - 348 .

/6/ Williams, T. W.: The History and Theory of Stuck-at Fault. Proc. of the 6th International Conference on Circuit Theory and Design, Stuttgart, Sept. 6 - 8, pp. 80 -81.

/7/ Breuer, M. A. and Friedman, A. D.: Diagnosis and Reliable Design of Digital Systems. Pitman Publishing Limited, London 1977.

/8/ Wadsack, R. L.: Fault Modeling and Logic Simulation of CMOS and MOS Integrated Circuits. BSTJ, vol. 57, no. 5, May - June 1978, pp. 1449 -1474.

/9/ Starke, C. W.: Built-in Test for CMOS Circuits. To be presented at the Internat. Test Conf. 1984, Philadelphia.

/10/ Roth, J. P.: Diagnosis of Automata Failures - A Calculus and a Method. IBM J., vol. 10, July 1966, pp. 278 -291.

/11/ Thomas, J. J.: Automatic Diagnostic Test Programs for Digital Networks, Computer Design, vol. 10, Aug. 1971, pp. 63 - 67.

/12/ Goel, P. and Rosales, B. C.: PODEM-X: An Automatic Test Generation System for VLSI Logic Structures. Proc. 18th IEEE Design Automation Conference, 1981, pp. 260 - 268

/13/ Pfister, G. E.: The Yorktown Simulation Engine - Introduction. Proc. of the 19th Design Automation Conf., Las Vegas, pp. 51 - 54.

/14/ VLSI Design, March 1984, p. 4.

/15/ Savir, J., Ditlow, G., and Bardell, P. H.: Random Pattern Testability. Proc. 13th International Symposium on Fault Tolerant Computing, June 28 - 30, 1983, Milano, pp. 80 - 89.

/16/ Savir, J. and Bardell, P. B.: On Random Pattern Test Length. IEEE Internat. Test Conf., Oct. 18 - 20, 1983, Philadelphia, pp. 95 - 106.

/17/ Bennetts, R. G.: Design of Testable Logic Circuits. Addison-Wesley Publishing Company, London, 1984.

/18/ Williams, T. W. and Parker, K. P.: Design for Testability - A Survey. Proc. IEEE, vol. 71, no. 1, Jan. 1983, pp. 98 - 112.

/19/ Daehn, W. and Mucha, J.: Hardware Testpattern Generation for Built-in Testing. Proc. International Test Conf., Oct. 27 - 29, 1981, Philadelphia, pp. 110 - 113.

/20/ Könemann, B., Mucha, J., and Zwiehoff, G.: Built-in Logic Block Observation Techniques. Proc. International Test Conf., Oct. 1979, Cherry Hill, N. J., pp. 37 - 41.

/21/ Leisegang, D.: Berechnung von Fehlererkennungswahrscheinlichkeiten bei Signaturregistern. Elektron. Rechenanlagen, 24. Jhg. 1982, H. 2, pp. 55 - 61.

VLSI-Realisierungen von Sortieralgorithmen

Heiko Schröder

Institut für Informatik u.P.M.

Universität Kiel

VLSI-Realisierungen von Sortieralgorithmen

1. Einleitung:

Die Entwicklung der VLSI-Technologie erlaubt im Vergleich zu früheren Technologien einen nahezu unbegrenzten Parallelitätsgrad. Entscheidend für die Bewertung von Algorithmen, die mit Hilfe der VLSI-Technologie implementiert werden sollen, ist das Hardware-Modell, auf das sich die Algorithmenanalyse stützt. Alle aus der Literatur bekannten Modelle betrachten ein VLSI-chip als einen Graphen, dessen Knoten Recheneinheiten (z.B. Addierer, Vergleicher mit wenigen Registern) und dessen Kanten Verbindungsleitungen sind.
Während in dem Modell von Mead, Conway [M,C] und Thompson [T 1] die Länge der Leitungen nur zur Berechnung der Fläche berücksichtigt werden, gehen Chazelle und Monier [CM 1, CM 2] davon aus, daß die Kommunikationszeit sich linear zur Leitungslänge verhält und daher das asymptotische Zeitverhalten entscheidend mitbestimmt. Bilardi, Pracchi und Preparata [BPP] , und Mangir [M] bestätigen, daß das zweite Modell besser der zu erwartenden Technologieentwicklung angepaßt ist. Neuere Arbeiten von Thompson [T 2, T 3] nehmen eine Signallaufzeit proportional zum Logarithmus der Leitungslänge an.
In diesem Vortrag werden mehrere Sortierverfahren vorgestellt, die alle als besonders VLSI-gerecht gelten. Asymptotische Betrachtungen ihrer Zeit- und Flächenkomplexität führen zu unterschiedlicher Rangfolge dieser Algorithmen in Abhängigkeit von dem zu Grunde liegenden Hardware-Modell. Um zu einen für die technische Realisierung relevanten vergleichenden Bewertung zu gelangen, werden Abschätzungen des tatsächlichen Flächen- und Zeitbedarfs durchgeführt. Diese Abschätzungen beruhen auf konkreten Layout-Entwürfen und Angaben über Gatterschaltzeiten und Signallaufzeiten für heutige und zukünftige Technologien, wie sie z.B. bei Thompson [T 2] und Mangir [M] zu finden sind. Als Ergebnis können für die vorgestellten Sortierverfahren maximale Problemgrößen bei heutiger (1984) und zukünftiger Technologie (~1990) angegeben werden und für die maximalen Problemgrößen können die Rechenzeiten relativ zueinander abgeschätzt werden. Dabei zeigt sich, daß gerade das unter dem ersten Modell asymptotisch schnellste Sortierverfahren nicht nur - wie zu erwarten - wesentlich kleinere Problemgrößen zuläßt, sondern selbst für die möglichen Problemgrößen noch langsamer als die asymptotisch schlechteren Verfahren ist.

Ferner werden alle vorgestellten Sortierverfahren in ein externes Sortierverfahren eingebaut. Dadurch werden die Sortieralgorithmen für alle Problemgrößen vergleichbar.

2. Klassifizierung systolischer Sortierverfahren

Sortierverfahren können bezüglich ihres Ein-Ausgabeverhaltens klassifiziert werden. Hier sollen drei Klassen untersucht werden (s. Abb.2.1):

1. serielle Ein-Ausgabe (SE): Pro Zeiteinheit wird eine Zahl ein- (bzw. aus-)gelesen.
2. Matrix Ein-Ausgabe (2D): Die Daten sind in Form einer quadratischen Matrix angeordnet und werden zeilen- (bzw. spalten-)weise ein- und ausgelesen.
3. Parallele Ein-Ausgabe (PA): Alle Daten werden in einem Schritt eingelesen.

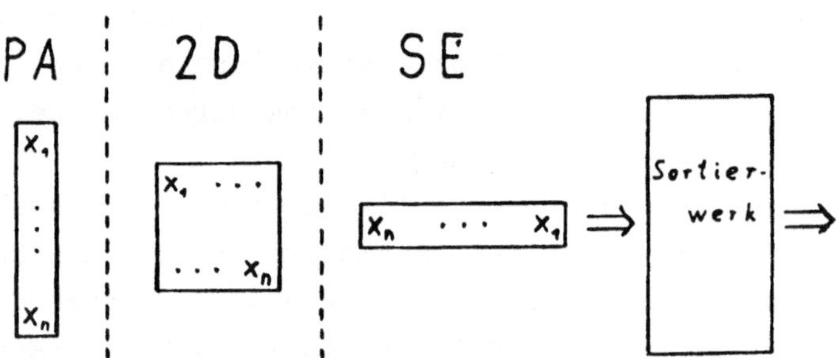

Abbildung 2.1

Um die Verfahren innerhalb dieser drei Klassen vergleichbar zu machen, werden folgende vereinheitlichende Annahmen gemacht.

1. Die Arbeitsweise aller betrachteten Sortierverfahren ist systolisch und bit-seriell.
2. Die Länge der zu sortierenden Zahlen ist log n, wobei n die Problemgröße ist.
3. Die Sortierverfahren lesen die Daten nur einmal ein und sind "where oblivious" [T 3] .
4. Die zum Vergleich herangezogenen Verfahren sind innerhalb ihrer Klasse zeitoptimal (wenigstens bis auf einen kleinen konstanten Faktor).

5. Die verglichenen Verfahren sind innerhalb ihrer Klasse besonders VLSI-gerecht (s. [F,K]).

3. Ein zeitoptimales serielles Sortierverfahren (RI)

In [S,W,M] haben Shin, Welch und Malek das Sortierverfahren Ribblesort vorgestellt und gezeigt, daß es in seiner Klasse optimal ist. Zur Realisierung von Ribblesort (Abb. 2.1) wird nur ein Zelltyp benötigt, der aus zwei Registern (Quadrate) der Länge log n (Länge der zu sortierenden Zahlen) und einem 1-bit-Vergleicher (dicker Pfeil) besteht. Wenn der Vergleicher über eine Taktleitung angestoßen wird, vergleicht er die beiden Registerinhalte (bit-seriell) und tauscht die Inhalte der Register gegebenenfalls aus. Die größere Zahl befindet sich nach dem Sortierschritt an der Pfeilspitze. Dies wird durch die Operation COMPEX (i) bewirkt.

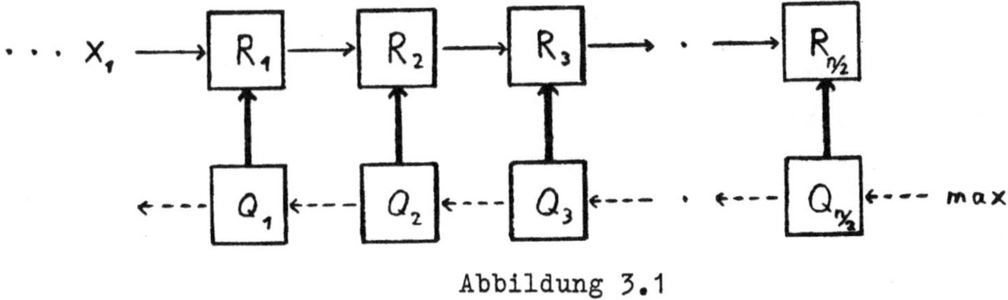

Abbildung 3.1

Algorithmus Ribblesort:

1. Repeat n times:
   [$\forall$ i $R_i := R_{i-1}$; $\forall$ i COMPEX (i);] ;
2. Repeat n times:
   [$\forall$ i $Q_i := Q_{i+1}$; $\forall$ i COMPEX (i);] .

4. Das Zweidimensionale Sortiernetz (2D)

Ein Zweidimensionales Sortiernetz kann aus den gleichen Hardware-bausteinen wie Ribblesort aufgebaut werden. Während für Ribblesort die Prozessoren linear aufgereiht werden müssen, werden die Prozessoren hier zu einem zweidimensionalen regulären Netz verbunden. Während die Daten in Ribblesort sequentiell eingelesen werden, werden sie hier zeilenparallel als Matrix eingelesen. Vier Vergleichsprozessoren (s. Abb. 4.1) bilden den Baustein, aus dem beliebig große Netze (s. Abb. 4.2) aufgebaut werden können. Die folgenden Betrachtungen gehen davon aus, daß ein Netz von n/2 Vergleichsprozessoren die Oberfläche eines Torus bedeckt, durch den die Daten so lange rotieren, bis sie sortiert sind [S].

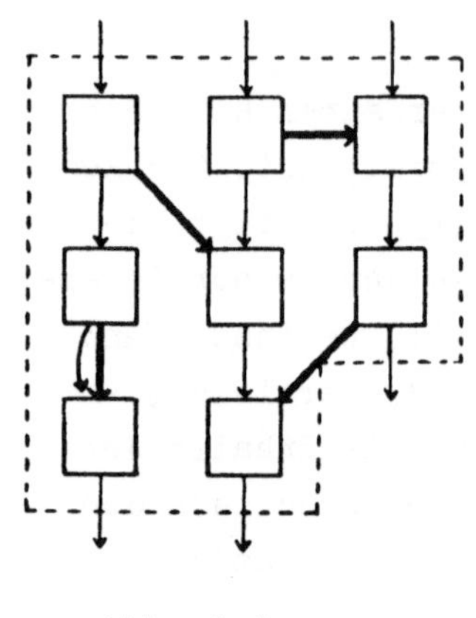

Abb. 4.1

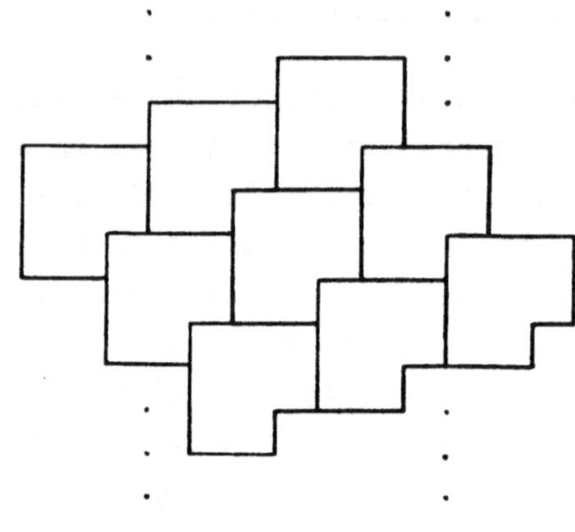

Abb. 4.2

Algorithmus 2D Sort.:

While Daten unsortiert do

Begin 1. Verschieben der Daten um eine Zeile;

2. $\forall$i COMPEX (i)

End.

Der Flächenbedarf für 2D-Sort ist offenbar derselbe wie für Ribblesort. Der Zeitbedarf ist etwa 7 $\sqrt{n}$ (s. [S]). Hierbei handelt es sich jedoch um die durchschnittliche Sortierzeit in Bezug auf zufällig verteilte Daten.

Es gibt eine Reihe anderer 2D-Sortierverfahren, die etwa die gleiche Sortierzeit erzielen (s. z.B. [LSSS],[K,T], [K,H]), die aber, wenn sie systolisch realisiert werden, bei gleicher Fläche pro Problem eine etwa 10 mal größere Gesamtfläche benötigen und bei nicht systolischer Realisierung wesentlich komplexere und damit größere und langsamere Vergleichsprozessoren benötigen. Der Vorteil dieser Verfahren liegt insbesondere darin, daß sie jeden Datenersatz in gleicher Zeit sortieren, was insbesondere bei Realzeitanwendungen von großer Bedeutung sein kann. Ein Nachteil dieser Verfahren ist, daß sie im Gegensatz zu 2D-Sort nicht robust [R] sind.

5. Ein zeitoptimales Sortierverfahren in PA (NOB)

Math, Maheshwari und Bhatt stellen in [N,M,B] einen Sortieralgorithmus der Klasse PA vor, der in O (log n) Zeiteinheiten bitseriell sortiert. Dieser Algorthmus benutzt als Hardwarestruktur ein Netzwerk Orthogonaler Bäume und soll daher als NOB-Sort bezeichnet werden. Ein Netzwerk orthogonaler Bäume ist eine n x n Matrix von Prozessoren, in der die Prozessoren jeder Zeile und jeder Spalte die Blätter vollständiger binärer Bäume sind (s. Abb. 5.1 für n = 4). Die Wurzeln und internen Knoten der Zeilen- und Spaltenbäume sind ebenfalls Prozessoren. Jeder der n^2 Blattprozessoren BP (i, j), $0 \leq i, j < n$, enthält ein B, C, R und ein F-Register B (i, j), C (i, j), R (i, j) und F (i, j). Die Wurzeln der Zeilenbäume sind die Eingabeknoten mit den Registern E (i), $0 \leq i < n$, und die Wurzeln der Spaltenbäume sind die Ausgabeknoten A (j), $0 \leq j < n$.

Algorithmus NOB-Sort:

1. $\forall i,j$ B (i,j): = E (i)
2. $\forall i,j$ C (i,j): = B (j,j)
3. $\forall i,j$ F (i,j): = B (i,j) > C (i,j)
4. $\forall i,j$ R (i,j): = $\sum_{k=0}^{n-1}$ F (i,k)
5. $\forall$ j A (j) : = B (i,j) mit j = R (i,j).

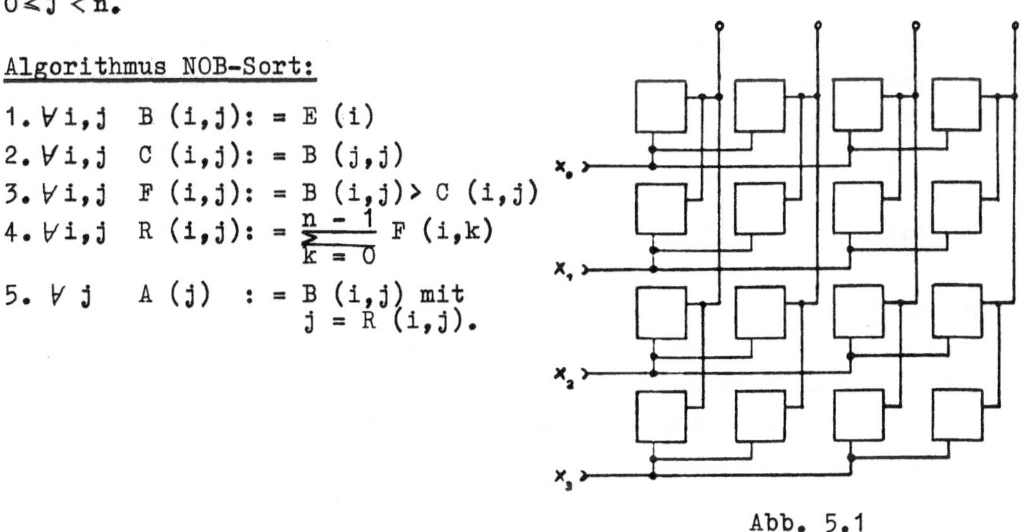

Abb. 5.1

Es wird davon ausgegangen, daß zu Beginn die E-Register die zu sortierenden Daten enthalten und daß alle zu sortierenden Zahlen verschieden sind. Nach Ausführung des Algorithmus stehen die sortierten Daten in den A-Registern zur Verfügung.

Jeder der Schritte 1-5 kann bit-seriell in O (log n) Takten ausgeführt werden. Man kann zeigen, daß bei geschickter systolischer Realisierung 9 log n Takte ausreichen.

6. Asymptotische Betrachtungen

Das asymptotische Verhalten (Zeitbedarf = T, Fläche = A) der drei vorgestellten Sortierverfahren wird in Tab. 6.1 für beide Hardware-Modelle angegeben.

	SE	2D	PA	optimal
Beispiel	Ribblesort	2D-Sort	NOB-Sort	-
Fläche	$n \log n$	$n \log n$	$n^2 \log^2 n$	-
Zeit (T1)	$n \log n$	$\sqrt{n} \log n$	$\log n$	$\log n$
AT^2 (T1)	$n^3 \log^3 n$	$n^2 \log^3 n$	$n^2 \log^4 n$	$n^2 \log^2 n$
Zeit (C,M)	$n \log n$	$\sqrt{n} \log n$	$n \log^2 n$	$\sqrt{n} \log n$
AT^2 (C,M)	$n^3 \log^3 n$	$n^2 \log^3 n$	$n^4 \log^6 n$	$n^2 \log^? n$

Tabelle 6.1

Während NOB-Sort unter dem Modell von Thompson AT^2- und T-optimal ist (bis auf logarithmische Faktoren), ist 2D-Sort unter dem Modell von Chaselle und Monier AT^2- und T-optimal.

7. Die maximale Problemgröße

Die Grundlage für die Berechnung der maximalen Problemgröße bei heutiger Technologie bildet ein Chip-layout-Entwurf für den 2D-Sort Algorithmus, der im Rahmen der VLSI-Forschungsgruppe des Kieler Instituts für Informatik von Herrn R. Temmel angefertigt wurde. Ferner wird die Annahme gemacht, daß der Flächenbedarf von NOB-Sort etwa der von 10 n^2 Vergleichsprozessoren entspricht. Diese Annahme ist vage und müßte durch konkrete Layout-Entwürfe erhärtet werden. Asymptotisch ist diese Annahme konservativ (s. Tab. 6.1).
Daraus ergibt sich, daß bei heutiger Technologie ($\lambda = 3\mu$) etwa 100 Vergleichsprozessoren auf einem Chip untergebracht werden können. D.h., daß die zur Zeit realisierbare maximale Problemgröße sowohl für 2D-Sort als auch für Ribblesort 200 ist, während sie für NOB-Sort nur etwa 4 ist.
Als Grundlage für die Abschätzung der maximalen Problemgröße bei Verwendung zukünftiger Technologie dienen eine Arbeit von Mangier [M] und Thompson [T2], wonach Ende dieses Jahrzehnts 1000mal soviele also etwa 100 000 Vergleicher auf ein Chip passen. Daraus ergibt sich für Ribblesort und 2D-Sort eine maximale Problemgröße 200 000 und für NOB-Sort 64 (s. Abb. 7.1).

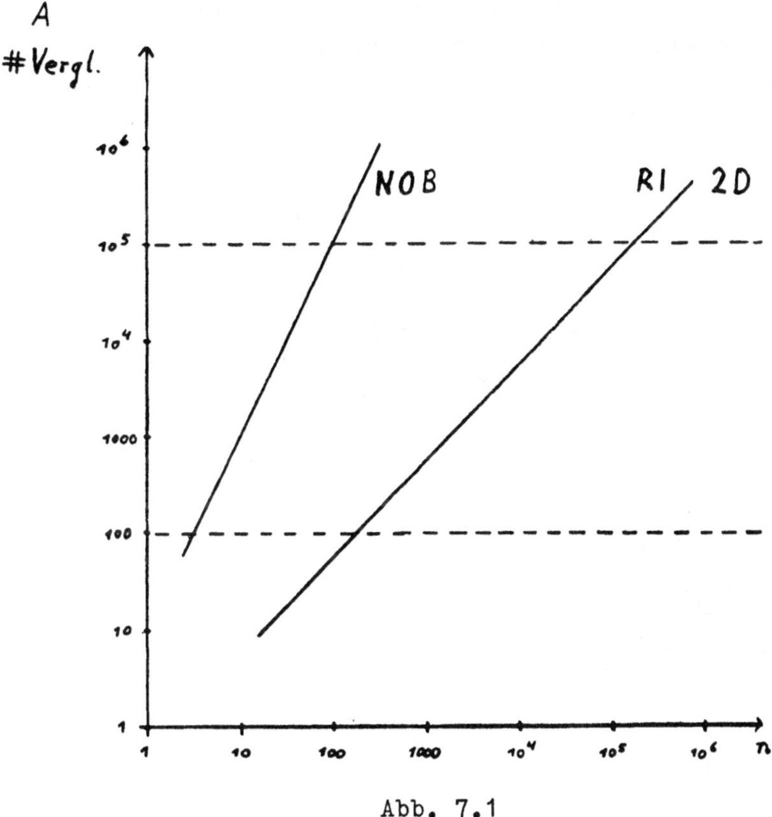

Abb. 7.1

8. Abschätzung der Sortierzeit

Um konkrete Rechenzeiten zu bestimmen, könnte die Arbeit von Thompson [T2] herangezogen werden. Hier sollen jedoch nur die Rechenzeiten relativ zueinander bestimmt werden, weil dies genau angegeben werden kann. Es wird davon ausgegangen, daß eine Rechenoperation dem bit-seriellen Vergleich zweier Zahlen entspricht und daher log n Takte benötigt. Somit benötigt Ribblesort die Zeit 2 n, 2D-Sort benötigt 7 $\sqrt{n}$ und NOB-Sort nur 9 Zeiteinheiten.

Während in Ribblesort und 2D-Sort die Taktzeit vollständig durch die Ausführungszeit eines 1-bit Vergleichers bestimmt wird, muß für NOB-Sort in die Taktzeit auch die Signallaufzeit durch eine lange Leitung (die Kante eines Zeilen- bzw. Spaltenbaumes) einberechnet werden. Bezüglich der Signallaufzeiten machen Thompson [T2] und Mangir [M] die Annahme, daß der Quotient aus Signallaufzeit auf langer Leitung und Gatterschaltzeit, der zur Zeit etwa 1 beträgt, im Jahre 1990 etwa 100 betragen wird. Unter Berücksichtigung dieser Annahme ergibt sich, daß - wie in Abb. 8.1 gestrichelt dargestellt - die tatsächliche Sortierzeit T_{NOB} von NOB-Sort trotz seines überragenden asymptotischen Zeitverhaltens, für alle realisierbaren Problemgrößen schlechter ist als Ribblesort und 2D-Sort.

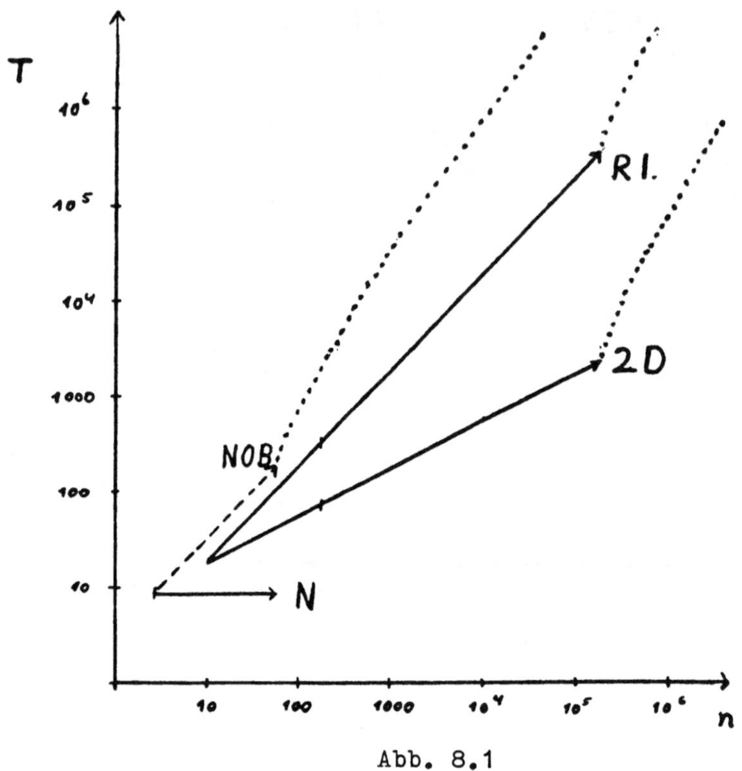

Abb. 8.1

9. Sortieren großer Datenmengen

Um die verschiedenen vorgestellten Sortieralgorithmen für beliebige Problemgrößen vergleichbar zu machen, werden sie in gleicher Weise in ein externes Sortierverfahren eingebaut.
Sei S_A ein Sortierchip, der maximal k_A Zahlen in einem Durchlauf nach Algorithmus A in der Zeit TS_A sortieren kann. $N = k_A\ 2^m$ sei die Problemgröße.

Externes Sortierverfahren M_A:

1. Die Daten werden in 2^{m+1} Blöcke zu je $k_A/2$ Zahlen eingeteilt.
2. Auf die 2^{m+1} Blöcke wird das Bitonische Sortierverfahren [T3] angewandt, wobei das mergen zweier Blöcke auf dem Sortierchip S_A ausgeführt wird.

Lee, Chang und Wong [LCW] sowie Akl und Schmeck [AS] verwenden ein ähnliches Mergeverfahren. Das hier verwendete Verfahren benötigt doppelt so viel Speicherplatz, hat aber den wesentlichen Vorteil, daß die Speicherchips - wie in Abb. 9.1 gezeigt - als Schiebespeicher ausgelegt werden können. Die Datenraten der Interchipkommunikation sind dabei identisch mit der Dateneingaberate des Sortierchips.

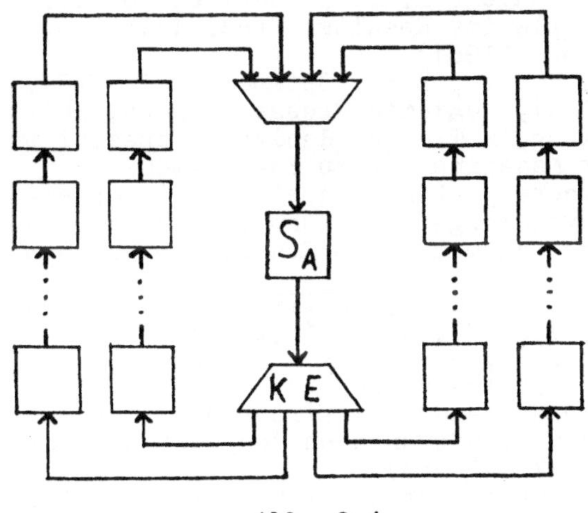

Abb. 9.1

Die Aufgabe der Kontrolleinheit KE ist es, die Ergebnisse nach einem einfachen Schema abwechselnd auf die vier Schiebespeicher zu verteilen. Hierzu benötigt die Kontrolleinheit lediglich zwei Zähler.
Die Sortierzeit des externen Sortierverfahrens M_A beträgt :
$TM_A\ (N) = 2^{m-2}\ (m^2 + m)\ \ TS_A$.

Die entsprechenden Kurven sind in Abb. 8.1 gepunktet eingezeichnet. Danach ist offensichtlich, daß das 2D-Sortierverfahren für alle Problemgrößen schneller als NOB-Sort und Ribblesort ist.

10. Schlußbetrachtungen

Es sind drei Klassen von Sortieralgorithmen im Hinblick auf ihre technische Relevanz verglichen worden. Dabei sind die Flächenabschätzungen und die Abschätzungen der maximalen Problemgrößen sehr genau, da sie auf konkreten Layoutentwürfen basieren. Die Zeitabschätzungen sind jedoch recht vage und nur relativ zueinander vorgenommen worden. Sie sollten durch Simulationen und auch durch Messungen an gefertigten Sortierchips ergänzt werden. Ein wesentliches Ergebnis dieser Arbeit ist, daß die Algorithmen der Klasse 2D für alle Problemgrößen die besten Aussichten haben, technisch realisiert zu werden.

Literatur:

[AS] Akl, S.G., Schmeck, H.: Systolic Sorting in a Sequential Input/ Output Environment, T.R. No. 84-154, Department of Computing and Information Science, Queens University, 1984

[BPP] Bilardi, G. Pracchi, M., Preparata, F.P.: A Critique and an Appraisal of VLSI Models of Computation. In: Kung, H.T., Sproull, B., Steele, G. (eds.): VLSI Systems and Computations, Springer Verlag, 81-88 (1981)

[CM1] Chazelle, B.M., Monier, L.M.: A Model of Computation for VLSI with Related Complexity Results. Proc. 13th Symp. Theory of Computing, 318-325 (1981)

[CM2] Chazelle, B.M., Monier, L.M.: Optimality in VLSI. In: Gray, J.P. (ed): VLSI 81, Academic Presse, London, 269-278 (1981)

[FK] Foster, M.J., Kung, H.T.: The design of special purpose VLSI chips, Computer Magazine 13, pp.26-40,1980

[KH] Kumar, M., Hirschberg, D.S., An efficient implementation of Batcher's odd-even merge algorithm and its application in parallel sorting schemes, IEEE Trans.Comptrs. C-32, 254-264 (1983)

[KT] Kung, H.T., Thompson, C.D., Sorting on a Mesh-Connected Parallel Computer, CACM, Vol. 20, 263-271 (1977)

[LCW] Lee, D.T., Chang, H., Wong, C.K.: An On-Chip Compare/Steer Bubble Sorter, IEEE Trans.Comptrs, vol, C-30, pp. 396-404, 1981

[M] Mangir, T.E., Impact and Limitations of Interconnect Technology.., IEEE international Conference on Computer Design: VLSI in Computers, s 735-739 (1983)

[MC] Mead, G., Conway, L.: Introduction to VLSI Systems. Addison-Wesley, Reading, MA 1980

[NMB] Nath, D.D., Maheshwari, S.N., Bhatt, P.C.P., Efficient VLSI-Networks for Parallel Processing Based on Orthogonal Trees, IEEE Trans. Comptrs., vol. C-32, pp 569-581, 1983

[R] Rudolph, L.: A Robust Sorting Network, Proc, Conf. on Advanced Research in VLSI, MIT, Januar 1984

[S] Schröder, H., Partition Sorts for VLSI, Informatik-Fachberichte 73, S. 101-116, 1983

[SWM] Shin, H., Melch, A.J., Malek, M.: I/O Overlapped Sorting Schemes for VLSI, IEEE International Conference on Computer Design: VLSI in Computers, 1983

[T1] Thompson, C.D.: Area-Time Complexity for VLSI. Proc. 11th Symp. Theory of Computing 81-88 (1979)

[T 2] Thompson, C.D., Raghavan, P.: On Estimating the Performance of VLSI Circuits, Proc. Conf. on Advanced Research in VLSI, MIT, Januar 1984

[T 3] Thompson, C.D.: The VLSI Complexity of Sorting, IEEE Trans. Comptrs, vol. C-32, pp 1171-1184, 1983

GEOMETRISCHE PROBLEME BEIM VLSI–DESIGN

Th. Ottmann
Institut für Angewandte Informatik
und Formale Beschreibungsverfahren
Universität Karlsruhe
Postfach 6380
D–7500 Karlsruhe

ZUSAMMENFASSUNG

Beim Entwurf höchstintegrierter Schaltkreise, insbesondere bei der Analyse und Verifikation von Layouts, treten verschiedene geometrische Probleme auf. Wir erläutern diese Probleme zunächst sowie ihre Bedeutung und Stellung im Entwurfsprozeß. Dann gehen wir auf die zur Lösung einiger geometrischer Grundaufgaben besonders geeignete Scan–Line Methode ein. Diese Methode wurde bisher vor allem für Manhattan–Geometrien benutzt. Wir zeigen am Beispiel des Problems, alle Paare sich schneidender Polygone zu bestimmen, wie eine Übertragung von Algorithmen auf den allgemeinen Fall möglich ist. Abschließend gehen wir auf Probleme ein, die mit der Datenhaltung zusammenhängen.

1. EINLEITUNG

Der Entwurfsprozeß höchstintegrierter Schaltungen kann ganz grob in zwei Phasen unterteilt werden: in die *funktionelle* und die *physikalische* Entwurfsphase. Ziel der zweiten Entwurfsphase ist schließlich die Herstellung der Fertigungsunterlagen (Masken) für die Chipproduktion. Dazu müssen zunächst eine möglichst optimale Platzierung der Funktionselemente gefunden und korrekte Verbindungen dieser Elemente untereinander hergestellt werden. Der letztere Vorgang wird auch als Verdrahtung bezeichnet. Beide Vorgänge (Platzierung und Verdrahtung) zusammen nennt man *Entflechtung*.

Die Entflechtung wird beim *vollautomatischen Layoutentwurf* durch ein Entflechtungsprogramm durchgeführt. Das Ergebnis muß nur dann vom Designer nachgearbeitet werden, wenn die Wegesuche nicht zu 100% erfolgreich war oder das Ergebnis aus anderen Gründen den Ansprüchen des Designers nicht genügt. Das kann z.B. eine mangelhafte Flächenausnutzung des Siliziums sein, die zu einer unbefriedigenden Ausbeute bei der Fertigung führen würde. Der Nachteil schlechter Flächenausnutzung kann jedoch teilweise aufgehoben werden durch die Möglichkeit zur Verwendung normierter Grundstrukturen, wie Zellen oder Gate–Arrays, und einfacherer Plazierungs– und Verdrahtungsalgorithmen für derartige Strukturen.

Beim *symbolischen Layout* bestimmt der Entwickler unter Benutzung einer symbolischen Darstellung der Funktionselemente die ungefähre Anordnung dieser Elemente zueinander und einen möglichen Verlauf der Verdrahtungslinien auf dem Bildschirm. Nicht vorplazierte Funktionselemente werden automatisch plaziert und den Netzlisten entsprechend verdrahtet. Die so ermittelte Anordnung wird dann auf die technologisch zulässige Packungsdichte komprimiert. Bei diesem *Komprimieren* muß die Einhaltung technologischer und geometrischer Entwurfsregeln gewährleistet sein.

Die Nacharbeit beim vollautomatischen Layoutentwurf und die Erstellung des symbolischen Layouts wird interaktiv am Bildschirm vorgenommen. Zur Vermeidung von Designfehlern ist damit eine *Designregel Überprüfung* und eine *Layout Verifikation* erforderlich.

Auch beim vollautomatischen Entwurf kann auf eine Analyse und Verifikation des automatisch erstellten Layouts nicht ganz verzichtet werden. Denn Entflechtungsprogramme können i.a. nicht sehr viele oder sehr komplexe Designregeln automatisch einhalten. Ferner wird das elektrische Verhalten des fertigen Entwurfs auch durch *parasitäre Effekte* (z.B. parasitäre Ströme, Kapazitäten und Widerstände) beeinflußt. Zur Erhöhung der Designsicherheit werden daher durch eine (geometrische) *Analyse* des Layouts die einzelnen Bauelemente mit allen parasitären Elementen *extrahiert*, ihre Verbindungen mit den durch die Netzlisten vorgegebenen Sollwerten verglichen und in ihrer Schaltungsumgebung simuliert.

Wir können damit vier immer wieder auftretende wichtige Teile von Layout-Analysesystemen identifizieren:

Design rule checking (DRC): Hier geht es darum, die aus der jeweiligen Technologie abgeleiteten geometrischen Entwurfsregeln zu überprüfen. Solche Entwurfsregeln können z.B. die Mindestbreiten und Abstände von Bereichen auf einer Schicht spezifizieren ebenso wie Zusammenhänge zwischen Bereichen auf verschiedenen Schichten. Beispiele findet man in [MC].

Schaltelement Extraktion (auch feature extraction genannt und z.T. connectivity analysis einschließend, vgl. [HL], [LT], [SVW]): Hier geht es um die Transformation einer geometrischen Beschreibung einer Schaltung in eine einer switch-level Simulation zugängliche Form. Dazu müssen die Schalteinheiten (z.B. Transistoren) und ihre Verbindungen untereinander aus der Geometrie extrahiert werden. Es gibt hier einen fließenden Übergang zur:

Parameter Extraktion: Sie bestimmt weitere elektrische Eigenschaften, wie z.B. Kapazitäten und Widerstände von Leitungen aus ihrer geometrischen Erscheinungsform.

Darstellung (viewing, plotting): Masken, also geometrische Daten müssen nicht nur zur interaktiven Manipulation am Bildschirm dargestellt werden, sie müssen schließlich auch auf dem Weafer, auf Papier oder auf photographischem Material ausgegeben werden.

Einige häufig genannte, wenn auch nicht immer erreichte Ziele bei der Entwicklung von Werkzeugen für die genannten Aufgaben sind:

Effizienz, Technologie-Unabhängigkeit (vgl. z.B. [LT], [HL]), Flexibilität und Integration bzw. Integrierbarkeit) in ein Entwurfs-Gesamtsystem.

2. GEOMETRISCHE GRUNDAUFGABEN

Die zur Layoutanalyse benutzten Verfahren und Werkzeuge untersuchen die Geometrie des Layouts; sie bestimmen die Schnittpunkte, Abstände, Flächen und andere geometrische Eigenschaften. Häufig werden sie auf elementare Grundoperationen zurückgeführt (vgl. z.B. [U]). Solche Operationen sind:

Extraktion und Kontraktion von Figuren,

Bestimmen aller Paare von sich schneidenden Objekten einer gegebenen Menge,

Berechnung von bedeckter Fläche und Umfang (zur Bestimmung elektrischer Eigenschaften extrahierter Elemente),

Erzeugen von Zentrallinien und Berechnung ihrer Länge (zur Bestimmung von Signallaufzeiten),

Berechnung der Kontur der durch die Vereinigung einer Menge von Objekten bedeckten Fläche,

Bildung von booleschen Verknüpfungen von Mengen von Objekten auf verschiedenen Ebenen (boolean masking, vgl. z.B. [L1], [SVW], [W]).

Neben solchen für die Layoutanalyse und Verifikation benutzten Grundoperationen treten häufig weitere, die für die Darstellung und interaktive Manipulation von Layouts benötigt werden, auf. Beispiele sind:

Fenster Operation: Stelle alle Objekte dar, die in einem gegebenen Fenster (rechteckiger Ausschnitt eines Gesamtlayouts) liegen.

Für eine gegebene Maske und einen gegebenen Punkt: Feststellen, ob der Punkt bedeckt ist oder nicht und Anzeigen der Überdeckungsverhältnisse in der Umgebung des Punkts.

Für einen gegebenen Punkt und eine gegebene Richtung: Finden des nächsten Objektes ("Hindernisses") in der gegebenen Richtung (vgl. [L2]).

Darüberhinaus treten natürlich die üblichen dictionary-Operationen (Suchen, Einfügen und Entfernen) für die manipulierten geometrischen Objekte (also z.B.: Rechtecke) auf. Die Effizienz aller dieser Operationen hängt sehr stark davon ab, wie die Layoutdaten repräsentiet werden. Wir gehen auf das Problem der Repräsentation der Daten in Abschnitt 6 etwas genauer ein und setzen zunächst stillschweigend eine Kanten- oder Ecken-Repräsentation voraus.

3. ALGORITHMISCHE GEOMETRIE

Viele der zur Layoutanalyse und -verifikation benutzten Verfahren beruhen auf Algorithmen, die in "reiner Form" zunächst ohne direkten Anwendungsbezug in einem Gebiet entwickelt wurden, dem die grundlegende Arbeit von Shamos [Sh] den Namen algorithmische Geometrie gab. Für das VLSI-design besonders wichtig war der Ausbau der Scan-Line Methode und die Entwicklung einiger grundlegender Algorithmen (wie z.B. zum Finden aller Paare sich schneidender Rechtecke), die zu einer wesentlichen Verbesserung bisher verwendeter Design-Werkzeuge führten. Es ist unmöglich, einen auch nur einigermaßen vollständigen Überblick über die in der algorithmischen Geometrie in den letzten Jahren erzielten Resultate zu geben. Die im Frühjahr 1983 zusammengestellte Bibliographie von Edelsbrunner/van Leeuwen [EvL] nennt über 600 Titel! Wir beschränken uns daher auf eine exemplarische Darstellung der Scan-Line Methode und auf die Behandlung weniger Grundaufgaben.

Das eigentliche Problem bei der Layoutanalyse liegt in der Beherrschung der algorithmischen Komplexität. Ein Entwurf in NMOS-Technologie mit 100000 Transistoren besteht aus etwa 1 Million Rechtecken und beansprucht ca 17 Mbyte Speicher, wenn die Layoutdaten "voll expandiert" vorliegen (vgl. [H]). Es ist daher nicht überraschend, daß man kompaktere Darstellungsformen, im Entwurf steckende Regelmäßigkeiten und in symbolischen geometrischen Layoutbeschreibungen, wie z.B. im CIF-Format, (vgl. [MC]), enthaltene Hierarchie ausnutzen möchte. Es ist zwar bekannt, daß die meisten bei der Layoutanalyse auftretenden geometrischen Probleme praktisch unlösbar werden, wenn man die Problemgröße in der Länge einer hierarchischen Eingabesprache, wie CIF, mißt (vgl. [BOW]). Glücklicherweise tritt aber der theoretisch mögliche "worst case" bei realen Entwürfen praktisch nicht auf. Daher ist die hierarchische Analyse ein sinnvoller und gangbarer Weg zur Beherrschung der algorithmischen Komplexität (vgl. z.B. [We], [H]). Weil mindestens auf der untersten Hierarchiestufe dann doch voll expandierte Daten auftreten, bleibt allerdings die Aufgabe, möglichst effiziente Algorithmen zur Lösung der genannten geometrischen Grundprobleme zu verwenden, wenn die Daten in linearer (voll expandierter) Form gegeben sind.

In der algorithmischen Geometrie hat man den iso-orientierten Fall besonders intensiv studiert, vgl. hierzu die Übersicht von Wood [Wo]: Hier sind ausschließlich achsenparallele Objekte (Liniensegmente, Rechtecke, Polygone) zugelassen. Neuere Analyseverfahren, wie die in [SVW], [HL], machen diese Einschränkung jedoch nicht.

Es ist daher von Interesse zu wissen, ob und ggfs. wie man für den iso-orientierten Fall entwickelte Algorithmen auf den nicht iso-orientierten Fall übertragen kann. Wir skizzieren im folgenden für den Fall des Problems, alle Paare sich schneidender Rechtecke bzw. Polygone zu finden, wie für den iso-orientierten Fall entwickelte Scan-Line Algorithmen auf den allgemeinen Fall übertragen werden können, ohne daß sich dabei die asymptotischen Laufzeiten wesentlich ändern.

4. DER ISO-ORIENTIERTE FALL

Gegeben sei also eine Menge von achsenparallelen Objekten, z.B. eine Menge vertikaler und horizontaler Liniensegmente, eine Menge iso-orientierter Rechtecke oder eine Menge iso-orientierter Polygone. Die Idee ist nun, eine vertikale Linie von links nach rechts (oder alternativ: eine horizontale Linie von oben nach unten) über die Eingabeszene zu schwenken, um so ein eine Menge zweidimensionaler Objekte betreffendes statisches Problem in eine dynamische Folge eindimensionaler Probleme zu zerlegen. Die Scan-Line teilt zu jedem Zeitpunkt die gebene Menge von Objekten in drei disjunkte Teilmengen: die *toten* Objekte, die bereits vollständig von der Scan-Line überstrichen wurden, die gerade *aktiven* Objekte, die gegenwärtig von der Scan-Line geschnitten werden, und die noch *inaktiven* Objekte, die erst künftig von der Scan-Line geschnitten werden. Die Scan-Line definiert eine lokale Ordnung auf der Menge der jeweils aktiven Objekte; sie muß veränderten lokalen Verhältnissen ggfs. angepaßt werden und kann dann für problemspezifische Anfragen konsultiert werden. Mit der Scan-Line hält man eine ebenfalls dynamisch (oder: zeitlich) veränderliche, problemspezifische *Vertikalstruktur* L aufrecht, in der man sich alle für das jeweils zu lösende Problem benötigten Daten merkt. Eine wichtige Beobachtung ist nun, daß man an Stele eines kontinuierlichen Sweeps die Scan-Line in diskreten Schritten über die gegebene Szene führen kann: Sei Q die aufsteigend sortierte Menge aller X-Werte von Objekten, dann genügt es, die Scan-Line an allen Punkten von Q anzuhalten und dort jeweils die Struktur L zu verändern. Denn zwischen je zwei aufeinanderfolgenden Haltepunkten in Q ändern sich weder die Zusammensetzung noch die (relative) Anordnung der gerade aktiven Objekte.

Als einfachstes Beispiel für die Anwendung der Scan-Line Methode bringen wir die Lösung eines bei der Kompaktierung auftretenden *Sichtbarkeitsproblems*: Zur Kompaktierung in Y- (oder X-) Richtung müssen Abstandsbedingungen zwischen relevanten Paaren von Elementen eingehalten werden. Dazu müssen die relevanten Paare zunächst bestimmt werden. Hierzu genügt es, die beteiligten Elemente durch horizontale (oder: vertikale) Liniensegmente darzustellen und die Menge aller Paare zu bestimmen, die sich "sehen" können (vgl. [SLMLW], [L]). Genauer: Zwei Liniensegmente s und s' in einer gegebenen Menge horizontaler Liniensegmente sind gegenseitig *sichtbar*, wenn es eine vertikale Gerade gibt, die s und s' aber kein weiteres Liniensegment der Menge zwischen s und s' schneidet.

Sichtbarkeitsproblem:

Eingabe: Eine Menge $S = \{s_1, \ldots, s_n\}$ horizontaler Liniensegmente

Ausgabe: Die Menge aller Paare von gegenseitig sichtbaren Elementen in S

Methode:

$Q :=$ Menge der $2n$ Anfangs- und Endpunkte von Elementen in S in aufsteigender X-Reihenfolge
  {Das ist die Menge der Haltepunkte der Scan-Line}

$L := \emptyset$ {Menge der jeweils aktiven Liniensegmente in aufsteigender Y-Reihenfolge}

while Q ist nicht leer **do**

begin

  $p :=$ nächster Haltepunkt von Q;

  if $p =$ •—S— {p ist linker Endpunkt eines Segments s}

  then

  begin

    füge s in L ein;

    bestimme die Nachbarn s' und s'' von s in L und gebe (s, s') und (s, s'') als Paare sichtbarer Elemente aus

  end

  else {$p =$ —S—•, p ist rechter Endpunkt eines Segments s}

  begin

    bestimme die Nachbarn s' und s'' von s in L; entferne s aus L und gebe (s', s'') als Paar sichtbarer Elemente aus

  end

end.

Implementiert man L als balancierten Suchbaum, so kann offenbar jede Einfüge-, Entferne- und Nachbarsuchoperation in Zeit $O(\log n)$ ausgeführt werden, so daß alle $\leq 3n - 6$ sichtbaren Paare in Zeit $O(n \log n)$ bestimmt werden können. Der Platzbedarf ist sicher $O(n)$, weil höchstens alle Segmente gleichzeitig aktiv sein können. Lauther [L1] argumentiert, daß man für Entwurfsdaten als Mengen geometrischer Objekte erwarten kann, daß jeweils höchstens $O(\sqrt{n})$ Objekte gerade aktiv sind, so daß sich auch ein Speicherbedarf in dieser Größe ergibt.

Algorithmen zur Analyse von Entwurfsdaten mit insgesamt n Kanten, die nur eine Hauptspeicheranforderung von $O(\sqrt{n})$ haben, dürften für Schaltkreise jeder voraussehbaren Größe geeignet sein. Solche Algorithmen findet man z.B. in [L1] und [SVW].

Als nächstes Beispiel für die Anwendung der Scan-Line Methode behandeln wir die geometrische Grundaufgabe der

Bestimmung aller Paare sich schneidender Rechtecke: Zu einer gegebenen Menge von n iso-orientierten Rechtecken soll die Menge aller Paare sich schneidender Rechtecke bestimmt werden.

Dabei *schneiden* sich zwei Rechtecke, wenn sie wenigstens einen Punkt gemeinsam haben; der Schnitt schließt also die Kantenschnitt- und Inklusionsrelation ein.

In diesem Fall ist die Menge Q der Haltepunkte die Menge der $\leq 2n$ X-Werte der linken und rechten Rechteckkanten. Die Vertikalstruktur L ist die Menge der vertikalen Projektionen der jeweils gerade aktiven Rechtecke, also eine (zeitlich veränderliche) Menge von Intervallen. Auf dieser Menge L müssen offenbar genau folgende Operationen ausgeführt werden:

Einfügen von Intervallen,

Entfernen von Intervallen,

Zu einem gegebenen Intervall I (das vertikale Projektion eines gerade aktiv werdenden Rechtecks R ist): Bestimmen aller Intervalle I' (die Projektionen von aktiven Rechtecken R' sind), die I *überlappen*.

Die Frage: Finde zu einem Intervall $I = (y_u, y_o)$ alle Intervalle $I' = (y'_u, y'_o)$ mit: I überlappt sich mit I', läuft auf die Beantwortung je einer Bereichs- und inversen Bereichsanfrage hinaus:

a)Bereichsanfrage:

Finde alle Punkte y'_u, die im Intervall $(y_u, y_o]$ liegen.

b) Inverse Bereichsanfrage

Finde alle Intervalle $(y'_u, y'_o]$, die den Punkt y_u enthalten.

Verwendet man als Vertikalstruktur L ein Paar bestehend aus einem balancierten Blattsuchbaum für die jeweils aktiven Intervallenden und aus einem Intervall oder Segment-Baum ([E], [McC], [BW]), so können die Einfüge- und Entferne-Operationen jeweils in Zeit $O(\log n)$ und die Anfragen in Zeit $O(\log n + k)$ beantwortet werden, wobei k die Größe der jeweiligen (Teil-) Antwort ist. Das ergibt insgesamt eine Laufzeit von $O(n \log n + s)$ wobei s die Gesamtzahl der sich schneidenden Paare ist, und einen Speicherbedarf der Größe $O(n)$ oder $O(n \log n)$, je nachdem ob man Intervall- oder Segment-Bäume verwendet.

Weil man für Layout-Daten erwarten kann, daß die Anzahl s der sich schneidenden Paare von Rechtecken im wesentlichen linear mit der Zahl n der Rechtecke wächst, ist das skizzierte Verfahren wesentlich besser als das naive. Das Verfahren bildete beispielsweise die Grundlage für einen an der CMU entwickelten design-rule-checker; die Vertikalstruktur L wurde hier allerdings nicht — wie oben — unter worst-case-Effizienz Gesichtspunkten gewählt sondern auf die beim VLSI-Entwurf tatsächlich auftretenden Daten abgestimmt; die Verteilung dieser Daten wurde zunächst statistisch genau analysiert (vgl.[BHH])

Eine weitere bei der Layout-Analyse zu lösende Grundaufgabe ist die *Bestimmung der Kontur* einer Menge von Rechtecken oder von iso-orientierten Polygonen. Dies Problem wurde zuerst, wenn auch nicht optimal, von Lipski/Preparata [LiPr] gelöst, die bereits bemerkten, daß es genügt, etwa nur die horizontalen Kanten der Kontur zu berechnen, weil man aus ihnen in einem zweiten Durchgang auch die vertikalen Kanten berechnen kann, wenn die horizontalen Kanten zunächst aufsteigend sortiert werden. Eine optimale Lösung gelang Güting [G] durch Anwendung der divide & conquer Strategie und einer neuen Datenstruktur des kontrahierten Segment-Baumes. Eine ebenfalls optimale, aber konzeptionell einfachere Lösung des Konturproblems gelang Wood [Wo2]. Seine Lösung folgt der Scan-Line Methode und verwendet als Vertikalstruktur einen "visibility-tree", in dem die Grenzen zwischen bedeckten und freien Bereichen so geschickt festgehalten werden, daß lokale Änderungen und Anfragen, ob beispielsweise eine neu angetroffene Rechteckseite einen Beitrag zur Kontur liefert, effizient ausführbar sind. Das Verfahren von Wood ist nicht nur auf Mengen von Rechtecken, sondern auf beliebige Mengen iso-orientierter Polygone anwendbar: Sei eine Menge von Polygonen mit insgesamt n Kanten gegeben. Dann lassen sich die r horizontalen Kanten der Kontur in Zeit $O(n \log n + r)$ und Platz $O(n)$ berechnen.

5. DER NICHT ISO-ORIENTIERTE FALL

Sind die gegebenen Objekte nicht iso-orientiert, lassen sich die für den iso-orientierten Fall entwickelten Techniken und Algorithmen nur noch bedingt anwenden. Das hat zur Folge, daß für dieselben Probleme im iso-orientierten Fall optimale, im allgemeinen (nicht iso-orientierten) Fall aber nur Lösungen bekannt sind, von denen man nicht weiß, ob sie optimal sind. Ein Beispiel ist das report-intersecting-pairs Problem: Für eine Menge von n Rechtecken oder horizontalen und vertikalen Liniensegmenten kann man alle s Paare sich schneidender Objekte in Zeit $O(n \log n + s)$ und Platz $O(n)$ finden. Das ist worst-case optimal. Hat man eine Menge von n beliebig orientierten Liniensegmenten, so benötigt das Finden aller s sich schneidender Paare Zeit $O((n+s) \log n)$ und Platz $O(n)$, wenn man ein Scan-Line Verfahren verwendet (vgl. [BO]). Chazelle [C] hat kürzlich gezeigt, wie alle s sich schneidenden Paare in Zeit $O(n \log^2 n + s)$ bestimmt werden können; sein Verfahren folgt einer divide & conquer-Strategie und liefert die Schnittpunkte nicht in sortierter Reihenfolge. Ob noch effizientere Lösungen existieren, ist nicht bekannt. Wir wollen hier kurz skizzieren, wie man das Problem lösen kann, *alle Paare sich schneidender Polygone* in der Ebene zu bestimmen, wobei "schneiden" wiederum Kantenschnitt oder Inklusion meint. Dies Problem wurde kürzlich von Swart/Ladner [SL] mit Hilfe einer neuen Datenstruktur gelöst, deren erwarteter Speicherbedarf schwer abschätzbar ist, im worst-case jedoch über dem liegt, den die von uns vorgeschlagene Lösung benötigt. Der Zeitbedarf ist in beiden Fällen derselbe.

Die von uns im folgenden skizzierte Lösung hat darüberhinaus den Vorteil, daß sie sich in standardisierter Weise aus der in Abschnitt 4 skizzierten Lösung für den iso-orientierten Fall entwickeln läßt: Im iso-orientierten Fall, d.h. zur Lösung des Problems, alle Paare sich schneidender *Rechtecke* zu finden, haben wir als Vertikalstruktur den Intervall-Baum von Edelsbrunner/McCreight verwendet. Das ist ein Beispiel für eine halb dynamische *Skelett-Struktur*; andere Beispiele für solche Strukturen sind der Segment-Baum [Bo] und der visibility-tree [WO2]. Alle diese Strukturen haben folgendes gemeinsam:

Die während eines sweeps der Scan-Line in sie einzufügenden und wieder zu entfernenden Objekte sind im vorhinein bekannt. Man kann daher im iso-orientierten Fall leicht ein anfangs leeres "Skelett" bauen, das Platz (anfangs leere "Behälter") für alle diese Objekte bietet und mit den jeweils aktiven Objekten gefüllt wird. Grundlage des Skeletts ist eine totale Ordnung der horizontalen Rechteckkanten.

Eine solche totale Ordnung der Polygonkanten auf der man eine Skelettstruktur aufbauen könnte, ist aber im nicht iso-orientierten Fall nicht offensichtlich. Folgende Überlegung erlaubt es uns, diese Schwierigkeit zu überwinden: wir zerlegen die gegebene Menge von Polygonen zunächst (gedanklich) in eine Menge von *Zickzacks*: Je zwei Zickzacks beginnen stets an einem linkesten Polygonpunkt und enden an einem rechtesten. Läuft man einem Zickzack beginnend bei seinem Anfang von links nach rechts entlang und trifft dabei auf einen Schnittpunkt zweier Polygonkanten, so verläßt man stets die bisherige und folgt der neuen Polygonkante. Folgendes Bild zeigt eine Menge von zwei Polygonen und die zugehörigen Zickzacks:

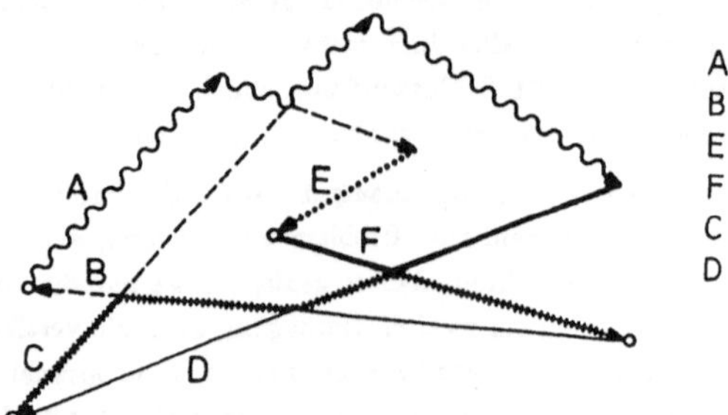

Enthält die gegebene Menge nur konvexe Polygone, und zwar p Stück, so gibt es genau $2p$ zugehörige Zickzacks, sonst soviele Zickzacks, wie es linkeste Polygonkanten gibt. Zwischen Zickzacks ist eine partielle

Ordnung definiert, die völlig analog zu der im Abschnitt 4 erwähnten Sichtbarkeitsordnung für horizontale Liniensegmente ist. Daraus kann man eine totale Ordnung erhalten, wenn man zunächst die transitive Hülle dieser "oberhalb von" Relation nimmt und die bzgl. dieser Relation dann immer noch unvergleichbaren Elemente nach der Relation "links von" ordnet. Die resultierende "oberhalb$^+$|links"-Relation ist eine vollständige Ordnung aller zu einer gegebenen Menge gehörenden Zickzacks; sie induziert insbesondere eine vollständige Anordnung der linkesten Polygon-Kanten, die die Anfänge der Zickzacks bilden. Auf dieser Anordnung kann man eine Skelettstruktur aufbauen, die für einen Scan-Line Algorithmus von links nach rechts geeignet ist. Als einziger Unterschied zum iso-orientierten Fall bleibt die Notwendigkeit, ggfs. lokale Änderungen im Skelett entsprechend folgendem Schema vorzunehmen: Darin haben wir alle problemspezifischen Details fortgelassen und weiter stillschweigend vorausgesetzt, daß die Folge der Haltepunkte der Scan-Line "on line" durch successives Einfügen des jeweils nächsten Kantenschnittpunkts bestimmt wird. (Das geht mit dem bekannten Verfahren von [BO].)

Algorithmus Polygon-Sweep

$S :=$ Folge der linkesten Polygonkanten in der durch die Anordnung der den Polygonen zugeordneten Zickzacks induzierten "oberhalb$^+$|links"-Ordnung; alle Elemente als nicht vorhanden markiert.

{S ist das anfangs leere Skelett}

$Q :=$ Folge der Haltepunkte in aufsteigender X-Reihenfolge

while Q nicht leer **do** $p :=$ nächster Punkt aus Q;

case {Typ von p} **of**

p s : markiere s als vorhanden in S;

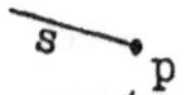

s p : markiere s als nicht (mehr) vorhanden in S;

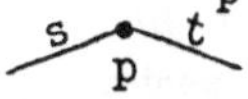

s p t : ersetze s in S durch t;

s p t 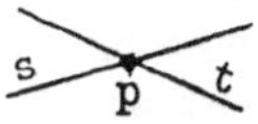 : { dann sind s und t als in S vorhanden markiert}

vertausche s und t in S

end {case}

{ die in S als vorhanden markierten Elemente sind genau die von der Scan-Line am Haltepunkt p geschnittenen Elemente in aufsteigender y-Reihenfolge}

end {while}

{ alle Elemente in S sind als nicht (mehr) vorhanden markiert}

end {Algorithmus Polygon Sweep}.

Zur Lösung des Problems, alle Paare sich schneidender Polygone zu finden, geht man nun im Prinzip genau so vor, wie im iso-orientierten Fall: Man repräsentiert jedes Polygon durch seine Projektion auf die Scan-Line, also durch Intervalle in Y-Richtung. Die Menge dieser Intervalle wird wie üblich in einem Intervall- (oder Segment-) Baum über dem Skelett S repräsentiert. Die Durchschnittsfrage für Polygone kann damit auf die Überlappungsfrage für Intervalle reduziert werden. Im Unterschied zum iso-orientierten Fall kann ein Polygon mehrere Schnitte (Intervalle) mit der Scan-Line haben; das können bis zu $O(n)$ sein. Man kann sich die Schnittkanten eines jeden Polygons mit der Scan-Line in der nach aufsteigenden Werten der Schnittpunkte mit der Scan-Line geordneten Reihenfolge merken und in einem balancierten Baum abspeichern, falls die Anzahl nicht global beschränkt werden kann. Dann kann man zu jeder Kante, die Grenze eines Projektionsintervalls eines Polygons auf die Scan-Line ist, die zugehörige zweite Begrenzungskante finden. Daß die Intervalle beim Hinüberschwenken der Scan-Line wachsen und schrumpfen, ist für die Beantwortung von Überlappungsfragen von Intervallen über dem diskreten "Raster" des Skeletts S ohne Belang, da sich die relative Anordnung der Intervallgrenzen zwischen zwei Haltpositionen der Scan-Line nicht ändert.

Insgesamt erhält man damit eine Lösung des Problems, alle Paare sich schneidender Polygone zu finden, in zwei Sweeps:

1. Sweep: Zerlege die gegebene Menge von Polygonen in Zickzacks und bestimme die (für den zweiten Sweep) geeignete Anordnung der linkesten Polygonkanten. Das ist in Zeit $O((n+s)\log n)$ und Platz $O(n)$ durchführbar, vgl. [OW1]. Auf dieser Anfangsanordnung baue man eine — anfangs leere — Skelettstruktur SL, z.B. einen Intervall-Baum, auf. SL dient als Vertikalstruktur für den zweiten Sweep. Jedem Polygon ordne man eine anfangs leere Menge von Schnittkanten zu.

2. Sweep: (Verläuft analog zum Vorgehen im iso-orientierten Fall.) An jedem Haltepunkt der Scan-Line ändert man SL dem Typ des Haltepunktes entsprechend ab durch Einfügen oder Entfernen von Intervallen bzw. durch Änderung des Skeletts wie angegeben. Ferner ändert man die Menge der Schnittkanten für die den Haltepunkt bestimmenden Polygone ab und beantwortet schließlich für jedes gerade aktiv werdende Intervall die Überlappungsfrage, um Paare sich schneidender Polygone zu finden.

Dann folgt: Für eine Menge von Poygonen mit insgesamt n Kanten und s Kantenschnitten kann man die Menge aller l Paare von Polygonen mit nicht leerem Durchschnitt in Zeit $O((n+s)\log n + l)$ und Platz $O(n)$ finden.

Das beschriebene Verfahren hat sich als recht leistungsfähiges Prinzip zur Übertragung von Algortihmen, die für den iso-orientierten Fall entwickelt wurden, auf den nicht iso-orientierten Fall erwiesen. Ein Beispiel aus der graphischen Datenverarbeitung ist in [OW2] enthalten. Die Anwendung auf das Kontur-Problem enthält [OWo].

6. DATENERHALTUNGSPROBLEME

Die zur Lösung geometrischer Fragestellungen beim VLSI-Entwurf eingesetzten Algorithmen arbeiten nicht auf einer einheitlichen Datenstruktur. Vielmehr benötigen die meisten Algorithmen eine jeweils spezielle Repräsentation der Daten, die ggfs. zunächst aus anderen, für die langfristige Datenhaltung in CAD-Datenbanken geeigneten (oder: üblichen) Formaten hergestellt werden muß . Man kann zwei grundsätzlich verschiedene Möglichkeiten der Repräsentation geometrischer Daten unterscheiden: Die *Gitter-* (oder: *Bit-map-*) Repräsentation und die *Kanten-* (oder: *Ecken-*) Repräsenation. Bei der *Gitter-Repräsenation* werden die Layoutdaten durch Bitmuster in einem rechteckigen Gitter repräsentiert. Das Gitter muß fein genug sein, um jedes geometrische Detail darstellen zu können. Für Layoutdaten ist dies in der Regel das durch die Layoutkonstante λ bestimmte λ-Gitter. Vorteile dieser Darstellung liegen darin, daß iso-orientierte Mengen von Objekten leicht auf Raster-Bildschirmen und schließlich auf dem Wafer dargestellt und für die Layout-Analyse wichtigen booleschen Maskenoperationen leicht realisiert werden können. Nachteilig ist jedoch, daß nur Manhattan-Geometrien leicht darstellbar sind und die Speicheranforderungen selbst bei Verwendung von Kompressionstechniken beträchtlich bleiben.

Diese Nachteile treten bei der *Kanten- oder Eckenrepräsentation* nicht auf: Die Layoutdaten sind (orientierte) Rechteck- oder Polygonkanten. Entweder implizit aus der Orientierung oder durch zusätzliche explizite Information kann man entnehmen, auf welcher Seite das jeweilige Innere liegt. Es wird nicht immer angenommen, daß die Kanten oder Ecken in (positiver) Umlaufrichtung angeordnet sind. Für viele Algorithmen ist eine Sortierung nach aufsteigenden X- oder Y-Werten günstiger. Dies gilt insbesondere für die häufig verwandte Scan-Line Methode zur Lösung geometrischer Probleme.

Einfache geometrische Objekte, wie z.B. Rechtecke, lassen sich durch Angabe einiger weniger repräsentativer Punkte beschreiben. In diesem Fall hat man als Alternative zur Kanten- oder Eckenrepräsenation auch die Möglichkeit, ein Objekt durch einen Punkt, also z.B. ein Rechteck durch einen Punkt im vierdimensionalen Raum darzustellen. Dies ist die Koordinatendarstellung.

Es lassen sich Beispiele angeben, wo die Bit-map-Darstellung der Kanten- oder Eckenrepräsenation (bzw. der Koordinatendarstellung) überlegen ist oder umgekehrt. Wichtige Forderungen bei der Abspeicherung von Layoutdaten sind häufig:

Die zur Strukturierung der Daten verwendeten Strukturen müssen sich leicht auf die Seiten eines Sekundärspeichers abbilden lassen. Ferner sollen Lokalitätseigenschaften innerhalb eines Layouts möglichst erhalten bleiben.

Gängige Methoden zur Aufteilung großer Mengen von Entwurfsdaten sind die Partitionierung und die Rasterung. Eine Partitionierung nach nur einer Koordinate bewahrt die Lokalitätseigenschaft nur bezüglich dieser Koordinate. Daher ist eine Partitionierung nach beiden Koordinaten meistens zweckmäßiger.

Eine Rasterung, also eine durchgängige, einheitliche Strukturierung des gesamten Raumes nach allen Koordinaten unterstützt ebenfalls die Nachbarschaften innerhalb des ganzen Layouts. Insbesondere bei der Verwendung von Baumstrukturen ist die Abbildung auf Sekundärspeicher kritisch, weil die Knoten entlang eines Pfades von der Wurzel zu einem Blatt auf mehreren Seiten stehen können. Man versucht daher, Datenstrukturen, die zur Laufzeit eines Algorithmus generiert werden, in ihrer Größe so klein zu halten, daß sie stets im Hauptspeicher gehalten werden können (vgl. [SVW]).

Danksagung: Herrn P. Widmayer und Herrn Th. Wagner danke ich für ihre Mithilfe bei der Beschaffung und Sichtung der umfangreichen, einschlägigen Literatur und A. Huth, O. Nurmi und M. Schrapp für ihre TEXnische Hilfe.

9. LITERATUR

[BHH] Bentley, J. L., Haken, D., and Hon, R. W.:
Statistic on VLSI-designs
Technical Report CMU-CS-80

[BO] Bentley, J. L., and Ottmann, Th.:
Algorithms for Reporting and Counting Geometric Intersections
IEEE Transactions on Computers C-28 (1979), 643-647

[BOW] Bentley, J. L., Ottmann, Th., and Widmayer, P.:
The Complexity of Manipulating Hierarchically Defined Sets of Rectangles
Advances in Computing Research, vol.1, (1983), 127-158

[BW] Bentley, J. L., and Wood, D.:
An Optimal Worst Case Algorithm for Reporting Intersections of Rectangles,
IEEE Transactions on Computers C-29 (1980), 563-580

[C] Chazelle, B.:
Reporting and Counting Arbitrary Planar Intersections
Brown University, Technical Report CS-83-16, June 1983

[E] Edelsbrunner, H.:
A Time- and Space-Optimal Solution for the Planar All Intersecting Rectangles Problem
Technical University of Graz, Graz, Austria, Institut für Informationsverarbeitung, Report F50 (1980)

[EvL] Edelsbrunner, H., and van Leeuwen, J.:
Multidimensional Data Structures and Algorithms
A Bibliography
Bericht F104,IIG Graz, Jan. 1983

[G] Güting, R. H.:
An Optimal Contour Algorithm for Iso-Oriented Rectangles
Journal of Algorithms (1983), to appear

[H] Hon, R. W.:
The Hierarchical Analysis of VLSI Designs
Report CMU-CS-83-170, Dez. 1983

[HL] Hofmann, M., and Lauther, U.:
HEX: An Instruction-driven Approach to Feature Extraction
Proceedings of the 20th Design Automation Conference (1983), 331-336

[L] Lengauer, T.:
Efficient Algorithms for the Constraint Generation for Integrated Circuit Layout Compaction
Proceedings of the WG 1983, 219-230

[L1] Lauther, U.:

An $O(N \log N)$ Algorithm for Boolean Mask Operations
Proceedings of the 18th Design Automation Conference (1981), 1–8

[L2] Lauther, U.:
A Data Structure for Gridless Routing
Proceedings of the 17th Design Automation Conference (1980), 1–7

[LiPr] Lipski, W. Jr., and Preparata, F. P.:
Finding the Contour of a Union of Iso-Oriented Rectangles
Journal of Algorithms 1 (1980), 235–246

[LT] Losleben, P., and Thompon, K.:
Topological Analysis for VLSI Circuits
Proceedings of the 16th Design Automation Conference, (1979), 461–473

[MC] Mead, C. A., and Conway, L.:
Introduction to VLSI Systems
Addison Wesley, 1980

[McC] McCreight, E. M.:
Efficient Algorithms for Enumerating Intersecting Intervals and Rectangles
XEROX Palo Alto Research Center, Palo Alto, California; Report CSL–81÷5 (1980)

[OW1] Ottmann, Th., and Widmayer, P.:
On the Placement of Line Segments into a Skeleton Structure
Report Nr. 117, Institut für Angewandte Informatik und Formale Beschreibungsverfahren, University of Karlsruhe, 1984

[OW2] Ottmann, Th., and Widmayer, P.:
Solving Visibility Problems by Using Skeleton Structures
Proceedings MFCS 1984, Prag, to appear

[OWo] Ottmann, Th., and Wood, D.:
The Contour Problem for Polygons
University of Waterloo, Computer Science Technical Report, 1984

[Sh] Shamos, M. I.:
Computational Geometry
Yale University, New Haven, Connecticut; Ph. D. Thesis, 1978

[SL] Swart, G., and Ladner, R.:
Efficient Algorithms for Reporting Intersections
Technical Report No. 83–07–03, Computer Science Department, University of Washington, Seattle, 1983

[SLMLW] Schlag, M., Luccio, F., Maestrini, P., Lee, D. T., and Wong, C.K.:
A Visibility Problem in VLSI Layout Compaction
IBM Research Report, 1983

[SVW] Szymanski, T. G., and Van Wyk, C. J.:
Space Efficient Algorithms for VLSI Artwork Analysis
Proceedings of the 20th Design Automation Conference (1983), 734–739

[U] Ullmann, J. D.:
Computational Aspects of VLSI
Rockville, Maryland, USA, 1984

[W] Wilmore, J. A.:
Efficient Boolean Operations on IC Masks
Proceedings of the 18th Design Automation Conference (1981), 571–579

[We] Weise, D.:

Hierarchical Analysis Tools in an Interactive Environment
ICCC 1982, 526–529

[Wo] Wood, D.:
An Isothetic View of Computational Geometry
University of Waterloo, Report CS–84–01, Jan. 1984

[Wo2] Wood, D.:
The Contour Problem for Rectilinear Polygons
University of Waterloo, Computer Science Technical Report CS–83–20 (1983)

Anwendung von Plane-sweep Verfahren bei der Layouterzeugung integrierter Schaltungen

U. Lauther
SIEMENS München

0. Zusammenfasung

Zunächst wird auf die Bedeutung des Kanal-Verdrahtungsproblems für die automatische Entflechtung von VLSI-Schaltungen und auf Lösungsverfahren eingegangen. Dann wird das Grundprinzip von Plane-sweep-Verfahren erläutert, die bislang vor allem in der Layoutanalyse eingesetzt wurden. Schließlich wird die Anwendung des Plane-sweep-Prinzips auf Channelrouter erläutert.

1. Einleitung

Durch die wachsende Komplexität integrierter Schaltungen wird eine weitgehende Automatisierung aller Entwicklungsschritte aus Kosten- und Termingründen mehr und mehr zur Notwendigkeit. Beim physikalischen Entwurf, der Umsetzung eines vorliegenden und verifizierten Stromlaufplans in das Layout des Chips (bzw. der zur Fertigung benötigten Masken), hat sich ein modularer, auf der Basis vorentworfener (oder generierbarer) Layoutblöcke (sog. Zellen) arbeitender Entwurfsstil durchgesetzt. Hier sind technologische Details in den Zellen versteckt. Der Anwender, bzw. das Entwurfsprogramm, braucht aus einer vorliegenden Bibliothek lediglich die benötigten Funktionsblöcke abzurufen, geeignet zu plazieren und gemäß dem Stromlaufplan zu verbinden, das heißt, die geometrische Auslegung aller geforderten Verbindungen festzulegen. Wir nennen diesen Entwurfsschritt (Plazierung + Verdrahtung) "Entflechtung". Ziel der Entflechtung ist, die geforderten Funktionen auf einem möglichst kleinen Chip zu realisieren, da die Chipfläche unmittelbar die Fertigungskosten bestimmt.

Es handelt sich hier um ein außerordentlich schwieriges Optimierungsproblem, dem auch näherungsweise nur durch Aufspaltung in leider stark gekoppelte Teilprobleme beizukommen ist. So ist die Plazierung der

Zellen so vorzunehmen, daß eine vollständige und flächenarme Verdrahtung ermöglicht wird. Dieses wenig fassbare Kriterium wird in Plazierungsverfahren durch berechenbare Zielfunktionen wie z. B. Gesamtverdrahtungslänge, mittlere Verdrahtungsdichte oder maximale Dichte an ausgewählten Meßstellen ersetzt /1/.

Auch das Verdrahtungsproblem selbst wird zweckmäßigerweise in Teilprobleme zerlegt, die einer effizienten algorithmischen Behandlung leichter zugänglich sind. Ein solches Teilproblem, dessen Behandlung Thema dieser Arbeit sein soll, ist das Channelrouting Problem. Es tritt vor allem bei der Entflechtung von Zellenschaltungen auf und ist in jüngster Zeit vielfach untersucht worden; es dürfte zu den heute am besten verstandenen speziellen Verdrahtungsproblemen gehören.
In der vorliegenden Arbeit soll gezeigt werden, daß ein zentrales Konzept der algorithmischen Geometrie, das sog. Plane-sweep Verfahren - im Bereich des VLSI-Entwurfs bisher vorwiegend bei der Analyse von Layouts eingesetzt - auch für die Bearbeitung von Channelroutingproblemen außerordentlich hilfreich ist.
Wir werden also zunächst in Abschnitt 2 das Channelroutingproblem definieren, dann Abschnitt 3 das Grundprinzip des plane sweep behandeln, um dann in den folgenden Abschnitten die Anwendung von Plane-sweep auf Channelrouting zu diskutieren.

2. Das Kanal-Verdrahtungsproblem

Das Kanalverdrahtungsproblem ist wie folgt definiert: An den beiden Ufern eines hindernisfreien Verdrahtungskanals sitzen Anschlußpunkte, die mit Netznamen versehen sind. Anschlüsse mit gleichen Namen sind durch Kanalparallele Leitungen ("trunks") und hierzu senkrechte Stichleitungen ("legs" und "doglegs") zu verbinden. Stehen zwei Verdrahtungsebenen zur Verfügung (nur dieser Fall wird hier behandelt), so bietet sich das folgende Verdrahtungsschema an: Alle trunks werden in einer Ebene, die Stichleitungen vorwiegend in der anderen Ebene, geführt. (Andere Verdrahtungsschemata sind möglich, werden aber hier nicht behandelt.) Die Positionen der Anschlußpunkte sind nur längs der Kanalachse vollständig fixiert; quer zum Kanal wird der Abstand der beiden Uferlinien vom Router selbst eingestellt. Diese Kanalbreite möglichst gering zu halten, ist das Optimierungsziel.
Die wesentlichen Eigenschaften, die das Kanal-Verdrahtungsproblem vom

allgemeinen Verdrahtungsproblem abgrenzen sind: Hindernisfreier Verdrahtungsraum, Einstellbarkeit des Verdrahtungsraumes (in einer Richtung) und Anschlußpunkte nur auf zwei gegenüberliegenden Uferlinien. Weitere Anschlüsse beschreiben Leitungen, die den Kanal links oder rechts verlassen; ihre vertikale Lage ist jedoch frei und wird vom Router festgelegt.
Bei dem oben angeführten Verdrahtungsschema reduziert sich das Verdrahtungsproblem darauf, die vertikale Position der Trunks zu bestimmen; die Geometrie der Stichleitungen ist damit implizit gegeben. Nur ihre Ebene bzw. Aufteilung in Leitungsteile in den beiden Ebenen bleibt zu ermitteln. Bei der Festlegung der vertikalen Trunkpositionen sind folgende Restiktionen zu berücksichtigen:

1. Trunks, deren horizontale Intervalle sich überlappen, müssen einen vertikalen Abstand einhalten. Die Größe dieses Abstandes hängt von der Leiterbahnbreite ab, die für die betreffende Verbindung vorgesehen ist, und davon, ob an den Enden der Trunks Kontaktflecken notwendig sind.

   Wir erhalten also einen Satz von Ungleichungen für die y-Werte y_i auf denen Trunks t_i mit x-Intervall (x_{iL}, x_{iR}) eingebettet werden.

   $$|y_i - y_j| \geq d_{ij} \quad \Leftarrow \quad (x_{iL}, x_{iR}) \cap (x_{jL}, x_{jR}) \neq \{\}$$

2. Neben diesen sog. "horizontalen constraints" sind vertikale constraints zu berücksichtigen. Diese resultieren daraus, daß Konflikte zwischen Stichleitungen vermieden werden müssen: Müssen auf der gleichen x-Position (oder genauer: in einem gemeinsamen x-Intervall bestimmter Länge) eine Stichleitung zum oberen, eine andere zum unteren Kanalufer geführt werden, so müssen die zugehörigen Trunks eine vertikale Ordnung einhalten, um einen Konflikt dieser Stichleitungen zu vermeiden:

   $$y_i - y_j \geq d_{ij} \quad \Leftarrow \quad \mathrm{Min}\,(|x_{iL}-x_{jL}|, |x_{iL}-x_{jR}|, |x_{iR}-x_{jL}|, |x_{iR}-x_{jR}|) < \varepsilon$$

   Wir können dieses System von Ungleichungen als Graph darstellen, dessen Knoten trunks repräsentieren und dessen Kanten mit Längen die Ungleichungen darstellen. Eine Teilmenge dieser Kanten ist gerichtet (vertikale Constraints), während den anderen durch das Lösungsverfahren eine Richtung zugewiesen werden muß, und zwar so,

daß ein gerichteter azyklischer Graph entsteht, dessen längster Pfad von Quelle zu Senke minimal ist. Die Länge dieses Pfades gibt die Kanalbreite an. Das beschriebene Problem fällt in die Klasse der NP-vollständigen Probleme, so daß nur heuristische Lösungsverfahren (die keine optimale Lösung garantieren) eingesetzt werden können /2/.
Die oben angesprochenen horizontalen constraints werden in den üblichen Lösungsverfahren meistens nicht explizit verwendet, sondern implizit in einer sogenannten Zonendarstellung /5/ abgelegt. Zonen sind maximale Cliquen des Restriktionsgraphen; zwischen allen Trunks, die einer Zone zugehören, gibt es horizontale constraints.
Man kann das Channelroutingproblem etwas vereinfachen, indem man die Werte der Restriktionen zunächst als einheitlich ansieht, z. B.

$$d_{ij} = d = \max \left\{ d_{ij} \right\} ,$$

man arbeitet also auf einem Verdrahtungsraster mit einem Abstand d zwischen benachbarten Rasterlinien (sog. Tracks oder Spuren). Hier wird eine konfliktfreie Zuordnung von Trunks zu möglichst wenigen Tracks gesucht; anschließend kann man durch Kompaktierung auf eine rasterfreie Lösung übergehen.
Zwei bekannte Verfahren für die Zuordnung von Trunks zu Tracks sind:

1. Der left-edge-Algorithmus /3,4/: Spur für Spur (z. B. von unten nach oben) wird von links nach rechts mit dem jeweils linkesten noch freien und konfliktfrei plazierbaren Trunk gefüllt. Eine neuere Variante versucht pro Spur eine maximale und bezüglich einer strategischen Kostenfunktion optimale Teilmenge von Trunks zu finden, die auf der aktuellen Spur eingebettet werden kann. Diese Teilmenge kann über die Berechnung längster Pfade in einem Graph, dessen Knoten die Zonen und dessen Kanten die Trunks repräsentieren, identifiziert werden /6/.

2. Merging-Verfahren /5/. Hier versucht man, maximale Teilmengen von Trunks zu finden, die auf einer Spur eingebettet werden können (ohne die Höhe dieser Spur zunächst zu kennen). Einbetten von Trunks in einer gemeinsamen Spur entspricht einem Merging der betreffenden Knoten im vertikalen Restriktionsgraph. Dies wird so gesteuert, daß die Pfadlängen möglichst wenig anwachsen.

3. Das Plane-sweep-Verfahren

Die Grundidee des Plane-sweep /7,8/ besteht darin, eine vertikale Scanline horizontal über die Ebene zu schieben und in einer vertikalen Datenstruktur alle Objekte zu speichern, die die Scanline kreuzen. Alle Verarbeitungsschritte beziehen sich auf diese aktiven Objekte, die anderen heißen "schlafend" (rechts der Scanline) oder "tot" (links der Scanline). Die Scanline bewegt sich nicht stetig, sondern in Sprüngen und nimmt nur solche Positionen ein, in denen relevante Änderungen der Geometrie stattfinden. Das Verfahren ist also Ereignis-gesteuert.

Das prinzipielle Muster dieser Verfahren sieht so aus:

```
Für alle Ereignistypen
   Priority Queue aufbauen
end;

while ∃ nicht leere Queue
   neue Position der Scanline bestimmen
   (minimaler x-Wert aus den Queues)
   Für alle Ereignistypen
      while ∃ Ereignis auf aktueller Position
          aus Queue entfernen
          Ereignis bearbeiten
      end
   end
end
```

oder etwas abgekürzt geschrieben:

```
Für alle relevanten Positionen

   Für alle Ereignistypen
      while ∃Ereignis auf aktueller Position
          aus Queue entfernen
          Ereignis bearbeiten
      end
   end
end
```

Meistens kann der Schritt "Ereignis bearbeiten" mit Zeitkomplexität O(1) oder O(logn) bearbeitet werden; dann erhält man für die Bearbeitung von n Ereignissen einen Aufwand von O(nlogn).
Das nachfolgende, sehr einfache Programmbeispiel berechnet nach diesem Schema die maximale Anzahl parallel laufender Leitungen in einem Verdrahtungskanal (Kanaldichte):

```
Dichte := 0; DMAX  := 0;

Trunks nach x_left  sortieren;

Trunks nach x_right sortieren;

Für alle relevanten Positionen

   Für alle startenden Trunks
       Dichte: = Dichte + 1
   end;

   DMAX: = Max (DMAX, Dichte)

   Für alle endenden Trunks
       Dichte: = Dichte-1
   end

end;
```

4. Einsatz von Plane-Sweep-Verfahren in einem Channelrouter

Der betrachtete Channelrouter gliedert sich in folgende Abschnitte:

1. Übernehmen der Problemdaten
   Anschlüsse, Beschreibung der Uferlinien und Designregel-Masse werden eingelesen.

2. Generieren vertikaler Constraints

3. Brechen von Zyclen im vertikalen Constraints-Graph

4. Berechnung der Zonendarstellung

5. Berechnung der Kanaldichte

6. Berechnung der Mindestabstände der Trunks von den Kanalufern

7. Zuordnung von Trunks zu Spuren

8. Trunkpermutation. Hier wird die unter (7) gewonnene Zuordnung verändert soweit bei gleicher Kanalbreite die gesamte Weglänge reduziert werden kann.

9. Kompaktierung

10. Generierung der Stichleitungen

Eine ganze Reihe dieser Schritte kann durch Einsatz von Plane-sweep effizient implementiert werden.
Dies soll an einigen Beispielen gezeigt werden:

4.1 Brechen von Zyklen im vertikalen Constraints-Graph.

Treten im Restriktionsgraphen Zyklen auf, so kann keiner der beteiligten Trunks konfliktfrei auf <u>einer</u> Spur eingebettet werden. Mindestens einer der im Zyklus liegenden Trunks muß in zwei Teile gespalten werden, die dann auf verschiedene Spuren kommen und durch ein vertikales Leitungsstück (dogleg oder jog) verbunden werden. Wir müssen also einerseits die richtigen Trunks zum Aufspalten finden, andererseits eine Position wo dies ohne Konflikte möglich ist:

```
Für alle relevanten Positionen

    Menge der aktiven Trunks, die in einem Zyklus liegen, warten
    Zu brechenden Trunk auswählen und aufspalten
    Neue constraints generieren

end
```

4.2 Kompaktierung

In der Kompaktierung wird das Spurenkonzept aufgegeben und versucht, die Trunks vertikal möglichst dicht zu packen. Hierzu muß zunächst ermittelt werden, ob an den Enden der Trunks Kontaktlöcher benötigt werden:

Für alle relevanten Positionen

startende Trunks in vertikal geordnete scanline einfügen

Für Pins auf aktueller Position ermitteln, ob zwischen Pin und zugehörigem Trunk andere Trunks verlaufen; wenn ja, Kontaktlochflag im Trunk setzen.

endende Trunks aus scanline löschen

end.

In einem zweiten Schritt werden zwischen benachbarten Trunks constraints generiert, die den notwendigen vertikalen Abstand sicherstellen. Hierzu wird der von Lengauer /9/ angegebene Algorithmus verwendet. Auch dies ist ein Plane-sweep Verfahren, das in unserem Falle folgende Ereignistypen unterscheidet:

- Kontaktloch fängt an
- Kontaktloch endet
- Trunk fängt an
- Trunk endet.

Je nach auslösendem Ereignis werden unterschiedliche Restriktionen generiert.
Die Berechnung längster Pfade im aus diesen Restriktionen aufgebauten Graph liefert schließlich die endgültigen Trunk-Positionen.

4.3 Generierung der Stichleitungen

Um die Stichleitungen generieren zu können, muß man ähnlich wie in der Kompaktierung die zu überquerenden Trunks berücksichtigen. Für jede dieser Überquerungen ergibt sich zwangsläufig die zu verwendende Ebene; ein entsprechendes Wegstück kann generiert werden. Verbleibende Lücken werden anschließend gefüllt:

```
Für alle relevanten Positionen

    startende Trunks in vertikale scanline einfügen

    für Pins auf aktueller Position
         für alle kreuzenden Trunks
              Wegstück in Gegenebene generieren
         end
    end

    Wegstückliste vertikal scannen
         Überlappungen beseitigen
         Lücken auffüllen
         Wegstücke und Kontaktlöcher ausgeben
    end
end
```

5. Ergebnisse

Wir haben gesehen, daß die Plane-sweep-Technik für viele Teilprobleme des Channelrouting eine klar strukturierte und effiziente Lösung bietet. Ein nach diesem Verfahren aufgebauter Router verbindet 441 Pins zu 177 Netzen in weniger als 3.5 Sek. auf einer 4 MOPS Maschine.

6. Literatur

1. U. Lauther: "Probleme und Lösungen bei der Plazierung und Verdrahtung von Zellen". In: "CAD für VLSI", Herausg. H.G. Schwärtzel, Springer 1982, S. 130-139

2. T.G. Szymanski: "Dogleg Channel Routing is NP-complete", Bell Labs, Murray Hill, September 1981

3. A. Hashimoto and J. Stevens: "Wire Routing by Optimizing Channel Assigment within Large Apertures", Proc. 8th Design Automation Workshop (1971), pp. 155-159

4. B.W. Kenigham, D.G. Schweikert, G. Persky: "An Optimizing Channel-Routing Algorithm For Polycell Layouts of Integrated Circuits", Proc. 10th Design Automation Workshop (1973), pp. 50-59

5. T. Yoshimura, E.S. Kuh: "Efficient Allgorithms for Channel Routing", IEEE Trans. Computer-Aided Design, Vol. CAD-1, No. 1, pp. 25-35, January 1982

6. T. Yoshimura: "An Efficient Channel Router", Proc. 21th Design Automation Conf. (1984), pp. 38-44

7. I. Shamos, D. Hoey: "Geometric Intersection Problems", Proc. 17th Ann. Conf. Foundations of Computer Science, Oct. 1976, pp. 208-215

8. J.L. Bentley, T.A. Ottmann: "Algorithms for Reporting and Counting Geometric Intersections", IEEE Trans. Comp; Vol. 6-28, No. 9, Sept. 1979, pp. 643-647

9. T. Lengauer: "Efficient Algorithms for the Constraint Generation for Integrated Circuit Layout Compaktion", Proc. of the WG´83, Intern. Workshop on Graphtheoretik Concepts in Computer Science, Herausg. M. Nagl u. J. Perl, Trauner Verlag, pp. 219-230

Über Verdrahtungsalgorithmen

von
Kurt Mehlhorn
FB 10
Universität des Saarlandes
66 Saarbrücken

Kurzfassung: Wir stellen einige neue Verdrahtungsalgorithmen vor. Diese Algorithmen sind schnell und lösen komplexe Verdrahtungsprobleme (z.B. switchbox, Umwandlung einer globalen Verdrahtung in eine detaillierte Verdrahtung) optimal oder zumindest mit garantierter Performanz.

1. Das Verdrahtungsproblem

Ein Verdrahtungsproblem ist gegeben durch einen Teilgraphen R = (V,E) des ebenen rechtwinkeligen Gitters und eine Menge von Netzen $N_1,...,N_m$. Ein Netz N_i ist eine Teilmenge der Knotenmenge V des Verdrahtungsgebiets; es heißt Zweipunktnetz falls $|N_i| = 2$ und andernfalls Mehrpunktnetz. Eine Lösung eines Verdrahtungsproblems besteht aus Realisierungen $T_1,...,T_m$ der Netze $N_1,...,N_m$. Dabei müssen folgende Nebenbedingungen erfüllt sein.

1) T_i ist ein Baum, der die Terminale (Knoten) von Netz N_i verbindet und nur Kanten von R benutzt;

2) T_i und T_j sind kantendisjunkt für $i \neq j$.

Bei einem Zweipunktnetz $N_i = (s_i,t_i)$ ist T_i ein Weg, der s_i und t_i verbindet. Abbildung 1 zeigt ein Verdrahtungsproblem und seine Lösung; die Terminale des Netzes N_i sind durch die Ziffer i bezeichnet.

Obige Definition des Verdrahtungsproblems ist durch die Anwendung auf integrierte Schaltkreise motiviert. Ein Netz ist eine Menge von Punkten, die elektrisch zu verbinden sind. Für die Verbindungen steht ein Verdrahtungsgebiet R zur Verfügung, in dem Netze durch horizontale und vertikale Drahtsegmente realisiert werden können. Die Beschränkung auf horizontale und vertikale Drahtsegmente ist von der Technologie nicht zwingend vorgegeben, wird aber meist gemacht. Drähte haben eine Mindestbreite und einen gegenseitigen Mindestabstand. Beide Größen sind technologieabhängig. Wir haben diese Bedingungen in die Forderung gefaßt, daß das Verdrahtungsgebiet ein Teilgraph des Gitters ist und daß Realisierungen nur Gitterkanten benutzen dürfen.

Wir haben bei der Formulierung des Verdrahtungsproblems allerdings auch eine wichtige Nebenbedingung vernachlässigt: die Schichtzuweisung. Für die Verdrahtung stehen L stromführende Schichten zur Verfügung. L ist technologieabhängig und sehr klein; L = 2 oder L = 3 ist im Augenblick machbar. Die Drahtsegmente einer Realisierung eines Netzes müssen den stromführenden Schichten zugewiesen werden; bei Schichtwechsel sind Kontaktpunkte vorzusehen. Drahtsegmente in verschiedenen Schichten dürfen sich kreuzen aber nicht (lange) überlappen. Letztere Bedingung soll Kopplungen vermeiden. Wir haben sie in die Forderung der Kantendisjunktheit der Realisierungen gefaßt. Abbildung 2 zeigt eine Lösung unseres Verdrahtungsproblems mit zwei Schichten. Wir werden das Problem der Schichtzuweisung im folgenden bei jedem der Algorithmen

getrennt diskutieren.
Ziel der Forschung im Bereich der Verdrahtungsprobleme sind gute Verdrahtungsalgorithmen, d.h. Algorithmen, die zum einen schnell sind und zum anderen gute Lösungen liefern. Als Maß der Güte benutzen wir die Größe des Verdrahtungsgebiets; andere Maße sind z.B. die Länge von Netzen. Wir möchten, daß unsere Algorithmen in einem Verdrahtungsgebiet der Größe $(1 + \varepsilon)x$ eine Lösung finden, falls eine Lösung in einem Gebiet der Größe x existiert. Dabei soll ε eine kleine Konstante sein; $\varepsilon = 0$ ist der Idealfall. In anderen Worten: Falls ein Verdrahtungsproblem eine Lösung hat (woher wir das wissen, spielt keine Rolle), dann sollen unsere Algorithmen in einem um den Faktor $(1 + \varepsilon)$ aufgeblähten Verdrahtungsgebiet eine Lösung finden.

Wie steht es nun mit guten Verdrahtungsalgorithmen? Wir müssen zunächst noch die Begriffe Manhattanmodus und Knockkneemodus einführen. In einem Knoten des Verdrahtungsgebiets sind die folgenden Konfigurationen möglich (vgl. Abbildung 3). Falls der Knoten nur von einem Netz benutzt wird, so kann dieses gerade durch den Knoten laufen, abknicken oder sich verzweigen. Falls ein Knoten von zwei Netzen benutzt wird, so können sich diese Netze entweder kreuzen, oder beide knicken ab. Letztere Konfiguration wird meist Doppelknie (Knock-knee) genannt. Im Manhattanmodus ist das Doppelknie verboten. Abbildung 4 zeigt ein einfaches Verdrahtungsproblem und seine Lösung in beiden Modi. Dieses Beispiel zeigt, daß das Verdrahtungsgebiet im Manhattanmodus unter Umständen sehr viel größer sein muß.

2. Stand der Forschung

In diesem Abschnitt geben wir einen kurzen Überblick über den Stand der Forschung.

a) Schichtzuweisung: Layouts im Manhattanmodus sind stets in zwei Schichten verdrahtbar. Man kann etwa Schicht 1 für die horizontalen und Schicht 2 für die vertikalen Drahtsegmente benutzen. In Biegungen kann ein Kontakt gesetzt werden. Für Layouts im Knockkneemodus genügen vier Schichten, (Brady/ Brown). Es genügen zwei Schichten, wenn das Verdrahtungsgebiet in einer Richtung um den Faktor 2 durch Einfügen von neuen Gitterkanten gedehnt wird. Abbildung 5 zeigt einen Layout im Knockkneemodus; Abbildung 6 zeigt eine Verdrahtung in zwei Schichten. Dabei wurde zwischen je zwei horizontalen Gitterkanten eine neue Kante eingefügt. Kontakte liegen nur auf den neuen Knotenpunkten.

b) Kanalverdrahtung: Beim Kanalverdrahtungsproblem ist das Verdrahtungsgebiet ein Rechteck; die Anschlüsse der Netze liegen nur am oberen und unteren Rand des Gebiets R; Abbildung 4 zeigt ein Kanalverdrahtungsproblem. Das Ziel bei der Kanalverdrahtung ist die Minimierung der Kanalbreite, d.h. des Abstandes zwischen oberem und unterem Rand.

Im Manhattanmodus ist die Minimierung der Kanalbreite ein NP-vollständiges Problem (T. Szymanski). Es gibt jedoch Algorithmen, die bei den meisten in der Anwendung auftauchenden Problemem sehr gute Ergebnisse liefern; der Beitrag von Herrn Lauther behandelt einen solchen Algorithmus, der meist mit Breite $\delta + O(1)$ auskommt. Dabei ist $\delta = \max\{\delta_i\}$ die Dichte des Problems; δ_i ist die Anzahl der Netze, die einen Anschluß in Spalte $\leq i$ und einen Anschluß in Spalte $>i$ haben. Offensichtlich muß der Kanal mindestens die Breite δ haben; der Algorithmus von U. Lauther findet also meist eine Lösung, deren Breite nur um $O(1)$ über der unteren Schranke liegt.

Allerdings gibt es auch Probleme mit sehr kleiner Dichte, die sehr breite Kanäle brauchen. Das Problem von Abbildung 4 hat Dichte $\delta = 1$ und braucht einen Kanal der Breite $\Omega(\sqrt{n})$, wenn wir n Netze haben, die um eine Einheit nach rechts laufen.
Baker/ Bhatt/ Leighton führen eine andere untere Schranke für die Kanalbreite im Manhattanmodus ein: den Flux f. Dabei ist f die kleinste Zahl, so daß von jedem Segment von f^2 aufeinanderfolgenden Knoten des oberen (unteren) Randes des Kanals mindestens f nicht Terminal eines Netzes sind. Baker/ Bhatt/ Leighton zeigen in ihrer Arbeit, daß es stets eine Lösung der Breite $2\delta + O(f)$ gibt. Bei Zweipunktnetzen genügt sogar Breite $\delta + O(f)$.
Beim Knockkneemodus ist die Situation viel einfacher. Preparata/ Lipski zeigen, daß es für Zweipunktnetze stets eine Lösung mit der Breite δ gibt; bei Mehrpunktnetzen genügt Breite $2\delta - 1$.
Im Fall der Zweipunktnetze ist die Lösung von Preparata/ Lipski also optimal. Breite δ ist notwendig, und sie genügt auch. Die von ihrem Algorithmus erzeugten Layouts können zudem mit 3 Schichten verdrahtet werden.

c) Allgemeinere Verdrahtungsgebiete: Für allgemeinere Verdrahtungsgebiete sind im Manhattanmodus kaum Algorithmen mit garantierter Performanz bekannt. Eine Ausnahme ist die Arbeit von A. LaPaugh, die Verdrahtung um ein Rechteck herum betrachtet.

In der Praxis werden allgemeinere Verdrahtungsgebiete meist auf Kanäle zurückgeführt. Man zerlegt das Verdrahtungsgebiet in Kanäle, legt dann für jedes Netz fest, durch welche Kanäle es laufen soll (globale Verdrahtung) und wo es die Grenzen zwischen den Kanälen überschreiten soll. In einem letzten Schritt löst man dann die resultierenden Kanalverdrahtungsprobleme. Über die Performanz dieser Vorgehensweise lassen sich schwer präzise Aussagen machen. Das liegt insbesondere daran, daß keine guten unteren Schranken (wie etwa Dichte und Fluß beim Kanal) bekannt sind.

Im Knockkneemodus ist die Situation wiederum besser. Wir werden einige neue Ergebnisse im nächsten Abschnitt schildern.

3. Neue Ergebnisse

In diesem Abschnitt stellen wir einige neue Ergebnisse über Verdrahtung im Knockkneemodus zusammen. Wir beschränken uns auf Zweipunktnetze. Alle vorgestellten Algorithmen finden eine Lösung, falls eine existiert ($\varepsilon = 0$ in obigem Sinn).

a) Switchbox: Eine Switchbox ist ein rechteckiges Verdrahtungsgebiet. Die Anschlüsse der Netze liegen auf allen vier Seiten der Switchbox. Abbildung 5 zeigt eine Switchbox. Mehlhorn/ Preparata lösen das Switchboxproblem in Zeit $O(U \log U)$, wobei U der Umfang der Switchbox ist. Abbildung 5 wurde mit ihrem Algorithmus erzeugt. G. Kaninke hat diesen Algorithmus implementiert. Er löst etwa ein Problem mit 60 Netzen in einem 20×30 Rechteck in 1.5 sec (Siemens 7560).

b) Generalized Switchbox: Eine verallgemeinerte Switchbox ist ein Verdrahtungsgebiet beliebiger Gestalt aber ohne Löcher. Die Anschlüsse der Netze liegen am Rand des Gebiets. Abbildung 7 zeigt eine verallgemeinerte Switchbox. Kaufmann/ Mehlhorn lösen das verallgemeinerte Switchboxproblem in Zeit $O(A(\log A)^2)$, wobei A die Fläche des Verdrahtungsgebiets ist.

c) Generalized Switchbox mit Hindernissen: Wir lassen nun ein allgemeines Verdrahtungsgebiet zu. Es sind Löcher erlaubt, die Anschlüsse der Netze liegen aber alle am Rand des unendlichen Gebiets. Abbildung 8 gibt ein Beispiel. Es wurde mit Hilfe des Algorithmus von Becker/ Mehlhorn gelöst, der in Zeit $O(A^{3/2})$ läuft.

d) Allgemeines Verdrahtungsproblem mit vorgegebener globaler Verdrahtung: Wir kehren nun zum allgemeinen Verdrahtungsproblem zurück. Das Verdrahtungsgebiet hat eine beliebige Form, und die Anschlüsse der Netze dürfen überall liegen. Abbildung 9 gibt ein Beispiel. In dieser Allgemeinheit ist das Verdrahtungsproblem NP-vollständig (Kramer/ van Leuwen). Nehmen wir nun zusätzlich an, daß für jedes Netz sein globaler Verlauf vorgegeben ist (siehe Abbildung 10), so kann man eine Verdrahtung in Zeit $O(A^2H^2)$ finden, wo H die Anzahl der Löcher ist (Kaufmann/ Mehlhorn). Abbildung 11 zeigt eine Lösung für unser Beispiel. Der globale Verlauf eines Netzes gibt die Homotopie des Netzes an, d.h. wie das Netz um die Löcher herumläuft.

Die vier oben erwähnten Algorithmen unterscheiden sich stark; die verwendeten Datenstrukturen (z.B. piority search trees bei a), range trees bei b) und Unteralgorithmen (planar separator bei c)) sind auf das jeweilige Problem zugeschnitten. Jedoch haben die Algorithmen eine gemeinsame mathematische Basis: die Theorie des multi-commodity flows in planaren Netwerken, die insbesondere von Okamura/ Seymour entwickelt wurde. Für die Einzelheiten verweisen wir auf die Originalarbeiten.

4. Ausblick

Wir sehen für die Zukunft insbesondere folgende Probleme.

a) Vielfachnetze: Die in Abschnitt 3 geschilderten Ergebnisse gelten nur für Zweipunktnetze. Für Vielpunktnetze sind approximative Lösungen bekannt. Insbesondere kann man Lösungen finden, wenn man das Verdrahtungsgebiet in jeder Richtung um den Faktor 2 aufbläht (Mehlhorn/ Preparata). Das ist zu schlecht.

b) Überlappung: Wir forderten, daß Realisierungen verschiedener Netze kantendisjunkt sind, um Kopplungen zu vermeiden. Nun sind aber kurze Überlappungen technisch durchaus unbedenklich; sie könnten die Verdrahtungsfläche stark reduzieren. Gao Shaodi hat gezeigt, daß man Kanäle von Zweipunktnetzen (Mehrpunktnetzen) stets in Breite $3/2\delta + O(1)$ $(3\delta + O(1))$ in zwei Schichten verdrahten kann. Dabei überlappen sich je zwei Netze N_i und N_j nur für zwei Kanten. Man beachte, daß man ohne Überlappung 2δ bzw. 4δ Spuren braucht (bei zwei Schichten). Es ist nicht klar, ob seine Lösung optimal ist.

c) Gitterfreies Verdrahten: Das Gitter faßt die technologische Randbedingung der Mindestbreiten und Mindestabstände. Nun sind diese

Größen aber durchaus schichtabhängig; auch sind Kontakte breiter als Drähte. Man sollte versuchen, diese Parameter in das Modell einzubeziehen.
Eine Alternative besteht darin, Layouts, die im Gittermodell erzeugt wurden, zu kompaktieren. Kompaktieren wird in den Beiträgen von Herrn Lengauer und Herrn Lauther behandelt.

d) Globales Verhalten: Wir sahen oben, daß man globale Verdrahtungen effizient in detaillierte Verdrahtungen verwandeln kann. Ich hoffe nun, daß man dieses Wissen verwenden kann, um einen guten Näherungsalgorithmus für globales Verdrahten zu finden.

e) Probleme mit kleinem Fluß: Bei vielen in der Anwendung vorkommenden Problemen sind die meisten Randpunkte unbesetzt, d.h. nicht Terminal eines Netzes. Bei Kanälen spricht man dann von kleinem Flux. Bei Problemen mit kleinem Flux sollte man Layouts der Breite δ finden können, die mit 2 Schichten verdrahtbar sind. Man beachte, daß im allgemeinen 4 Schichten oder Breite $2\delta - 1$ notwendig sind. Sollte sich diese Hoffnung realisieren, so wären die Vorzüge der hier vorgestellten Algorithmen (gute Performanz im schlechtesten Fall) und der im Beitrag von Herrn Lauther vorgestellten Algorithmen (sehr gute Performanz im Mittel) vereinigt.

5. Zusammenfassung:

Wir stellten kurz einige neue Verdrahtungsalgorithmen vor. Diese Algorithmen finden sämtlich eine Lösung, falls es eine Lösung gibt. Sie sind sehr schnell.

Literaturhinweise

M. Becker: Vielfachfluß in planaren Netzwerken
Diplomarbeit, FB 10, Univers. des Saarlandes, 1984

M. Brady, D. Brown: VLSI routing: Four Layers Suffice
MIT VLSI conference, 1984

M. Kaufmann, K. Mehlhorn: Generalized Switchbox Routing
Techn. Bericht,FB 1o, Univers. des Saarlandes

M. Kaufmann, K. Mehlhorn: Detailed Routing is Simple
in preparation

M.R. Kramer, J. van Leeuwen: Wire Routing is NP-complete
Technical Report RUU-CS-82-4, 1982, Utrecht

A. LaPaugh: A Polynomial Time Algorithm for Optimal Routing Around a Rectangle
21th FOCS 1980, 282-293

U. Lauther: dieser Band

Th. Lengauer: dieser Band

K. Mehlhorn, F. Preparata: Routing Through a Rectangle
Technischer Bericht 1983

H. Okamura, P.D. Seymour: Multicommodity flows in planar graphs
Journal of Combinatorial Theory, Series B, 1981, 75-81

F. Preparata, W. Lipski: Three Layers are Enough
23rd FOCS 1982, 350-357

G. Shaodi: Über Kanalverdrahtung mit Überlappungen
Diplomarbeit, Univers. des Saarlandes, 1984

T. Szymanski: Channel routing is NP-complete
manuscript, 1981

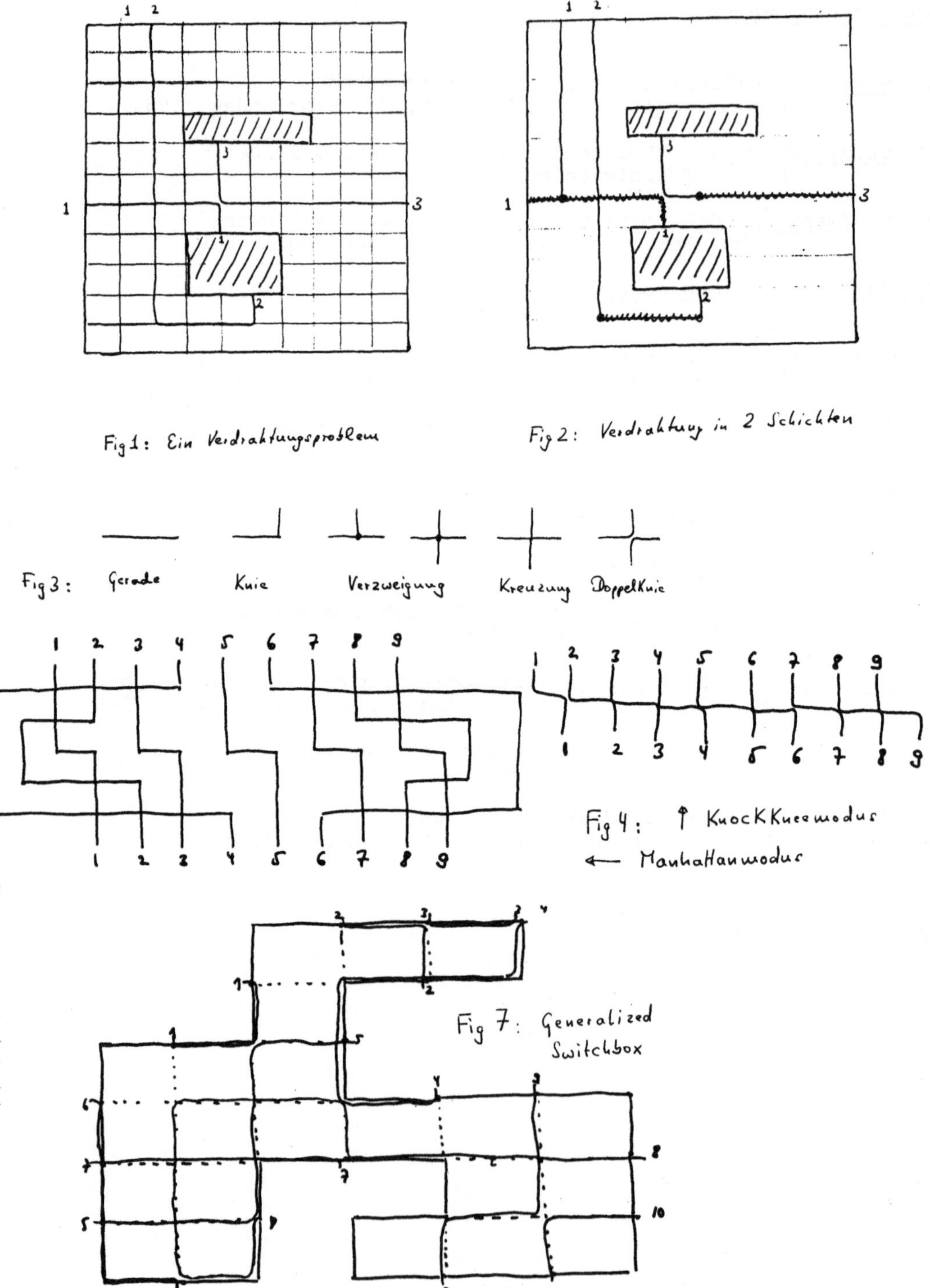
Fig 1: Ein Verdrahtungsproblem
Fig 2: Verdrahtung in 2 Schichten
Fig 3: Gerade Knie Verzweigung Kreuzung DoppelKnie
Fig 4: ↑ KnockKneemodus
← Manhattanmodus
Fig 7: Generalized Switchbox

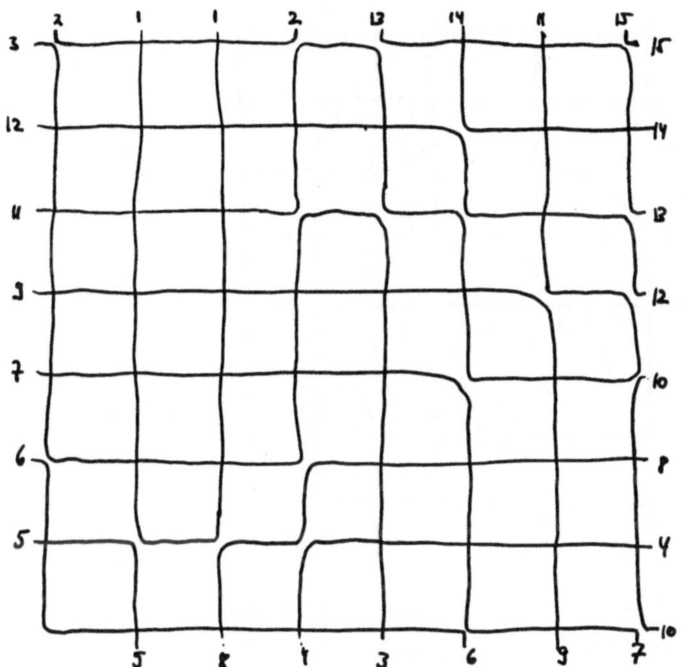

Fig 5: Switchbox

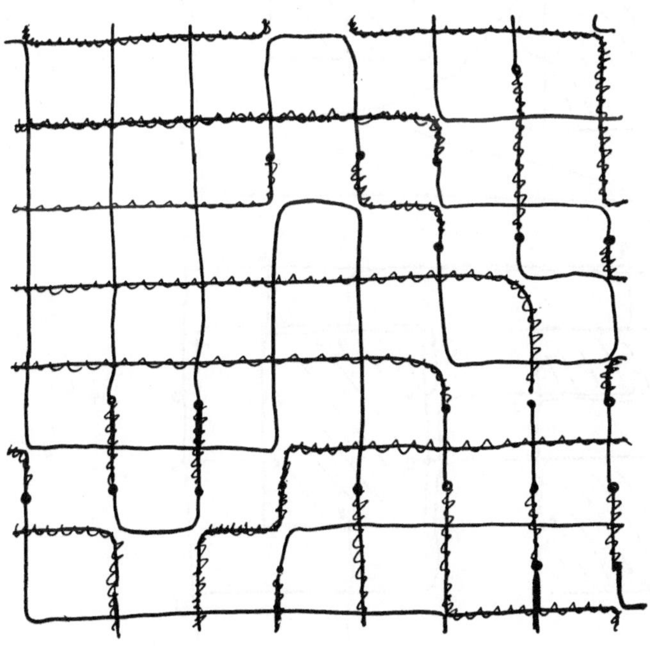

Fig 6: Verdrahtung in zwei Schichten

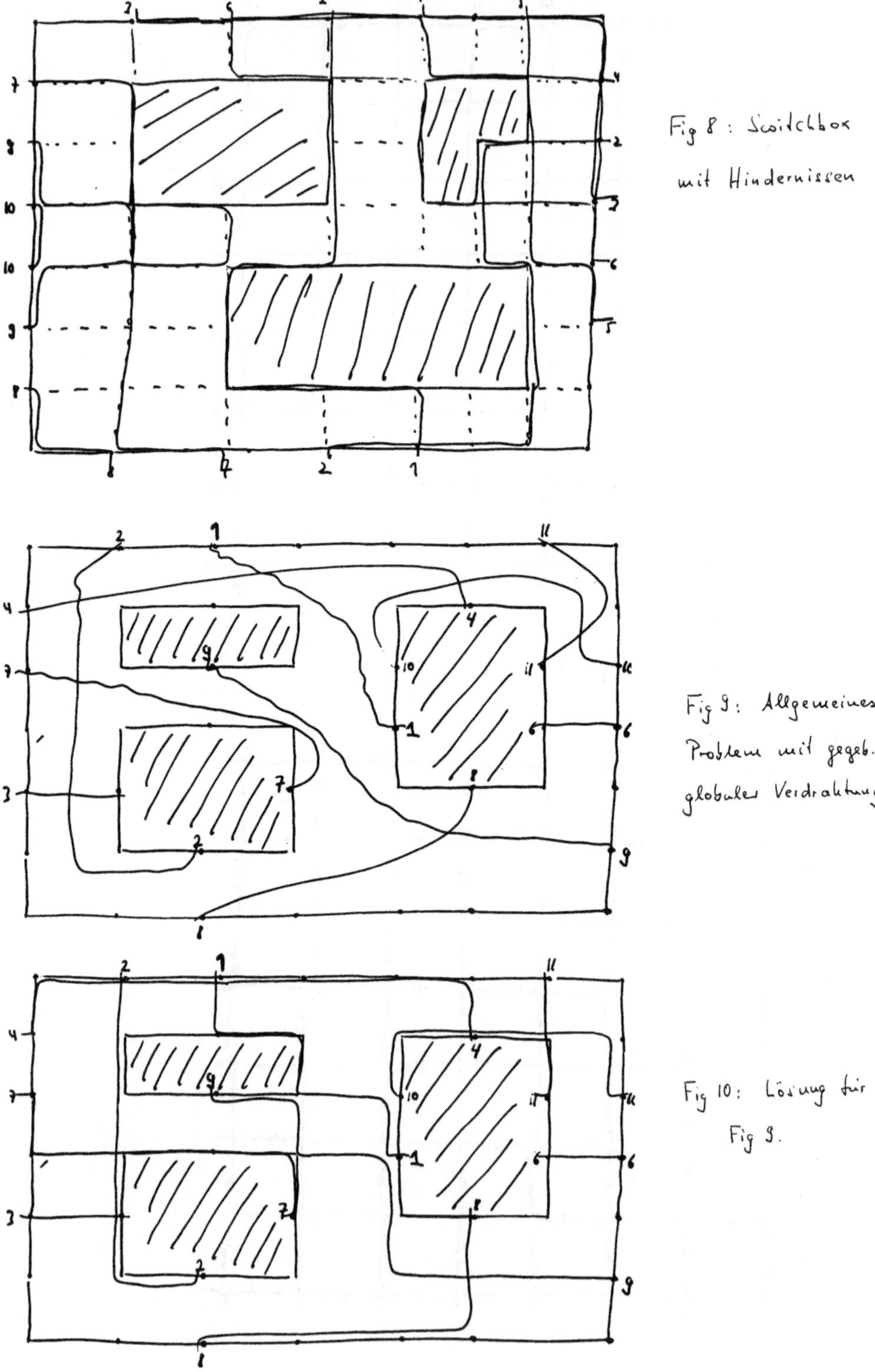

Fig 8: Switchbox mit Hindernissen

Fig 9: Allgemeines Problem mit gegeb. globaler Verdrahtung

Fig 10: Lösung für Fig 9.

Fachgespräch

Industrieroboter und Künstliche Intelligenz

Koordination: **G. Hirzinger** (Oberpfaffenhofen)

Programmausschuß: **G. Hirzinger** (Oberpfaffenhofen)
P. Levi (Karlsruhe)
B. Neumann (Hamburg)

Vorwort zum Fachgespräch GI'84

G. Hirzinger

Der Begriff "Künstliche Intelligenz" wird heute in vielfacher Hinsicht - und oft in falscher Erwartungshaltung - gebraucht. Letztlich steht hinter dem Begriff die Hoffnung, menschliche Intelligenzleistungen wie "Sich zurechtfinden in unbekannter Umgebung, Verarbeiten unvollständiger Information, Lernen von Erfahrungen und Geschicklichkeiten" auf Automaten übertragen zu können. Man hat bald erkannt, daß unsere Rechenmaschinen mit der "von Neumann'schen" Struktur größte Probleme haben, z.B. mit unvollständiger Information zu arbeiten. Ende der 50er Jahre entstanden deshalb erstmals Modelle der Informationsverarbeitung im Gehirn, die sich an neurologische Erkenntnisse anlehnten (Perceptron, Lernmatrix) und letzlich zu Rechnerstrukturen führen sollten, die Gehirnleistungen nachbilden. Es stellte sich jedoch bald heraus, daß die großen Erwartungen, die man an diese einfachen, an logische Schaltelemente erinnernden Modelle gestellt hatte, sich nicht erfüllten. Insbesondere erwies sich die Vorstellung, man müsse nur "genügend" solcher Elemente zusammenschalten, um komplexe Leistungen zu erhalten, als großer Trugschluß.

Dementsprechend war in der Folgezeit eine starke Hinwendung zur Ausnutzung bzw. Verbesserung bestehender Rechnertechnik zu bemerken. Das Thema "Künstliche Intelligenz" spaltete sich auf in heute bereits etablierte Richtungen wie "Problemlösen" (mit vielfachen Anwendungen etwa bei Brettspielen wie Schach), "Automatisches Beweisen" (z.B. mathematischer Ansätze), Aufbau von Experten-Systemen (z.B. für die medizinische Diagnose) oder Entwicklung von Rechnern, die natürliche Sprache verstehen. Es ist von vorneherein klar, daß keine dieser Richtungen die vollständige Lösung des Zentralproblems der Robotik bringt, nämlich:

> Wie bringt man einem Roboter in kürzestmöglicher Zeit eine Aufgabe bei, so daß er sie auch unter geänderten Umweltbedingungen selbständig wiederholen kann und dabei seine Leistung ständig verbessert?

Trotzdem erscheint es wichtig, bereits heute Ausschau zu halten, wo die inzwischen entwickelten Methoden der KI Beiträge zur Robotik liefern können, bzw. welche Richtungen noch stärker forciert werden müßten, um zu wirklich "intelligenten" Robotern zu gelangen. Beide Aspekte spiegeln sich in den Beiträgen des Fachgesprächs wieder.

INHALTSVERZEICHNIS | Seite

---

* nicht rechtzeitig eingegangen

Functional Specification of an Expert System for the Problem of Choosing Appropriate Sensor-Equipment for Robot Application

K.-H. Hanne[1], U. Schmidt[2], K.-P. Fähnrich[1]

[1]Fraunhofer-Institut für Arbeitswirtschaft und Organisation (IAO), Stuttgart

[2]Fraunhofer-Institut für Produktionstechnik und Automatisierung (IPA), Stuttgart

Abstract

A functional specification of an expert system for the problem of choosing appropriate sensor principles, sensor equipment and interfaces is presented. A top-down approach to understand and to describe the robot introduction process in the view of expert system designers was undertaken and some formalized, formalizable and heuristic parts were isolated. The subtask of choosing sensor principles and sensor types is described in more detail. Following this step the requirements for the knowledge representation formalism are reported. The heuristic decision making process as realized today is illustrated with an example. Simple examples from a first rule-set are given.

1 Introduction

The work described in this paper will contribute in the construction of an expert system using known or in the future newly developed knowledge representation formalisms.

It was intended to start the investigations and research independent of existing knowledge representation schemes. We tried a top down approach and first looked at the problem of robotics and of robot applications as a whole in the process of introduction and tried to understand and describe the process in more detail. The work was done on a joint base by two Fraunhofer-Institutes, the Fraunhofer-Institut für Arbeitswirtschaft und Organisation (IAO), Stuttgart, and the Fraunhofer-Institut für Produktionstechnik und Automatisierung (IPA), Stuttgart. The requirements and the relevant material for the specification of a future expert system were discussed in dialogues with partners of both institutes.

It was not intended to make a complete specification for all the robotic area or to extract a complete set of rules. In fact, we tried to give some rules to show some areas of application. In future, this work can be refined and some or all parts can be implemented on Prolog based systems or others. The implementation of a first rule-set in Prolog has started.

The work described in this presentation is partly funded by the Commission of the European Communities in the ESPRIT Pilot-Project "A Logic Oriented Approach to Knowledge and Databases Supporting Natural User Interaction".

The planning and implementation of Industrial Robot (IR) applications can be divided into several subtasks which are interdependent. Fig. 1 shows a simplified flowchart of tasks and subtasks (see e.g. /7/).

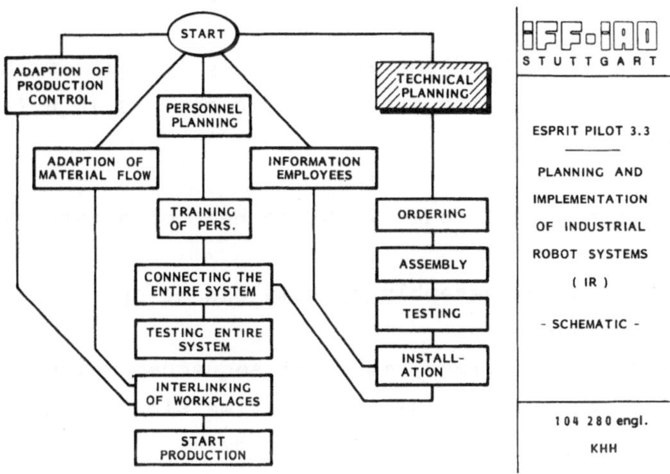

Fig. 1: Planning and implementation of industrial robot systems (IR), schematic

In the scope of this work the focus is mainly concentrated on the technical planning tasks. There are interdependencies to the other tasks but from the planning point of view these are only variables and parameters which can change.

2 Technical Planning of IR-Applications

In automatic manufacturing the transformation of the state of work pieces and other products is carried out automatically. A product which is yet to be finished is in its initial state and has to be transformed according to a particular method using technical devices into its final state.

In order to carry out a transformation of state, one or several alternative methods can be applicable. Likewise there are a number of possible configurations of devices for the realization of the methods. Furthermore there are often interactions between the methods and the technical devices. The application of new tools can make a modification of the method necessary.

The IPA's application planning of handling and assembly systems is mainly concerned with the investigation of this sort of state transformation, whereby the most important technical devices are the industrial robots (IR) (see e.g. /6/ or /7/).

2.1 Technical and Computational Assistence Today

The application planning of handling and assembly systems is, at present, only being implemented with the help of computers in a few subsectors. These are:

- o The data of devices can be fetched with the help of a retrieval system.
- o The layout of handling and assembly systems can be optimized with the help of computer graphics.
- o In order to estimate cycle times, movement sequences which are not too complicated can be analysed using real-time simulation.
- o Product design can be supported by CAD systems.

All other tasks which will be discussed later are left for human experts, usually a team. In view of the enormous number of facts and border conditions which have to be taken into consideration, the pinning-down of an optimal solution is often a matter of luck. This situation is aggravated by the fact that new machines are constantly offered on the market which have to be integrated into the planning. It is desirable to reduce these risks with the help of expert systems and to attain a more economic processing of the problems faced.

2.2 Sources for Expert Systems for Application Planning

The following lists show which expert domains can be involved in the planning process. On the whole one expert is competent in several of the fields mentioned, which are generally traceable back to his study and further education.

Education

- mechanical engineering
- electrical engineering
- physics
- computer sciences
- management sciences

Applications for Industrial Robots:

- assembly
- palletizing, order picking
- work piece treatment
- feeding

Industrial Robot Model Knowledge:

- market offer
- special types

Design of Industrial Robots:

- kinematics
- materials

Industrial Robot Control:

- programming
- mechanical & electrical power
- precautionary devices
- sensor interfaces
- automatic control

Sensors:

This area will be discussed in more detail in 3.1.

Peripheral devices:

- ordering devices
- tool changing devices
- feeding/delivery devices
- precautionary devices

Effectors:

- grippers
- tools

Job Planning, Scheduling:

- economical considerations
- electronic general data processing

- o real-time processing
- o computer graphics
- o CAD/CAM (Computer Aided Design and Manufacturing)
- o simulation
- o management (offers, legal questions etc.)
- o knowledge of the branch (Who makes what, who manufactures what, who offers good conditions etc.)
- o company regulations (safety, health etc.)

2.3 Inter-Expert-Communication

Fig. 2 shows the most important knowledge domains of application planning and their interdependencies.

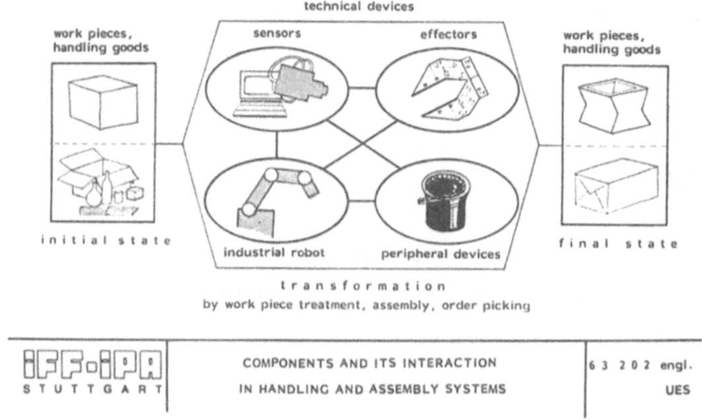

Fig. 2: Important knowledge domains of application of IR

If an expert team is considered to be a human (natural) expert system, some important characteristics can be isolated. The representation of the knowledge in a particular field usually takes place in a specific technical jargon; a direct translation is difficult. Interdisciplinary communication is only possible when at least the basis of all knowledge domains of all communication partners involved is understood and familiar. Differences can be observed in the implementation of knowledge. Several task areas such as construction or programming make a rather sequential approach unavoidable. Others such as manufacturing or error detection favour a parallel approach.

Although in the construction of expert systems the understanding concerns first the acquisition of knowledge it has to be considered whether different expert domains can be represented using the same formalism. In the communication of various experts it is usual that natural language is used. The problems which are caused through vagueness and diverse other phenomena, should not be neglected. As a rule these problems can be circumvented using "meta-knowledge" and experience. The particular context, which is known to the expert, makes an additional input possible, which aids in the coming to a decision. In expert systems all these components and the "meta- knowledge" have to be represented explicitly.

2.4 Today Available Data Sources

Further information on the representation of knowledge of human experts is to be found in the information sources on expert fields. Some of them which are relevant for application planning are the following:

- catalogues, manuals
- personal and public information about firms
- publications
- visits to technical fairs, conferences
- computer data bases, files
- facilities for testing IR
- completed projects
- standardizations and standards
- safety regulations
- employees' rights
- law for the prevention of noise
- construction regulations.

It was attempted, using self-observation and meetings with collegues to gain knowledge about planning approaches. It could be observed that experts articulate their "experiences" in a "decision"..."because"... "reason"-formalism: "I decided to have robot x because it has a comfortable sensor interface and because ...". In order to solve problems, conclusions were reached using boundary conditions: "My work piece weight is 10 kg, therefore the robot must have a load capacity of 10 kg." An "if"... "then" ...-formalism is usually used when hypotheses are being represented in respect of the solution of the problem.

2.5 Characterization of Knowledge for IR Application

Furthermore the following characteristics of the field of knowledge of IR can be named:

- interdisciplinary field
- very extensive field
- field of knowledge spread over many experts
- blocks of knowledge display interdependencies
- data and facts change very rapidly
- usage of field of knowledge according to the use of present rules and partly vague knowledge (from experience, rules of thumb, intuition)
- know-how is partially disorderly and unstructured (it is questionable, whether it can be structured).

3 Application Planning of Industrial Robots with Sensors

Intelligent robots, capable of communicating with their environment, are still in the minority today. The application planning of IR involving sensor techniques will presumably not be part of routine tasks for quite a time still (/1/,/2/). Due to the individual interfaces many facts have to be considered when connecting them to each other. These facts can be of physical nature, such as electrical or mechanical values, but they can also be, for example, image processing algorithms or programming possibilities.

3.1 Sensors for IR Applications

Some of the just mentioned problems have a great influence on the applicability of IR. The sensoric equipment of an industrial robot is the only point where actual information and feed back from the task to be done can be gained. Fig. 3 shows the informative interconnections of the components of industrial robots.

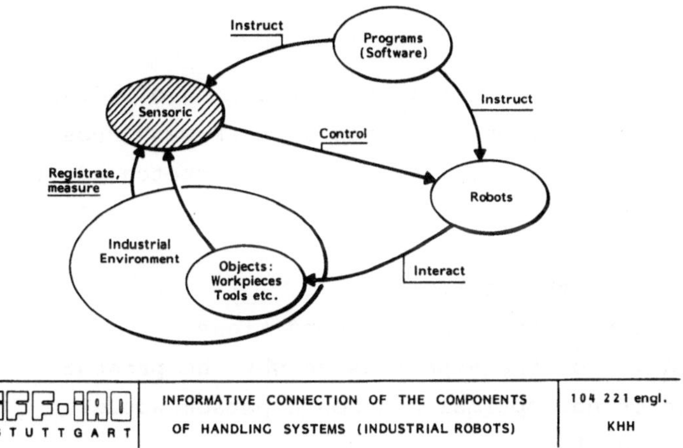

Fig. 3: Informative connections of the components of handling systems (IR)

3.2 Sensor Principles

The sensor principles can vary in a broad range of physical principles, technical solutions and economical parameters. Fig. 4 shows some relevant sensor principles which of course can be subdivided and investigated in more detail./1/

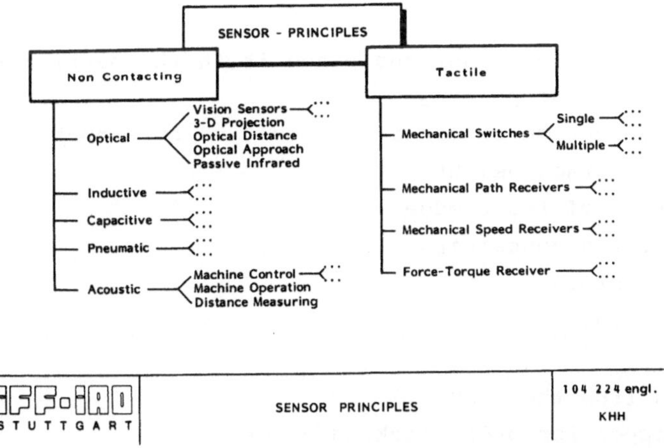

Fig. 4: Sensor principles

3.3 An Example

An example will show how the application planning of devices can be carried out. For demonstration purposes a task was chosen from the field of order picking.The following is a rough sketch of the course of the planning process:

Task 1. Formulation of the task.
Task 2. Specification of the boundary conditions.
Task 3. Consideration of the expert as to why the present situation is not optimal and how a person would carry out the task.
Task 4. Division of the task into part tasks on the basis of observations.
Task 5. Return to 1. to investigate the part tasks as long as a division is possible and sensible.
Task 6. Assignment of part tasks to "machines".
Task 7. Collation of part tasks, i.e. joining of "machines"
Task 8. Return to 6. until all parts are gathered into a complete system.

In the following the stages in an expert decision using the example of order picking are shown.

Task: Order Picking

T 1. Collect correct container and place it in the packing area
T 1.1 Gripper change for packing
T 1.2 Automated detection of container position by sensor
T 1.2.1 Detection of stack height
T 1.2.2 Determination of front edge
T 1.3 Gripping of the container
T 1.4 Transport container
T 1.5 Put down container

T 2 Move goods from the rack
T 2.1 Change gripper for order picking goods
T 2.2 Move to position of one kind of good
T 2.3 Determination of position of goods to be removed by sensor
T 2.3.1 Determination of stack height
T 2.3.2 Determination of the position of the upper layer
T 2.3.3 Determination of the exact position of the part to be removed

T 2.4 Grip good
T 2.5 Transport good
T 2.6 Put good down

T 3 Put good into the container
T ... etc.

Point numbers T 1.2.1 - T 1.2.2 and T 2.3.1 - T 2.3.3 describe the tasks which must be solved with the help of sensors. In the example described all sensor tasks can be narrowed down to the problem "edge detection". In a data- or method base the physical data and a characterization of tasks in keywords not only of sensors but also of algorithms for the interpretation of measured data is filed. The assignment of the task to its technical realization can be found with the help of keywords. The device selection then takes place according to the bottom-up principle: individual components are connected to increasingly complex elements until they become part of the complete system.

4 Technical Planning - Application Planning and Project Realization - How Experts do it

As most manufacturers of industrial robots do not offer any complete solutions for the automization of working places, the IPA is often consulted for the dealing with this problem. The support which can be offered in this situation can be divided into three phases.

The planning process is described in detail e.g. in /6/ or /7/.

5 Requirements for Expert Systems for IR Application Planning/ Project Realization:

Scenarios for expert systems for the whole process of IR application planning can be developed in more detail (see e.g. /3/,/4/,/5/).

5.1 Requirements of Expert Systems for the Configuration of Industrial Robot Sensors

o Expert´s support (interactive)

- o Interactive problem formulation (support of customer)
- o Argumentation module
- o Decision aids for situations in which the proposed solutions are of equal value
- o Mastering of large amounts of data and knowledge
- o Sensible support in the alteration of data and knowledge bases
- o Processing of vague knowledge
- o Communication interfaces with specialized vocabulary of the expert's domain
- o Results and argumentation in the form of a report (understandable for customer and expert)
- o Alternative input/output methods to display and keyboard
- o Computer capacity of an averagely equipped computing centre must suffice
- o The combination of the results of different expert systems must be possible
- o Interfaces for the usage of conventional software
- o Connection to real-time systems

5.2 An Example for Heuristic Decision Making Process

The following 2 figures describe how an heuristic decision making process can be done. The example shows how "real" experts describe the task of selecting sensor equipment for IR. An expert system can, but has not, to follow this way. Fig. 5 shows the starting point of the isolated example.

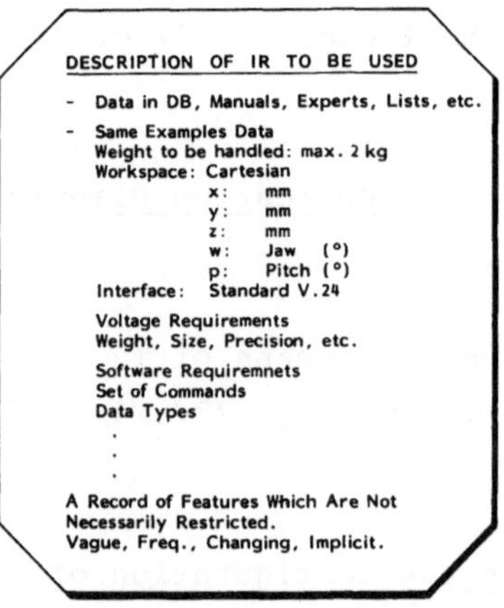

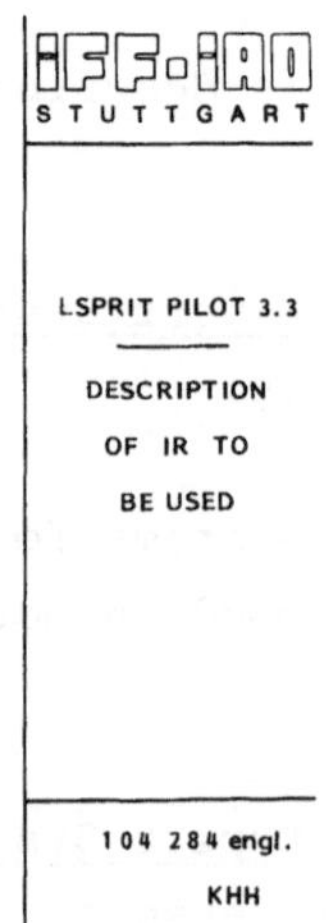

Fig. 5: Description of the IR to be used

It is assumed that the type of the IR which will be used is fixed on an earlier decision which is not important here. The necessary data are filed in data bases, manuals and lists etc. or are "known" to the expert in other ways. Some sample categories are given in Fig. 5 such as maximum weight, work space, interface requirements etc. This list has not to be complete necessarily. It can change and contain vague or in some cases even inconsistent data when combining different features. The Fig. 6 shows in a "flow of process" way the heuristic decision making process as it is done by human experts or even as human experts describe it.

It is assumed that the IR type is selected and will only be redecided if there is no solution found. The task to be done is fixed, too. The process first proves possible sensor principles for the application. In (2) there is a check of known sensor types which are "possible" to solve the task. The sensors which are from the sensor type are checked in a descending, but not fixed order of priority. The order of checking is highly dependent on the real expert, on the experience, on education and main working field and other some not describable "functions".

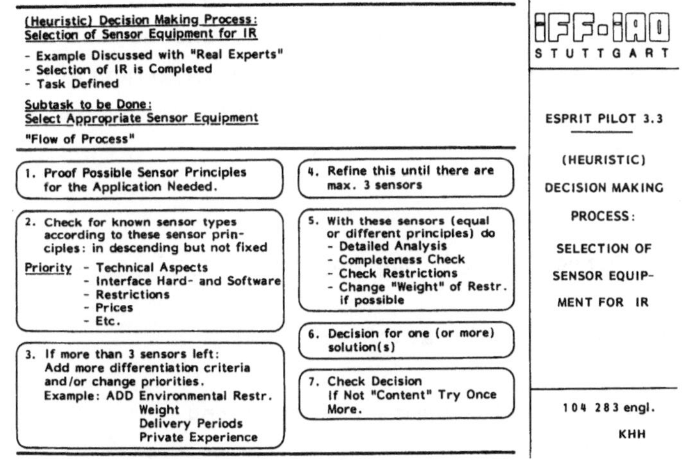

Fig. 6: Heuristic decision making process: Selection of sensor equipment of IR

In (3) new additional criteria can be added and the priority can change and with (4), a refinement is done until there are maximal 3 sensors left. In (5) with these 3 solutions, a more detailed analysis is undertaken as well as a completeness check and a restriction check is done. The weight of restrictions might be changed if possible.

(6) shows the decision for one or more solutions. Or the decision for no solution which means reconsidering (1) and/or (2).
In (7) a reverse check is made and a very vague decision criteria ("content") of the expert can lead to another decision process for the same problem.

This is not necessarily the best and only way to make decisions in this area. But, in fact, human experts do it in this way.

6 Rules

6.1 Remarks on the Following Rules:

These rules do not result from a planning procedure for a well-defined task, but belong rather to the realm of experience of several experts. Only some rules are documented in this paper. The rules were collected by brainstorming and are therefore incomplete. The communication, meta communication and control level "rules" are not listed here. In the "if" part, "or" and "and" conjunctions (e.g. R11) and negations (e.g. R21) can be found. In the "then" part, "or" and "and" conjunctions (e.g. R19) (enumeration of the consequences) and negations can be found (e.g. R14). Mixed forms are possible. The implementation of a coherent part of the selected rule-set is under way using a Prolog environment on DEC VAXes.

6.2 Rules Associated Directly with the Application of Sensors:

6.2.1 Assignment of Sensors/Application Problem:

R3 : "if" advantageously priced sensors are required
"then" light barriers
(or) inductive and capacitive sensors with a conducting output
(or) simple tactile sensors
(or) optical, acoustical, and inductive distance measuring systems come into consideration

R6 : "if" evaluation of the signal of the sensor \`X´ takes more then T milliseconds
"then" choose for the application situation \`A´ a different sensor

6.2.2 Assignment Sensors/Work Piece:

R10: "if" flat work pieces are to be handled
"then" array sensors come into consideration

R11: "if" work piece spectrum has the same shape
(and) the same colour
(and) different surfaces
"then" use grey-picture processing system

6.2.3 Assignments Sensors/Effectors:

R14: "if" vision processing system \`X´ requires constant distance between the camera and the object
"then" camera cannot be attached to the gripper

6.2.4 Assignment Sensors/Industrial Robot Control:

R19: "if" sensors are to be used along with industrial robots
"then" the sensors have to be universally applicable
(and) deliver the results rapidly
(and) work reliably, independent of the conditions of the environment
(and) provide measurement data using a non-contacting method wherever possible
(and) ...

R21: "if" IR is a gantry robot
"then" working room can not be lighted from above without casting shadows
(and) therefore no vision sensor can be used

R27: "if" sensor and IR work in different coordinate systems
"then" a coordinate transformation must take place

6.2.5 Assignment Sensors / IR-Controllers / Effectors/...:

R28: "if" weight of the sensor and work piece exceed the load capacity of the industrial robot
"then" choose another sensor

6.2.6 Assignment Sensors / General Boundary Conditions:

R39: "if" air pollution exceeds the factor \`X´
"then" do not chose a picture processing system

R40: "if" the surroundings are subject to large fluctuations in temperature and transient pressure
"then" ultrasonic sensors are unsuitable

6.2.7 Rules for the Application Planning of Industrial Robots without Direct Reference to Sensors:

R44: "if" delivery time for device \`XYZ´ is longer than 6 months
"then" it is out of the question for project \`A´

R48: "if" in the IR-controller the user has to carry out coordinate transformation
(and) the instruction set of the IR-programming language does not allow trigonometric functions
"then" look for another configuration of devices

7 References

/1/ Ahrens, U.:
Sensoren zur Steuerung von Industrierobotern, Proc. 13. GI-Jahrestagung, Springer, Berlin, 1983

/2/ Banks, W.:
Expert Systems for Sensor Use, Sensors, May 1984, pp. 2-6

/3/ Fürchtenicht, H.W.; Kippe, J.:
Expertensysteme und ihre Einsatzmöglichkeiten, FhG-Fachberichte 2, 1983, pp 34-38

/4/ Hayes-Roth, F.; Waterman, D.A.; Lenat, D.B.:
Building Expert Systems, Addison Wesley, Reading, 1983

/5/ Raulefs, P.:
Expert Systems: State of the Art and Future Prospects, Proc. GWAI 82, Springer, pp 98-111

/6/ Schmidt-Streier, U.; Altenhein, A.:
Computer-Aided Procedure for the Application Planning of Industrial Robots, Proc. 13. ISIR, Robots 7, Detroit, 1983

/7/ Warnecke, H.-J.; Schraft, R.-D.:
Industrieroboter, Krausskopf, Mainz, 1979

ZUR BEDEUTUNG DER KÜNSTLICHEN INTELLIGENZ FÜR GESCHICKTE ROBOTER

R. Heyers

Deutsche Forschungs- und Versuchsanstalt für Luft- und Raumfahrt e.V. (DFVLR), Institut für Dynamik der Flugsysteme, D-8031 Weßling/Obb.

1. ÜBERSICHT

Dieser Beitrag präsentiert eine selektive Wertung einiger von der Künstlichen Intelligenz (kurz: KI) angebotenen Paradigmen im Hinblick auf die besonderen Anforderungen, die mit dem praktischen Einsatz von Industrierobotern verbunden sind. - Das Vermögen der Künstlichen Intelligenz, mit komplexen, dynamisch veränderlichen Strukturen umzugehen sowie Wissen auf verschiedenen (Meta-) Ebenen zu handhaben, also logische Schlüsse zu ziehen, ist notwendig für sinnvolles Agieren in der realen Welt. Inferentielle Intelligenz allein reicht jedoch nicht aus, um einem Manipulationsroboter das Attribut "geschickt" zu sichern. Geschicklichkeit ist prozedurales Wissen über die in einem brauchbaren Sinn günstigste Lösung einer Aufgabe, welches über das Wissen, das zu deren prinzipiellen Bewältigung erforderlich ist, hinausgeht. Darüberhinaus spielt die unmittelbare Verfügbarkeit dieses Wissens eine wichtige Rolle. Der Bedeutungsunterschied zwischen "intelligent" und "geschickt" wird erläutert. - Der Neuerwerb des erforderlichen Wissens jedoch ist mit hohem Aufwand verbunden, so daß die bereits vorhandenen Erfahrungen gründlich auszuschöpfen sind. Die Vielfalt der physikalischen Welt verhindert aber viel zu häufig, daß alte Erfahrungen zu späteren Zeitpunkten noch "wortwörtlich" gelten. Bei der Überwindung solcher "kleinen Wissenslücken" spielen analogische Schlußtechniken eine erfolgversprechende Rolle. - Exemplarisch werden unter den vorgenannten Gesichtspunkten zwei Ansätze aus der KI-Literatur referiert, die einen Hinweis auf Lösungsstrategien für einige offene Probleme geben mögen.

2. EINLEITUNG

Dieser Beitrag ist eine Art *Standortbestimmung* aus ganz persönlicher Perspektive, die zugleich einige Markierungspunkte in der variationsreichen KI-Landschaft setzt und Aspekte für mögliche sinnvolle Arbeitsschwerpunkte für eine künftige Robotikarbeit definiert.

Seit den ersten Tagen der Erforschung von Systemen mit "künstlicher Intelligenz" gelten Roboter als ideales Studien- und Erprobungsfeld. *Robotik* befaßt sich mit dem Zusammenspiel von Wahrnehmen und Handeln bei rechnergesteuerten Maschinen, die mit den dazu erforderlichen Organen ausgestattet sind. Soll diese Verbindung *intelligent* erscheinen, sind Methoden der Künstlichen Intelligenz offensichtlich das Mittel der Wahl. Die Gegebenheiten und die Bedürfnisse der Roboter*anwendungen* zwingen die KI in besonderem Maß zur Auseinandersetzung mit der *realen* Welt. Diese führt aufgrund ihrer *Vielfalt* und *Komplexität* zu besonderen Problemen. KI-Methoden können dank explizit verfügbaren und manipulierbaren Wissens die logischen und physikalischen Zwangsbedingungen, die unsere Welt strukturieren, gezielt und flexibel ausnutzen, um diese Komplexität zu reduzieren.

Die bislang in der KI-Literatur vorgestellten Ansätze für intelligente Robotersysteme beruhen - nicht ausschließlich, aber doch vorwiegend - auf *diskreten* Umweltmodellen; sie behandeln etwa das Orientieren, Bewegen und Manipulieren innerhalb eines eingeschränkten, räumlich einfach strukturierten Terrains; als Beispiel dient oft ein Gebäude, in dessen Räumen sich diverse Gegenstände befinden, mit denen einfache Operationen vorgenommen werden können. Die Behandlung solcher Aufgaben erfolgt normalerweise auf einem recht abstrakten Niveau; das entspricht einer hohen Ebene in der für einen intelligenten Agenten charakteristischen Handlungshierarchie. Die Experimente werden meist nur als Simulationen ausgeführt, welche die "lästigen" physikalischen Details als unwesentlich außer acht lassen. Denkt man aber beispielsweise an Manipulations-, Montage- oder Materialbearbeitungsaufgaben, gewinnen die niederen Ebenen der Handlungshierarchie mit ihrem mehr *kontinuierlichen* Charakter und expliziter *Zeitabhängigkeit* an Bedeutung. Der heikle "Phasen*übergang*" von der diskreten (abstrakten) zur kontinuierlichen (konkreten) Welt ist in der Literatur insgesamt nicht befriedigend behandelt.

Um es noch einmal anders auszudrücken: Sieht man von *modellgesteuerter Wahrnehmung* (Sprach- oder Bildverstehen) ab, so lassen sich KI-Methoden in der unmittelbar anwendungsorientierten Roboterforschung nur dann zur Geltung bringen, wenn eine gute Schnittstelle zwischen abstraktem Beurteilen und Planen einerseits und der konkreten Realisierung in der physikalischen Welt andererseits zur Verfügung gestellt wird.

Wenn in dem folgenden Beitrag im Zusammenhang mit Industrierobotern von *künstlicher Intelligenz* die Rede ist, werden dabei die Aspekte modellgestützter Wahrnehmung im Sinn von Sprach- oder Bild*verstehen* bewußt ausgeklammert. Die Betrachtung konzentriert sich vielmehr auf eine Klasse von wissensbasierten Problemlöseverfahren, die die *Generierung von Handlungsabläufen* - sei es off-line oder on-line - bewältigen. (Diese gehen ihrerseits natürlich von der Verfügbarkeit eines möglichst hoch qualifizierten Wahrnehmungsapparats und flexibler sowie präziser Effektoren aus.) Beim *Problemlösen* geht es darum, von der augenblicklichen Situation einen mit den verfügbaren oder *erwerbbaren* Mitteln gangbaren *Weg zu finden*, der zu einer vorgegebenen Zielsituation führt. Dabei müssen i.a. *Nebenbedingungen* eingehalten werden. Darüberhinaus spielt beim Einsatz von Robotern die Realisierung gezielter *Seiteneffekte* im Verlauf einer Handlungskette eine besonders wichtige Rolle.

Die Grundaufgabe, mit der sich jeder, der einen Roboter in einem industriellen Prozeß betreiben will, konfrontiert sieht, läßt sich etwa so als *Programmierproblem* formulieren:

> *Wie kann man einen Handhabungsroboter mit möglichst geringem Aufwand an Zeit, Material, Überlegung in die Lage versetzen, zuverlässig das zu tun, was man von ihm erwartet?*

Diese Frage ist bewußt vage formuliert. Die unvollständige Spezifikation der Aufgabe soll die Bandbreite der Anforderungen an die Robotik (als Teilgebiet der Künstlichen Intelligenz) deutlich machen.

Der Name "Künstliche Intelligenz" wird oft argwöhnisch betrachtet, denn - wörtlich genommen - ist er irreführend; eine abgeschlossene Definition der Ziele oder der Methoden dieses Fachs konnte bislang niemand angeben. Im Folgenden wird deshalb "Künstliche Intelligenz" (KI) nur als *Name* für ein methodisch nicht scharf abgegrenztes Teilgebiet der experimentgestützten Informatik sowie für dessen charakteristische Methoden benutzt.

In einer angemessen vorsichtigen Ausdrucksweise sollte die KI-orientierte Roboterforschung ihre Aufgabe etwa so charakterisieren:

> *Es geht darum, Methoden zu erarbeiten und experimentell zu verifizieren, mit deren Hilfe Robotern in ihrer komplexen Arbeitsumgebung ein flexibles Gesamtverhalten ermöglicht wird, welches nach menschlichen Maßstäben als im intuitiven Sinn intelligent bzw. geschickt bezeichnet werden darf.*

3. WARUM KÜNSTLICHE INTELLIGENZ IN DER ROBOTIK?

3.1 Die Rolle der Roboter in der realen Welt

Roboter operieren in der *realen* Welt, deren wesentliche Merkmale *Mannigfaltigkeit* und *Komplexität* sind. Handeln in dieser Welt setzt angemessene

Koordinations- und *Entscheidungsfähigkeiten* voraus; diese müssen zwischen *Sensoren* auf der einen Seite und *Aktuatoren* auf der anderen Seite - also zwischen den Schnittstellen zur Außenwelt - eine solche Verbindung herstellen, die im Sinn einer vorgegebenen *Aufgabe* angemessen ist und deren Lösung herbeiführt (vgl. Bild 1).

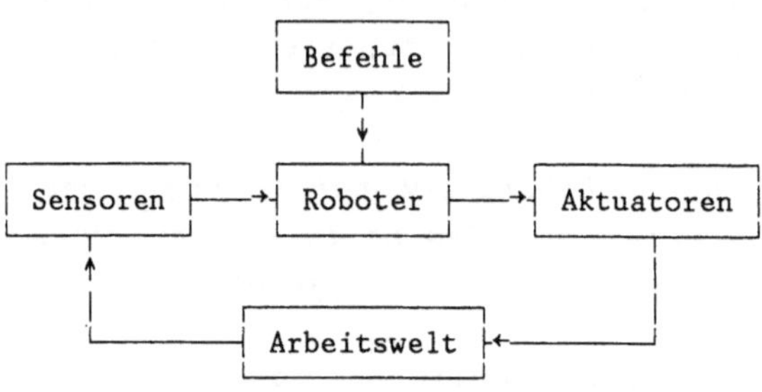

Bild 1. Roboterwelt

3.2 Die Bedeutung aufgabenspezifischen Wissens

Selbständiges aufgabenorientiertes Handeln setzt *Wissen* voraus, mit dessen Hilfe die zur Lösung erforderlichen Aktivitäten *zielstrebig* synthetisiert werden können. (Ich vermeide mit Absicht das Wort "planen", weil dieses ungerechtfertigt einseitige Assoziationen im Sinn von "*voraus*planen" wecken würde.) Die *Gestalt*, in der sich dieses Wissen manifestiert, prägt die Methoden, mit denen dieses Wissen eingesetzt und gewartet werden kann.

Die Komplexität der Handlungsdomäne eines Industrieroboters verlangt *reich strukturiertes* Wissen über die Natur und sinnvolle Organisation des Prozesses; dieses Wissen kann oft nur durch Erfahrung gewonnen werden, weil a priori häufig keine hinreichend zuverlässigen Modelle existieren. Das Vermögen, Wissen zu erwerben und gegebenenfalls auch zu modifizieren, also zu *lernen*, ist daher von großer Bedeutung für Roboter, die selbständig handeln sollen. In diesem Zusammenhang sind *dynamisch* (d.h. zur Laufzeit des Steuerrechnerprogramms) veränderbare Daten- *und* Programmstrukturen besonders wichtig. Sie sind eine wesentliche Voraussetzung für alle Formen des Lernens, die über die relativ strukturschwachen Modi wie Merken/Erinnern und rechnerisches Interpolieren hinausgehen.

3.3 Wissen in Rechnerprogrammen

Die Steuerung von Robotern erfolgt mit Hilfe geeignet programmierter Rechner. Alle Überlegungen zu intelligenten Robotern müssen sich an ihrer Programmierbarkeit messen lassen. Weil die Rolle der Programmierung so wichtig ist, soll zunächst der wesentliche Unterschied zwischen den konventionellen Programmiermethoden (für Rechner) und denen der Künstlichen Intelligenz kurz skizziert werden.

3.3.1 Konventionelle Programmierung

Das auf die klassischen Domänen der Automatisierung - etwa lineare Regelsysteme - bezogene Wissen läßt sich mit klassischen mathematischen Methoden *analytisch* in geschlossener Form bzw. *algorithmisch* beschreiben. Bei konventionellen rechnergestützten Automaten manifestiert sich alles Wissen einerseits in den Daten und den einzelnen elementaren Operationen, andererseits in der logischen (Ablauf-) *Struktur des Programms;* diese kann zur Laufzeit nicht mehr frei und unmittelbar, sondern bestenfalls mit Hilfe von Parametern vordefinierter Bedeutung verändert werden.

3.3.2 KI-Programmierung

Eine solche Repräsentation ist völlig ungeeignet (zumindest im Sinn von Effizienz) für solches reich strukturierte Wissen, wie es für Entscheidungen auf den *höheren* Ebenen einer Problemlösehierarchie benötigt wird, wo das Programm über die aktuelle Situation *reflektieren* muß, um daraus Konsequenzen für sein weiteres Handeln zu ziehen. Für einen freien Umgang mit dem vorhandenen Wissen muß dieses *explizit* verfügbar sein; eine - *hier* u. U. extrem einfache - Steuerstruktur kann dann den Umgang mit diesem Wissen organisieren (→ regelbasierte Systeme: "Expertensysteme"). Weiterhin lassen sich mit Hilfe explizit gegebenen oder erlernten *Meta-Wissens* (das ist Wissen über den Umgang mit Faktenwissen) raffinierte Kontrollstrukturen realisieren, die es erlauben, aus dem Faktenwissen *logische Schlüsse zu ziehen.* Eine Anwendung dieser Möglichkeit stellen die automatischen *Theorembeweiser* dar, welche ihrerseits wichtiger Bestandteil vieler *Plangeneratoren* sind. Als bekanntes Beispiel sei das STRIPS-System von Nilsson et al. genannt. - Diese explizite Darstellung von Wissen *und* Meta-Wissen macht es leicht, ungültig gewordene Teile zu entfernen oder neue Erfahrungen mit der Außenwelt hinzuzufügen. Im Zusammenhang mit den an der Symbolverarbeitung orientierten KI-Techniken sind dynamische Daten- und Programmstrukturen, wie sie z.B. in der Programmiersprache LISP angeboten werden, selbstverständliche Grundlage und zuverlässiges Werkzeug. - Die *kognitiven* Aspekte intelligenter - und dadurch benutzerfreundlicher - Robotersysteme lassen sich auf Rechnern, die auf

Symbolverarbeitung spezialisiert sind, besonders bequem realisieren. Allerdings ist sorgfältig zu prüfen, inwieweit die Verwendung entsprechender Programmiersprachen mit der Erfüllung von *Echtzeitbedingungen* in Einklang gebracht werden kann, denen die primitiveren Steuermodule eines Roboters verpflichtet sind.

3.4 Hierarchische Strukturen eines intelligenten Robotersystems

Was bereits stillschweigend vorausgestzt wurde, ist unbestritten: Ein zu komplexem Handeln fähiges Robotersystem muß eine *hierarchische Architektur* aufweisen im Sinn der Reduktion einer Aufgabe auf einfachere Unteraufgaben. Eine solche Problemreduktion äußert sich in der Synthese komplexer Fertigkeiten des Systems aus einfacheren Fähigkeiten. (Vgl. z.B. Albus [1]) In Analogie zu diesem *Problemreduktionsansatz* werden abstrakte *Konzepte* durch zunehmend konkretere Konzepte beschrieben; dies beginnt bei der *objekt*bezogenen Formulierung der Aufgabe und geht bis hinunter zur Ebene, wo die Gelenkmotoren geregelt angesteuert werden mit dem Ziel, vorgegebene Parameter der Bewegung oder einfacher Wechselwirkungen mit der Umgebung (z.B. beim Verfolgen von Konturen) einzuhalten. Beim Studium der Robotikliteratur wird man auf eine *Zäsur* in der Hierarchie des Robotersystems aufmerksam, die, weil sie als *Paradigmawechsel* auffällt, vordergründig als zwingend erscheint: Im Rahmen von Automatisierungsversuchen werden Unter- und Oberseite dieser Ebene durch ganz verschiedenartige Denkmodelle und methodische Ansätze voneinander getrennt.

3.4.1 Untere Schichten

In den unteren Schichten (lower level) der Handlungsorganisation finden gewöhnlich *regelungstechnisch orientierte* Ansätze Verwendung. Sie sind gekennzeichnet durch eine i.a. *analytische* Behandlung der zu kontrollierenden Vorgänge, die als (quasi-) kontinuierliche *Funktionen der Zeit* betrachtet werden. Als Beispiel nennen möchte ich ein bei der DFVLR entwickeltes Programm, welches den Roboter veranlaßt, mit seiner Werkzeugspitze unter Einhaltung einer vorgegebenen Normalenkraft einer nicht a priori bekannten Kontur zu folgen. Auch das Einfügen eines Bolzens in eine Bohrung kann man noch den "unteren Schichten" zuordnen. Jedoch war die Physik des Fügevorgangs lange Zeit nicht gut *verstanden*, so daß die vorgeschlagenen analytischen Beschreibungen nicht befriedigten. Ein *Lernvorgang* sollte helfen: Der eine Weg (Simons et al. [8]) benutzt einen *stochastischen Automaten*, der zweite (Dufay/Latombe [4]) basiert auf *symbolischen Methoden.* Beide Verfahren verlangen eine umfangreiche Trainingsphase; im ersten Fall werden im Verlauf des Trainings die Übergangswahrscheinlichkeiten des stochastischen Automaten adaptiert; im zweiten Fall werden die Erfahrungen symbolisch beschrieben und diese Beschreibungen gemäß bestimmter Regeln auf *induktive* Weise zu höheren (Programm-) Konzepten zusammengefaßt.

3.4.2 Obere Schichten

In den oberen Schichten (higher level) werden vor allem solche Modelle und Methoden untersucht, die der *Künstlichen Intelligenz* zuzuordnen sind: Manipulation komplexer Daten- und Programmstrukturen auf der Grundlage explizit vorliegenden Wissens und der Gesetzmäßigkeiten geeigneter Logikkalküle (z. B. fuzzy logic, temporal logic); die Zeit jedoch spielt häufig nur als monoton wachsender Parameter eine Rolle, oft wird sie völlig ignoriert ("nichtprozedurale Programmierung" - PROLOG).

Als Studienobjekt außerordentlich beliebt und in der Literatur am weitesten verbreitet sind *mobile Roboter*, welche dank eines flexiblen Antriebs ihren Standort frei verändern können; eingeschränkt sind sie dabei nur durch die Bedingungen einer meist *sehr einfachen und grob strukturierten* Welt aus *wenigen* Objekten (z. B. Zimmer eines Hauses, Türen, Aufzüge, einige hin und her zu transportierende Gegenstände). Die Experimente werden dadurch erschwert und deshalb interessant, daß der mobile Roboter zu Anfang höchstens unvollständiges Wissen über die Gestalt seiner Welt zur Verfügung hat. Er ist deshalb auf Fähigkeiten angewiesen, die Umgebung mittels seiner Sensoren zu erforschen und sich aus seinen Erfahrungen ein *symbolisches Modell der Welt* zu konstruieren. Dieses Weltmodell kann dann - mit gewissem Risiko - für die (Voraus-) Planung der Lösung neuer Aufgaben herangezogen werden. - Es sollte angemerkt werden, daß solche Weltmodelle allein *Fakten-*, nicht jedoch *prozedurales* Wissen enthalten.

3.4.3 Geplantes vs. reflexartiges Handeln

Diese Unterscheidung zeigt eine gewisse Analogie zu der Trennung des *bewußten* vom *unbewußten* Handeln beim Menschen. Handeln auf den höheren Ebenen, d.h. Reflektieren über die vorliegende Situation und Planen, bietet den Vorteil, möglichst viele Ressourcen einschließlich des Wissens über zukünftige Ereignisse verwenden zu können, bedingt aber eine zum Teil lange Nachdenkenszeit. *Antrainiertes, reflexartiges* Handeln zeichnet sich dagegen durch weit kürzere Antwortzeiten aus, kann sich jedoch höchstens auf Vergangenes als Entscheidungshilfe stützen und ist - beim Menschen - als unterbewußtes Wissen einem Reflexionsprozeß kaum zugänglich. Die Simulation von komplexem Handeln auf einer symbolverarbeitenden Maschine eröffnet Möglichkeiten, auch reflexartiges Wissen *(assoziativer* oder mustergesteuerter Aufruf von Programmen), in dem sich die *Geschicklichkeit* eines Mechanismus ausdrückt, *explizit* verfügbar zu machen und in einen

Reflexionsprozeß einzubinden. Dies ist übrigens - neben der leichten *Kopierbarkeit* des Verhaltens - ein weiterer echter *Vorteil* der Maschine im Vergleich zum Menschen.

Diese Überlegungen legen die These nahe, daß bei einer Nachbildung von Aspekten menschlichen Verhaltens mit einer Maschine auch die "unteren Ebenen" der skizzierten Handlungshierarchie einer Behandlung mit Mitteln der Künstlichen Intelligenz offenstehen: Es sollte möglich sein, die Gesetzmäßigkeiten der Wechselwirkungen mit der Arbeitsumgebung reicher zu strukturieren, als das bisher geschehen ist, und dieses Wissen einem lernenden Programm explizit verfügbar zu machen. Um jedoch nicht die Geschwindigkeitsvorteile eines datengesteuerten Reflexsystems zu verlieren, muß das Reflektieren auf der Reflexebene auf ein Mindestmaß beschränkt werden. Die Resultate dieser Reflexionsprozesse sollten in einer Bank *akkumuliert* werden und von dort assoziativ abrufbar sein. Ein Vorschlag mit ähnlicher Intention findet sich in den Arbeiten von Jäppinen (u.a. [5], [6]), der allerdings nur einen KI-Ansatz für "Reflex-Systeme" ("skill system") ausführt, ohne dessen Kombination mit Plangeneratoren - also mit der Reflexionsebene - auszuführen.

4. GESCHICKLICHKEITSERWERB UND LERNEN

Intelligente Programmierumgebungen für Industrieroboter müssen die Absichten der Bedienperson in gewisser Weise verstehen und aktiv unterstützen, um den Instruierungsvorgang zu vereinfachen. Daher spielen verschiedene Aspekte des Lernens und insbesondere der Erwerb von Geschicklichkeit (engl.: *skill*) eine Schlüsselrolle. Hier muß man unterscheiden, ob die "Intelligenz" des Systems zum Zeitpunkt der Programmierung oder erst zur Laufzeit zur Geltung kommt; Kombinationen sind leicht vorstellbar. Die nachfolgenden Überlegungen gelten jedenfalls den Fähigkeiten, die m.E. *nicht a priori* allein mit Hilfe raffinierter Programmiersprachen oder Trainingsverfahren vermittelt werden können - zielen also in Richtung einer "dynamischen" Intelligenz.

4.1 Geschickte Systeme

Als *Geschicklichkeit* gilt hier *prozedurales* Wissen über die in einem brauchbaren Sinn *günstigste* Lösung einer Aufgabe, welches über das Wissen, das zu deren *prinzipieller* Bewältigung erforderlich ist (oft beträchtlich) hinausgeht. Manipulationsroboter heben sich von anderen Problemlösesystemen dadurch ab, daß *motorische* Geschicklichkeit eine eminent wichtige Rolle spielt: Diese ist im wesentlichen die Fähigkeit, Konzepte, die in einer objektorientierten Sprache abstrakt und i.a. diskret formuliert sind, *umzusetzen* in konkrete, physikalische Vorgänge. Diese sinnvolle Forderung macht Roboter zu einem besonders schwierigen, bislang nur unzureichend bearbeiteten und folglich interessanten Studienobjekt für KI-Methoden.

Eng mit der Vorstellung geschickten Verhaltens verknüpft ist die *unmittelbare Verfügbarkeit* dieses Wissens; langes Überlegen und Planen ist mit geschicktem Verhalten unvereinbar. Ein geschicktes System muß daher über Mechanismen verfügen, mit denen das bereitstehende prozedurale Wissen *datengesteuert*, also *assoziativ*, und evtl. hierarchisch organisiert abgerufen werden kann. Dies widerspricht *nicht* der natürlichen Auffassung, daß das prozedurale Wissen des geschickten Systems normalerweise im Verlauf eines (zeit-) aufwendigen *Inferenz- oder Lernprozesses* entwickelt werden muß.

Die beiden Aspekte von Geschicklichkeit - Erwerb und Einsatz - machen u.U. zwei verschiedene Repräsentationen des Wissens erforderlich, wenn dieses Wissen jeweils *optimal genutzt* werden soll. Es erscheint aber - auch im Hinblick auf optimale Nutzung des Wissen auf der Meta-Ebene - wichtig, daß beide Repräsentationen (des selben Wissens) *leicht in einander transformiert* werden können.

Da Lernen die Grundlage jedes Geschicklichkeitserwerbs ist, soll zunächst erläutert werden, was hier unter Lernen *im Sinn wissensbasierter Systeme* zu verstehen ist.

4.2 Lernsysteme

Lernsystem wird im Folgenden ein System genannt, welches in der Lage ist

- mit seiner Außenwelt in Wechselwirkung zu treten (aktiv und passiv) *und*
- aus den dabei gemachten Erfahrungen Informationen zu gewinnen *und*
- diese zu nutzen, um sein Verhalten bei künftigen Interaktionen mit dieser Umwelt hinsichtlich eines geeigneten (evtl. dynamischen) Kriteriums zu verbessern.

Lernen ist also der Prozeß, mit dem ein System seine Leistungs- und/oder Anpassungsfähigkeit verbessert bzw. überhaupt erst herstellt. Ein Lernsystem wird für Aufgaben eingesetzt, bei denen als *Reaktion* auf ein präsentiertes Eingangsmuster ein geeignetes Ausgangsmuster zu erzeugen ist. ("Muster" bezeichnet hier allgemein räumliche und/oder zeitliche Information.)

Dietterich et al. [3] verallgemeinern diese Sicht im Sinn wissensbasierter K.I.-Systeme; sie beschreiben den eigentlichen Wert eines *erfahrenen* Lernsystems als dessen Fähigkeit, die Intention des Benutzers zu rekonstruieren und zwischen dessen Instruktionen und den differenzierten Informationsbedürfnissen der die Benutzerabsicht realisierenden Maschine zu vermitteln.

Ein Lernsystem soll unter Beachtung bestimmter Kriterien Aktionen durchführen. *Was* geschehen soll, muß dem System in geeigneter Form mitgeteilt werden. Die *Umgebung* liefert dem Lernelement (vgl. Bild 2) Informationen, das *Lernelement* führt an einer aus *explizitem Wissen bestehenden Bank* Verbesserungen aus, und die *Exekutive* verwendet schließlich dieses Wissen, um die gewünschte Aufgabe auszuführen.

Für jedes Lernsystem ist die *Art der Information*, die es aus der Umwelt erhält, wesentlich. Ihr Niveau bestimmt den Grad der Allgemeinheit oder Anwendbarkeit, gemessen an den Bedürfnissen der Exekutive.

High-Level-Information ist abstrakte Information, die i.a. auf eine große Klasse von Problemen anwendbar ist. *Low-Level-Information* besteht aus detaillierten Angaben, die sich normalerweise nur auf ein einzelnes Problem beziehen. Die *Aufgabe des Lernelements* besteht nun darin, zu vermitteln zwischen dem Niveau der von der Umwelt zur Verfügung gestellten Information und dem für die Exekutive erforderlichen Wissensniveau. Erhält das Lernelement *abstrakte* (high-level) Hinweise zu seiner Aufgabe, muß es die fehlenden Details ergänzen, die die Exekutive für eine konkrete Aufga-

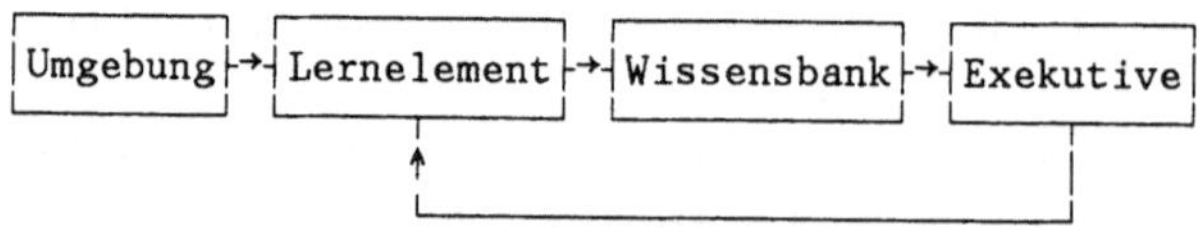

Bild 2. Lernsystemmodell nach Dietterich et al.

be benötigt. Umgekehrt müssen auf eine *spezifische* Aufgabe bezogene Hinweise durch sinnvolle Vernachlässigung irrelevanter Details zu Regeln *verallgemeinert* werden, welche die Behandlung einer breiteren Aufgabenklasse kontrollieren können. Da das Wissen eines lernenden System *unvoll-*

ständig ist, muß das Lernsystem *Hypothesen* darüber bilden, auf welche Weise fehlende Details ergänzt bzw. unwesentliche Einzelheiten eliminiert werden können. Solche Hypothesen können nur mittels *zurückgeführter* Information geprüft und ggf. modifiziert werden.

Das Niveau der Umweltinformation bestimmt die *Art* der zu generierenden Hypothesen. Entsprechend unterscheiden Dietterich et al. vier *Lernsituationen* [3]:

1. *Lernen durch Merken und Erinnern* (rote learning):
   Die Umwelt liefert Informationen auf genau dem Niveau der Exekutive, so daß sich Hypothesen erübrigen.

2. *Lernen aus Anweisungen* (learning by being told):
   Die Umweltinformation ist *zu abstrakt oder allgemein*, so daß Hypothesen über das Ergänzen der fehlenden Details benötigt werden.

3. *Lernen aus Beispielen* (learning from examples):
   Die Information aus der Umwelt ist *zu spezifisch oder detailliert*, so daß allgemeinere Regeln hypothetisiert werden müssen.

4. *Lernen durch Analogie* (learning by analogy):
   Die Umwelt liefert nur Informationen zu Aufgaben, die zu der tatsächlichen Aufgabe *analog* sind; das Lernsystem muß also die Analogie *entdecken* und analoge Regeln (Lösungen) für die gegenwärtige Aufgabe *suchen und ausprobieren.*

4.3 Geschicklichkeitserwerb

Der Erwerb von (insbesondere motorischer) Geschicklichkeit läßt sich weit schwerer automatisieren als das prinzipielle Lösen von Problemen. Der Grund liegt vermutlich in der Tatsache, daß sich alle Automatisierungsversuche am Verhalten des Menschen orientieren. Nachahmen lassen sich aber am besten die Prozesse, die *bewußt* gemacht werden können; das jedoch ist bei reflexartigen Handlungen, zu denen auch der Erwerb von Geschicklichkeit zu zählen ist, scheinbar unmöglich; diese Mechanismen sind viel zu wenig verstanden. (Zur Verdeutlichung denke man z.B. an den komplizierten Vorgang des Laufenlernens - sei es bei Kleinkindern oder nach manchen Erkrankungen.) Erschwerend kommt im Fall der Roboter hinzu, daß die etablierten Methoden der künstlichen Intelligenz nicht in der Lage sind, *stetige* Vorgänge und *zeitkritische* Prozesse angemessen zu modellieren. Andererseits kann etwa die klassische Regelungstechnik zwar die physikalischen Prozesse ausreichend beschreiben, kennt aber nicht die Möglichkeit, im Raum dieser Modelle automatisch Schlüsse zu ziehen, explizites Wissen zu manipulieren und zu neuen Konzepten zusammenzufügen.

Eine Kombination der beiden Methoden ist unumgänglich. Da die künstliche Intelligenz auf symbolischer Ebene arbeitet, also die numerische einschließt, erscheint eine *Integration regelungstechnischen Wissens* in den KI-Rahmen möglich und legitim. Hier ist weiter nach brauchbaren *(programm-) technischen* Lösungen zu suchen. Die wohlüberlegte Synthese einiger in der Literatur verstreuter Ansätze, von denen ein Teil weiter unten zur Anregung skizziert wird, könnte die Lösung ein Stück näherbringen.

4.3.1 Skizze des Ansatzes von Jäppinen

In der KI-Gemeinde wird mit der Vorstellung von einem intelligenten Roboter fast synonym dessen Fähigkeit verbunden, ein tieferes *Verständnis* seines Aufgabenbereichs zu entwickeln und zu nutzen. Die Maschine ist dadurch in der Lage, ihre Verhaltensmuster zur Laufzeit an die momentanen Erfordernisse der Aufgabe anzupassen. Diese "verständnisgestützte" Auswahl elementarer Aktionen sowie deren zeitlicher Anordnung zu komplexen Aktivitäten bedingt *Planungsphasen*, die den Ablauf der Handlung in unerwünschtem Maß verzögern. Als nicht auf Schlußfolgerungsprozesse angewiesene Alternative bietet Jäppinen ([5], [6]) ein System an, dessen beständig wachsende Sammlung von Fertigkeiten eine *wahrnehmungsgesteuerte* (also assoziative) Generierung von Verhaltensmustern erlaubt. (Man beachte, daß das Wort "Fertigkeit" das Wort "fertig" enthält.) Bild 3 zeigt eine grobe Gegenüberstellung der beiden Ansätze mit ihren Vor- und Nachteilen.

Jäppinen nennt sein auf dem Einsatz von Fertigkeiten beruhendes System ein *Skill-System;* mangels handlicher deutscher Übersetzungen wird hier die englische Bezeichnung ins Deutsche übernommen. Das Prinzip des *Skill-Systems* verallgemeinert das grundlegende Prinzip des Produktionssystems (interpretativ organisierte Auswertung datengesteuerter Situation/Aktion-Regeln) durch Einführung *hierarchischer* Organisation und *lokaler* Steuerung der Produktionen.

	Planungssysteme	geschickte Systeme
Vorteile	+ vorausdenkende Berücksichtigung künftiger Zustände + Modellierung und Erfassung beliebig komplexer Situationen	+ ausgiebige Verwendung sensorischer Informationen möglich + operieren stets mit realem, aktuellem Weltzustand + hohe Reaktionsgeschwindigkeit
Nachteile	- Tendenz zu kombinatorischer Explosion - Zuverlässigkeitsprobleme beim Weltmodell - Zeitbedarf: verzögerte Reaktion	- keine Berücksichtigung zukünftiger Ereignisse möglich - Erwerb neuer Fertigkeiten ist diffizil

Bild 3. Planungssysteme vs. geschickte Systeme

4.3.1.1 Benutzerschnittstelle und Funktionsprinzip

Eine Bedienperson erteilt Aufträge an den Roboter in einer vereinfachten natürlichen Sprache. Ein Parser (als Teil des Interpreters) zerlegt die Befehle nach einer Kasus-Grammatik; sie spiegelt die *semantische* Struktur der Befehle wider und ist somit die Grundlage dafür, daß das Robotersystem die Aufträge "verstehen" kann. Die bedeutungsorientierte Zerlegung der Aufträge gestattet dann den *assoziativen* Aufruf der zugehörigen (Initial-) Fertigkeiten. Soweit erforderlich, werden diese mit weiteren Skills dynamisch verkettet und somit letztlich auf die Kombination von Skill-*Primitiva* reduziert, welche die Aktuatoren des Roboters unmittelbar beeinflussen. (Das erinnert an die Programmiersprache Forth). Das Skill-Konstrukt bewirkt eine streng *sequentielle* ("vertikale") Abarbeitung von Aktionsprimitiven bzw. von expandierten *Makroaktionen*, deren Komponenten über einen sog. *Skill-Stack* abgearbeitet werden. Mißlingt die Erledigung einer Aufgabe, versucht das System zunächst, mit der *Generalisierung* bestimmter Fähigkeiten zum Ziel zu gelangen; wo die nötigen Vorbedingungen nicht erfüllt sind, werden mit einer Mittel-Zweck-Strategie ("horizontal") Aktionen generiert, welche die Erfüllung der Bedingungen *erzwingen.* Ist dies unmöglich, fordert es die Spezifikation einer völlig neuen Fertigkeit *von der Bedienperson* an. Die Möglichkeit natürlichsprachlicher Aufgabenspezifikation sichert genügend reiche Strukturen für die Beschreibung komplexer Vorgänge.

4.3.1.2 Wahrnehmungsapparat

Während seiner Aktionen zeichnet das System alle sensorischen Ereignisse auf. Die *zielgerichtete* Wahrnehmung wird von diversen spezialisierten Prozeduren, sog. *Wahrnehmungsexperten*, besorgt; das sind im wesentlichen Prädikatsfunktionen, die jeweils für bestimmte erwartete (benötigte) Beobachtungen zuständig sind. Die Menge solcher Experten richtet sich nach dem zu bewältigenden Aufgabenbereich. Jäppinen nennt einige Beispiele für den Fall eines Roboters, der sich in einem Haus orientieren und dort einfache Transportaufgaben durchführen soll:

- (SEE <object>)
- (SEE <room>-DOOR)
- (SEE <object1> IN-FRONT-OF <object2>)
- (BE-IN <room>)
- (BE-IN-ADJ-TO <room>)
- (BE-ON-FLOOR-OF <room>)

(Namen in "< ... >" bezeichnen Variablen, Wörter in Großbuchstaben sind Prädikatsnamen.)

Jedem solcher *Wahrnehmungsexperten* ist als Operator eine spezifische Fertigkeit ("perceptual expectation") zugeordnet, die dafür sorgt, daß die erwartete Wahrnehmung, d.h. die benötigte Situation, *aktiv* herbeigeführt wird. Diese *"Manipulationsexperten"* sind das entscheidende Instrument für die Kombination von Fertigkeiten: Sie ermöglichen eine *Rückwärtsverkettung von Fertigkeiten.* Dies sei kurz angedeutet (nach [5]): Ein Auftrag triggert eine aufgabenspezifische Fertigkeit; diese setzt jedoch zur erfolgreichen Anwendung üblicherweise eine bestimmte Umweltsituation voraus. Diese Voraussetzungen sind im Definitionsrumpf der Fertigkeit festgeschrieben. Sind sie im aktuellen Fall nicht korrekt erfüllt, d.h. evaluieren die zugehörigen Wahrnehmungsprädikate zu NIL ("falsch"), so werden die den nicht befriedigten Wahrnehmungen zugeordneten "Manipulationsexperten" aktiviert, um die Erfüllung der Vorbedingungen durch gezielte Aktionen zu *erzwingen.* Die *rekursive* Anwendung dieses Verfahrens erklärt das Funktionsprinzip des Skill-Systems und zeigt, daß es ohne logisches Schlußfolgern auskommt. - Der beschriebene Mechanismus entspricht einer Art Mittel-Nutzen-Analyse, wie sie weiter unten eingehender dargestellt wird.

4.3.1.3 Gedächtnisstruktur

Der Roboter führt Buch sowohl über Wahrnehmungen als auch über seine Handlungen. Den Wahrnehmungen sind drei verschiedene Gedächtnistypen zugeordnet:

- *Wahrnehmungshistorie* (perceptual memory)
  (listenartiges Protokoll über alle zu "wahr" evaluierten Wahrnehmungsprädikate unter Beachtung der zeitlichen Reihenfolge)
  Beispiel: ((SEE TABLE) (BE-IN ROOM204) ...)

- *Aussagengedächtnis* (propositional memory)
  (Sammlung von Aussagen über die Aufgabenwelt, die aus dem Wahrnehmungsgedächtnis mit Hilfe spezialisierter Prozeduren durch gezieltes Beobachten gewonnen werden)
  Beispiel: Aus ((SEE TABLE) (BE-IN ROOM204) ...) läßt sich schließen: (TABLE LOCATION ROOM204).

- *Orientierungsplan* (orientation map)
  (symbolische Repräsentation der räumlichen Organisation der Roboterumgebung)

```
Beispiel: ((ROOM204 ADJACENT-TO (ROOM205
                                  ROOM201))
           (ROOM204 FLOOR 1)
           ...)
```

Eine besondere Bedeutung kommt einem vierten Gedächtnistyp zu, dessen Einführung durch folgende Überlegung nahegelegt wird: Im Gegensatz zur konventionellen Programmierung ist bei der *Programmierung physikalischen Verhaltens* die Klasse der wahrnehmbaren und manipulierbaren Objekte nicht abgeschlossen und - besonders im Fall geschickten Verhaltens - umfangreich. Auf der Grundlage seiner *Handlungen* erwirbt der Roboter ein allmählich wachsendes, dynamisch veränderbares Verständnis der Objekte in seiner Arbeitsumgebung *im Hinblick auf die an oder mit ihnen durchfürbaren Operationen.* Dieses Wissen wird in Form eines hierarchischen Schemas, das als *logische Konzepttaxonomie* bezeichnet wird, bereitgehalten und nach Bedarf aktualisiert. Die Wurzel dieses Hierarchiebaums ist das alle Objekte umfassende triviale Konzept SOMETHING. Von dort aus entwickelt sich die Hierarchie unter dem Einfluß von zwei komplementären Kräften:

- (abwärts) Aufspaltung generischer Konzeptnamen, d.h. Untergliederung von Konzepten,
- (aufwärts) Subsumieren mehrerer bekannter oder neuer Namen unter einem neuen Konzept.

Die Knoten des Taxonomiebaums (= Konzeptnamen) charakterisieren die Objekte (= Blätter) als *bekannt hinsichtlich erworbener Fähigkeiten*, mit ihnen umzugehen. In Bild 4 wird ein einfaches Beispiel gegeben.

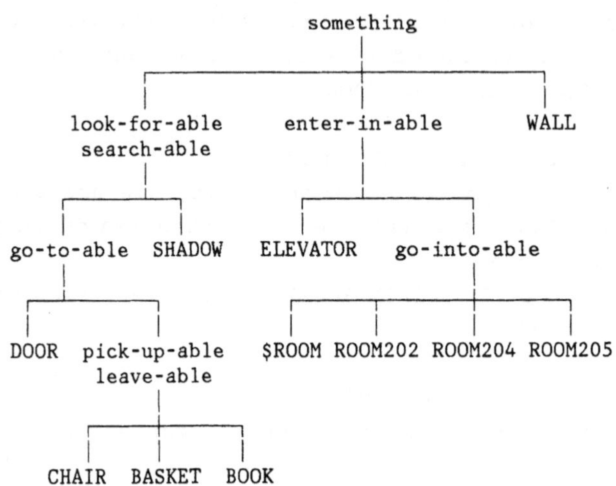

Bild 4. Beispiel eines Taxonomiebaums nach Jäppinen

4.3.1.4 Aufruf von Fertigkeiten

Wichtigstes Merkmal vieler KI-Programmiertechniken ist der *mustergesteuerte Prozeduraufruf:* Jede Prozedur trägt ein Muster aus Dummy-Argumenten (formale Parameter) und einer "Absicht". Prozeduren werden *aktiviert* durch Angabe eines *Zielmusters* und aktueller Parameter. Diejenige Prozedur, deren Muster zum Zielmuster paßt, wird ausgeführt. Ein Vorteil besteht in der Modularität, ein Nachteil ist die relativ geringe Ausführungsgeschwindigkeit. - Fertigkeiten sind hierarchischer Natur (graduelle Verbesserung, graduelle Verfeinerung) und sind deshalb für mustergesteuerten Prozeduraufruf prädestiniert: Jede erworbene Fertigkeit ist gekoppelt mit einem *Filter* für zulässige Muster und Makronamen; diese Filter spiegeln die *Semantik* der einzelnen Skill-Konstrukte wider. Realisiert sind sie als Kasus-Grammatiken. Die "deep-case"-Struktur der natürlichsprachlichen Befehle an das System wird vom Pattern Matcher verwendet, um das in Frage kommende Skill-Konstrukt zu aktivieren.

4.3.1.5 Bewertung

Die vorangegangene Beschreibung macht den *wahrnehmungsorientierten Charakter* deutlich. Dieser stellt naturgemäß besonders *hohe Anforderungen an die Verarbeitung der sensorischen Informationen*.Die Beschränkung auf Sensorik und einen Speicher engt die Fähigkeiten des Skill-Systems im Vergleich zu inferenzorientierten Systemen ein: Es können nur solche Informationen erfaßt werden,

- die im *Wahrnehmungsbereich* sowie
- in der *Vergangenheit* liegen.

4.4 Analogielernen

Der Erwerb von Wissen über die Arbeitsdomäne ist normalerweise mit hohem Aufwand verbunden. So oft wie möglich auf vergangene Erfahrungen zurückzugreifen, ist deshalb eine natürliche Forderung. Die Vielfalt der physikalischen Welt eines Manipulationsroboters läßt aber kaum eine Situation mit einer früheren völlig identisch erscheinen; die unmittelbare Applizierbarkeit des gespeicherten Wissens ist dann mindestens in Frage gestellt. Offensichtlich muß das Wissen in irgend einer Weise aufbereitet werden, bevor es mit berechtigter Hoffnung auf Erfolg dennoch verwendet werden kann. Analogisches Schließen ist hier ein mächtiger Mechanismus, mit dem man *vergangene Erfahrungen* beim Planen und Problemlösen nutzbar machen kann. Analogien spielen eine Schlüsselrolle bei den *kognitiven Prozessen* des Menschen: Mit einem neuen Problem konfrontiert, sucht der Mensch nach früheren Situationen, die - auf unterschiedlichsten Ebenen der Abstraktion - *Ähnlichkeit* mit dem gegenwärtigen Problem aufweisen. Ein zu dem früheren Zeitpunkt erfolgreiches Verhalten wird (möglichst) erinnert, um dann einer *Transformation* unterworfen zu werden, die es den spezifischen Erfordernissen der aktuellen Lage *anpaßt*. Der Mensch löst Probleme in relativ vertrauten Bereichen viel *schneller* und *sicherer* als in neuen abstrakten Situationen. Ein Steuerprogramm für *Roboter*, die *geschickt*, also flexibel und schnell, operieren müssen, sollte fähig sein, sein Problemlöseverhalten auf frühere Erfahrungen zu stützen, solange solche nur vorliegen; die "Standardmethoden" zum Problemlösen, die *schwächer* (weil "dümmer") sind, sollten nur noch dann eingesetzt werden, wenn kein *analoges Vorwissen ausgenutzt* werden kann. - Sowohl Ähnlichkeiten zwischen früheren und aktuellen *Situationen* als auch zwischen entsprechenden *Plänen* können als Ausgangspunkt für *Generalisierungen des Verhaltens* dienen. Der Versuchscharakter des Generalisierungsvorgangs macht Rückkoppelung von Information aus der Umgebung erforderlich. Analogisches Schließen ist insofern eng mit Lernen verknüpft.

4.4.1 Skizze des Ansatzes von Carbonell

Carbonell skizziert in [2] eine Theorie analogischen Problemlösens auf der Basis einer *Erweiterung der Mittel-Zweck-Analyse*.

4.4.1.1 Klassische Mittel-Zweck-Analyse

Die *Mittel-Zweck-Analyse* (means-ends analysis, MEA) ist ein Problemlöseverfahren, welches es gestattet, sich bei der Behandlung komplizierter Aufgaben zunächst auf deren schwierigste Aspekte zu konzentrieren und die weniger problematischen Details, die z.B. mit der Integration von Teillösungen verknüpft sind, erst am Schluß zu behandeln. Die Suche nach der Lösung folgt also einem Schema von *Prioritäten*. Die Mittel-Zweck-Analyse läßt sich prinzipiell anwenden auf *Problemräume*, die folgender Charakterisierung genügen:

1. Die Menge möglicher Problem-*Zustände* ist definiert (und endlich).
2. Unter den Zuständen ist einer als *Anfangszustand* und (wenigstens) ein weiterer als *Zielzustand* ausgezeichnet.
3. Gegeben ist eine (endliche) Menge von *Operatoren*, die Übergänge zwischen Problem-Zuständen bewirken, einschließlich der Bedingungen für deren Anwendbarkeit.
4. Auf der Menge der Zustände ist ein *Abstandsmaß* erklärt.
5. Es gibt eine Methode zur *Indizierung* der Operatoren als Funktion der Differenzen, welche sie reduzieren.
6. Eine Menge globaler, d.h. auf Operatoren*folgen* bezogener, *Nebenbedingungen* schränken die Anzahl möglicher Wege durch den Zustandsraum ein.

Die *Standardform der Mittel-Zweck-Analyse* läßt sich so beschreiben:

1. Vergleiche den aktuellen Zustand mit dem (bzw. mit einem) Zielzustand.
2. Wähle einen Operator, der den Unterschied verringern kann.
3. Wende den selektierten Operator an, *sofern* dessen Vorbedingungen erfüllt sind. Fahre dann fort mit 1.
   Anderenfalls rette den aktuellen Zustand und wende die Mittel-Zweck-Analyse *rekursiv* an auf das *Teilproblem*, die Vorbedingungen des betrachteten Operators zu etablieren.
4. Nach Lösung dieses Teilproblems hole den vorher geretteten Zustand zurück und bearbeite das ursprüngliche Problem weiter.

4.4.1.2 Bereitstellung früheren Wissens

Analogische Techniken machen als *zusätzliches Wissen* die Lösungen zu früher behandelten Aufgaben verfügbar. (Anm.: Nicht nur *erfolgreiche* Lösungen, sondern auch erkannte Sackgassen können später von Nutzen sein.) Die Darstellung dieses Wissens ist wesentlich für die Effizienz seines Einsatzes. - Ein *Plan* zur Lösung eines gegebenen Problems, d.h. die Lösung schlechthin, manifestiert sich als (hier lineare) Folge von sukzessiv anwendbaren Operatoren. Alle Teilfolgen solcher Lösungen - sofern sie aus aufeinanderfolgenden Operatoren gebildet werden - lassen sich interpretieren als Lösungen zu Teilaufgaben aus dem Problembereich der ursprünglichen Aufgabe. Fikes/Nilsson haben diese Idee in Form sogenannter *Makro-Operatoren* in ihrem STRIPS-System realisiert. Diese Technik zeigt drei ernste Schwächen:

- Abspeichern und Durchsuchen aller möglichen Teilfolgen führt zu *kombinatorischer Explosion*, so daß u. U. eine *neue* Standard-Mittel-Zweck-Analyse kostengünstiger ausfällt.
- Makro-Operatoren ignorieren völlig die zu den Problemen gehörenden Wegbeschränkungen. Dadurch können viele Lösungen unbrauchbar sein.
- Nicht vorgesehen ist die Möglichkeit, in erinnerten Lösungen Operatoren zu *substituieren*, zu *löschen* oder *einzusetzen*.

Carbonell schlägt daher vor, nicht den Vorrat an Lösungen beständig zu *erweitern*, sondern nur einen gewissen *Grundvorrat* von Lösungen zu halten und nach Bedarf eine existierende Lösung allmählich derart zu *transformieren*, daß sie den Forderungen eines neuen Problems gerecht wird.

4.4.1.3 Der Problemraum der Plan-Transformationen ([2])

Analogisches Schließen besteht aus zwei verschiedenen Aktivitäten: dem *Erinnern* früherer Lösungen und der *Transformation* der am besten geeignet erscheinenden: Der *Erinnerungsprozeß* vergleicht das aktuelle Problem nach einer Reihe von Kriterien mit den bereits gelösten Problemen, etwa

- Ähnlichkeit der jeweiligen Anfangszustände,
- Ähnlichkeit der jeweiligen Endzustände,
- Ähnlichkeit der Wegbeschränkungen,
- relativer Anteil der *aktuell erfüllten* Operator-Vorbedingungen aus den erinnerten Lösungen.

Die existierende Lösung des zum aktuellen Problem ähnlichsten erinnerten Problems wird in der neuen Situation im allgemeinen *nicht unmittelbar* anwendbar sein. Sie muß vielmehr aufbereitet, d.h. einem *Transformations-*

prozeß unterzogen werden. Das Auffinden einer adäquaten Transformation ist seinerseits ein Problemlöseprozeß, jedoch in einem anderen Problemraum, den Carbonell als *Transformationsraum* (T-Raum) bezeichnet:

- Die *Zustände* im T-Raum sind potentielle Lösungen von Problemen im originalen Problemraum (also *Folgen* von Zuständen und Operatoren inklusive Anfangs- und Endzuständen sowie Wegbeschränkungen).
- Der *Anfangszustand* im T-Raum ist die *Lösungsfolge* zum ähnlichsten erinnerten Problem.
- Der *Zielzustand* im T-Raum ist die Spezifikation einer Lösung des *neuen* Problems unter Berücksichtigung der *neuen* Wegbeschränkungen.
- Ein Operator auf dem T-Raum (kurz: T-Operator) führt eine (existierende oder potentielle) Lösungsfolge in eine potentielle Lösungsfolge über.
- Das Abstandsmaß im T-Raum ist eine Kombination der Ähnlichkeitsmaße, die beim Erinnerungsprozeß verwendet wurden.
- Eine neue Differenzentabelle (d.h. Abstandsindizierung der Operatoren) ist erforderlich.
- Wegbeschränkungen gibt es im T-Raum *nicht*: Zwischenzustände im T-Raum entsprechen nicht notwendig wirklichen Operationenfolgen in der externen Welt.

5. SCHLUSS

Der vorliegende Beitrag sollte deutlich machen, daß "intelligente" Roboter nicht notwendig auch geschickt zu sein brauchen. Die imperativen Qualitäten geschickten Verhaltens wurden verdeutlicht. Daraufhin konnten Vorschläge gemacht werden, welche Ideen der Künstlichen Intelligenz im Hinblick auf die Programmierung größerer Geschicklichkeit bei Industrierobotern Erfolg versprechen und deshalb weiter auszubauen sind. Insbesondere werden verbesserte Techniken benötigt,

- die es erlauben, komplexe Programm- und Datenstrukturen schnell und zuverlässig auf Übereinstimmung oder größte Ähnlichkeit zu überprüfen und solche,
- die zielstrebig sinnvolle Hypothesen für versuchsweise Verhaltensmodifikationen generieren.

Im ersten Fall stehen Repräsentations*techniken* und effiziente Algorithmen im Vordergrund, im zweiten Fall, wo sich von vornherein die Zuhilfenahme eines Produktionssystems anbietet, geht es mehr um *inhaltliche* oder heuristische Aspekte.

6. LITERATURANGABEN

[1] Albus, J.S., "Robotics". NATO A.S.I. on Robotics and Artificial Intelligence June/July 1983 (preprint)

[2] Carbonell, J.G., "Learning by Analogy: Formulating and Generalizing Plans from Past Experience". In [7], pp.137-161

[3] Dietterich, T.G., London, B., Clarkson, K., Dromey, G., *Learning and Inductive Inference*. Report STAN-CS-82-918, Stanford University, Department of Computer Science, May 1982

[4] Dufay, B., Latombe, I.-C., "An Approach to Automatic Robot Planning Based on Inductive Learning". 1st International Symposium of Robotics Research, New Hampshire, August-September 1983 (preprint)

[5] Jäppinen, H., "Intelligent Behavior without Planning". In *Progress in Cybernetics and Systems Research* (Ed.) Trappl/Findler/Horn, Hemisphere, 1982

[6] Jäppinen, H., "A Model for Representing and Invoking Robot Bodily Skills". Procs. Advanced Software in Robotics, Liege, 4-6th May, 1983, pp.333-342, Elsevier, 1984

[7] Michalski, R.S., Carbonell, J.G., Mitchell, T.M., *Machine Learning: An Artificial Intelligence Approach*. Tioga Publishing Company, Palo Alto, 1983

[8] Simons, J., van Brussel, H., de Schutter, J., Verhaert, J., "A Self-Learning Automaton with Variable Resolution for High Precision Assembly by Industrial Robots". IEEE Trans. AC-27, No.5, Oct. 1982, pp.1109-1113

ENTWURF EINES EXPERTENSYSTEMS FÜR DIE MERKMALSDEFINITION AUF DER BASIS VON FUNKTIONALEN BESCHREIBUNGEN UND MUSTERN

P. Levi

Universität Karlsruhe, Forschungszentrum Informatik
(Gruppe: Prof. U. Rembold), Haid-und Neustr. 10-14, 7500 Karlsruhe

ZUSAMMENFASSUNG

Die Gegenstände, die in eine industrielle Umgebung eingebettet sind, zeichnen sich dadurch aus, daß ihre Form und ihre physikalischen Attribute unmittelbar aus funktionalen und zweckbestimmten Beschreibungen abgeleitet werden können. Ausgehend von dieser Tatsache wird in diesem Beitrag der Versuch beschrieben, den Lernvorgang grundsätzlich auf der Basis von funktionsbedingten Merkmale aufzubauen. Die Struktur eines Expertensystems, mit dessen Hilfe diese Merkmale generiert und generische Modelle aufgebaut werden, wird vorgestellt. Die internen Wissensdarstellungen setzen sich vorwiegend aus Frames bzw. semantischen Netzen zusammen. Das Aufgabenfeld dieses Expertensystems ist die Robotermontage.

1. EINLEITUNG

Allgemeine Sichtsysteme sollten in der Lage sein, als Resultat der Lernphase eine generische Modellierung von Objekten automatisch zu generieren. Diese Modellierung sollte neben der Beschreibung von physikalischen Attributen und Struktureigenschaften vor allen Dingen auch funktionale Beschreibungen mit berücksichtigen. Es ist viel einfacher, Objekte durch ihre Funktion bzw. den Zweck wofür sie eingesetzt werden sollen, zu beschreiben, statt diese Objekte durch zahlreiche Einzelheiten zu definieren. So gibt es zahlreiche Formen von Schraubenmuttern, von Elektromotoren, von Pumpen usw. Alle unterscheiden sich in ihrer Form, Größe, Materialart und Farbe. Von ihren Funktionen her gesehen, sind diese Objekte durch die Verben schrauben, antreiben und pumpen kurz und prägnant beschreibbar. Die Zwecke, wofür diese Objekte eingesetzt werden können, sind sehr unterschiedlich. Elektromotoren z.B. können für Scheibenwischer, für Fahrstühle, für Lokomotiven, für Pumpen usw. eingesetzt werden. Pumpen wiederum gibt es für Gas, für Öl, für Wasser usw. Die spezielle Verwendungsart dieser Objekte spiegelt sich primär in ihren physikalischen Eigenschaften wider. Die globaleren funktionsbedingten Merkmale der Objekte bleiben hiervon unberührt. Konsequenterweise sollte ein Benutzer von Sichtsystemen (Robotersystemen) mit Hilfe von funktionalen Beschreibungen das Erlernen von neuen Objekten beginnen. Ein physikalisches Muster eines Objektes wird innerhalb des Lernprozesses hauptsächlich aus zwei Gründen benötigt. Einmal wird es gebraucht, um die strukturelle Anordnung von Merkmalsträgern aus dem Muster zu extrahieren. Zum anderen können die physikalischen Attribute wie Materialart, Reflexionseigenschaften, Textur, Größe usw. erlernt werden.

Die nachfolgenden Abschnitte zeigen die wesentlichen Komponenten eines Expertensystems, welches auf der Basis von funktionalen Beschreibungen und von physikalischen Mustern, die Lernphase unterstützt. Der exemplarische Anwendungsfall, den wir betrachten werden, ist das Lernen der einzelnen Teile einer Laugenpumpe.

2. LERNEN, WAS DIE WESENTLICHEN BESTANDTEILE EINER LAUGENPUMPE SIND

Bei der Roboteranwendung ist zu unterscheiden zwischen der Werkzeughandhabung (beschichten, schweißen, entgraten, montieren usw.) und der Werkstückhandhabung (pressen, schmieden, usw.), /Schraft 83/. Der erste Schritt etwas zu lernen besteht in der Eingrenzung des Problemkreises. Bild 1 verdeutlicht den von uns hierfür benutzten Suchbaum. Wir konzentrieren uns auf die Werkzeughandhabung (Montage). Bild 2 zeigt die wesentlichen Komponenten einer Laugenpumpe in aufgereihter Reihenfolge, wobei diese Teile durch einen Roboter zusammengebaut werden. Von links nach rechts sind dies: Lagerbügel, Filzring, Kalottenlager und Klemmbrille, Dichtmanschette, Lagerschild, Rotor, Stator, Lüfterrad und Schrauben, /Blume 83/.

2.1 Funktionsbedingte Merkmalsauswahl

Bild 3 stellt die Organisation der Wissensbasis dar und verdeutlicht die Übergänge zwischen den einzelnen Wissensinhalten. Als primäre Form dieses Wissen zu speichern werden Frames benutzt, /Mylopoulos 83/. Einzelne Slots dieser Frames werden teilweise durch semantische Netze ausgefüllt, /Findler 79/. Allerdings sollte an dieser Stelle darauf hingewiesen werden, daß die Unterscheidung zwischen Frames und semantischen Netzen nicht immer eindeutig ist, da einzelne Slots der Frames durch Relationen miteinander verbunden werden.

Die Sitzung, neue Objekte zu lernen, wird durch den Benutzer eröffnet indem er seinen Problemkreis interaktiv definiert. Er erhält danach von dem System einen kompletten Satz von Funktionen angeboten, die bei dieser speziellen Aufgabenstellung auftreten können. Die zugehörige Funktionskartei ist nach Problemkreisen geordnet. Im Zusammenhang mit unserem Beispiel gehören hierzu die Verben: halten, schrauben, stützen, abdichten, belüften, pumpen, antreiben usw. Wählt der Benutzer aus dieser Menge von Funktionsverben die Funktion "halten" aus, so erhält er als Antwort diejenigen Objekte aufgezählt, die mit dieser Funktion in Verbindung gebracht werden können. Gleichzeitig wird auch eine Verhaltensbeschreibung dieser Objekte mit ausgegeben. Hierbei präzisiert eine Verhaltensbeschreibung das übergeordnete Funktionsverb. Wählt man das Objekt " Lagerbügel" aus, so wird seine Funktion "halten" durch fünf Verhaltensbeschreibungen (stützen, lagern, usw.) verfeinert, Bild 4.

Zu einem bestimmten Verhalten gehört eine Menge von Merkmalen, die diesem Verhalten zugeordnet werden können. So impliziert die Verhaltensbeschreibung "stützen" bzw. "lagern" die Merkmale Stufe bzw. Kiste usw. Bild 5 zeigt die beiden Implikationsnetze für diese beiden Verhaltensangaben. Hierbei speichern Implikationsnetze, jeweils die zu einem Verhalten gehörige Merkmalsmenge. Diese funktionale Merkmalsmenge stellt eine prototypische Beschreibung der generischen Objektbenennungen (z.B. Lagerbügel) dar. Sie muß bezüglich einer speziellen Ausprägung (Instanz, Muster) noch reduziert werden. Hierfür ist die modellgesteuerte Merkmalsextraktion und der Merkmalsträger aus einem physikalischen Muster notwendig. Das hierfür notwendige geometrische Modell soll mit Hilfe einer bereits implementierten dreidimenstionalen CAD-Datenbank erfolgen. Mit enthalten in dem Merkmals-Frame ist auch die mögliche Variationsbreite der einzelnen Merkmalsträger. Eine Stufe z.B. könnte in ihren geometrischen Ausmaßen verändert werden. Die Methoden der Merkmalsextraktion benötigen die Angabe dieser Variationen und könnten z.B. mit Hilfe von erweiterten Übergangsnetzen bewerkstelligt werden, /Walter 83/. Diese Übergangsnetze würden sozusagen als Slot-Füller eingesetzt.

2.2 Instanzen-Generierung

Bei dem Lernprozess wird ein reales Muster aus den folgenden vier Gründen benötigt:

(1) Spezifikation der generischen, funktionsbedingten Objektmerkmalen bezüglich einer speziellen Ausprägung (Merkmalsnetz).

(2) Spezifikation der Merkmalsträger, die zu diesen Merkmalen gehören. Häufig sind allerdings die Merkmale und ihre Träger identisch.

(3) Beschreibung der räumlichen Anordnung der Merkmalsträger bzw. der Merkmale (Strukturnetz, Restriktionsnetz).

(4) Beschreibung der physikalischen Eigenschaften.

Der erste Punkt dient dazu, aus dem Muster ein Merkmalsnetz bezüglich dieses einen Gegenstandes zu erzeugen. Bild 6 zeigt das Muster eines Lagerbügels. Bild 7 zeigt das zu diesem Muster gehörige Merkmalsnetz. Die Menge der Merkmale des generischen Objektes Lagerbügel wurde für dieses eine Muster auf fünf reduziert.

Als Merkmalsträger treten bislang nur volumetrische Primitive wie Quader, Torus, Kugel usw. auf. Ein Strukturnetz (Graph) beschreibt diejenigen Bestandteile, die die Merkmale beinhalten (Merkmalsträger) und legt die räumliche Anordnung dieser Bestandteile fest, Bild 8. Die Relationen, die zum Aufbau dieses Netzes benutzt werden, sind : hat, berührt, ist-ein, Teil-von, umgibt, innerhalb, usw. Ein Restriktionsnetz gibt an, wie der Aufbau der gesamten Instanz aus den einzelnen Bestandteilen des Strukturnetzes erfolgen muß. Er enthält desweiteren Einschränkungen bezüglich der Position, Winkel, Abmessung und Berührungen. Bild 9 zeigt das Restriktionsnetz für den Lagerbügel.

Das Objekt-Frame wird mit Hilfe des Instanzen-Frames aufgebaut. Es faßt die Struktur und die Funktionen derjenigen Instanzen zusammen, die sich in diesen beiden Charakterisierungen nicht unterscheiden. An dem Beispiel eines Lagerbügels aufgezeigt werden in diesem Frame die einzelnen Typen, die sich lediglich durch die Struktur unterscheiden, eingetragen. In diesem Sinne kann das Objekt-Frame als eine knappe und spezielle Darstellung eines generischen Modelles betrachtet werden.

Ein besonders kritischer Punkt bei der Generierung von Instanzen ist der Erwerb der soeben genannten Wissensinhalte aus dem Musterbild. Dieser Erwerb wird bislang interaktiv simuliert. Die Merkmale werden an Hand des Implikationsnetzes eingegeben. Für die räumlichen Grundprimitive, für den Aufbau von Struktur- und Restriktionsnetzen als auch für die Angabe von physikalischen Eigenschaften (leicht, matt, Material usw.)wird ein Grundwortschatz angeboten. Die physikalischen Attribute werden wie die Merkmale dem Strukturnetz angeheftet.

3. ERZEUGUNG EINES WELTMODELLS

Ein generisches Weltmodell setzt sich aus drei Teilen zusammen, /Nagel 79/. Hierzu zählen die prototypische Beschreibung von Objekten und ihrer Abhängigkeiten als auch die generische Modellierung von Sensoren (z.B. Bildgenerierungsfunktion) und der physikalischen Umweltbedingung (z.B. Beleuchtungsverhältnisse). Für Montageroboter von besonderer Bedeutung sind die Restriktionen und die erlaubten Variationen der objektspezifischen Parameter. Hinzu gesellen sich aber auch Beschreibungen der Umwelt, die später in der Erkennungsphase von großer Bedeutung sind. Erst wenn das Umfeld einer Roboterzelle erkannt worden ist, ist es sinnvoll nach bestimmten Gegenständen (z.B. Lagerbügel), die sich in aller Regel nur hier befinden, zu suchen. Aus diesem Grund wird die kontextabhängige Information auch bei der Instanzgenerierung berücksichtigt. Dieses Wissen fließt in Form von Produktionsregeln aus der Umweltkartei dem generischen Modell zu, aus welchem es dann auch in das Instanzen-Frame gelangt.

In dem hier beschriebenen System wurde bislang die generische Beschreibung von Sensoren und physikalischen Umweltbedingungen außer Acht gelassen. Die generische Beschreibung von Objekten wird gegenwärtig derart erzeugt, daß mehrere unterschiedliche Instanzen dieser Objekte erzeugt werden. Von besonderer Bedeutung ist hierbei das Restriktionsnetz und die physikalischen Attribute. Diese Attribute legen z.B. fest, welche Materialarten erlaubt sind. Aus der Menge der Gemeinsamkeiten der Restriktionsnetze für verschiedene Instanzen wird auf die erlaubte Variationsbreite der einzelnen objektspezifischen Parameter (Merkmale) geschlossen werden. Auf das Objekt Lagerbügel angewendet, bedeutet dies, daß bei der oberen Stufe Noppen und Löcher auftreten können, daß die äußere Form der Wanne nicht unbedingt achteckig sein muß. Auch die Höhe der einzelnen Stufen und die Breite der Wanne darf variieren, wobei diese Grenzen berechnet werden. Die entsprechenden Variationen, die bereits bei der Merkmalsextraktion auftraten, waren nur geschätzt. Was aber allen Lagerbügeln gemeinsam ist, ist die Wanne und eine Stufe die auch abgeflacht (gebogen) sein darf.

4. DAS ERKENNEN VON INSTANZEN

Die funktionsbedingte Definition von Merkmalen hat den Vorteil, daß auch der Erkennungsprozeß letztlich bei Funktionen ansetzt. Dies ist insbesondere dann von Bedeutung, wenn es, wie es im industriellen Umfeld üblich ist, eine eindeutige Verbindung zwischen Form und Funktion gibt. Das Problem, das es hierbei zu lösen gilt, besteht in dem Nachweis, daß die funktionalen Forderungen von den physikalisch extrahierbaren Merkmalen erfüllt werden. Anders als bei /Winston 83/ sind bei unserer Vorgehensweise diese Forderungen automatisch erfüllt, da die Instanzen direkt nach einem funktional definierten Konzept aufgebaut werden.

Das Resultat unseres Lernvorganges sind semantische Netze, die vor allen Dingen die Merkmale, die Struktur und die Funktion von generischen Objektbeschreibungen als auch von Instanzen beschreiben. Diese Netze können für abwärtsgerichtete modellgesteuerte Vorhersagen bezüglich bestimmter Merkmale direkt benutzt werden. Mit Hilfe von aufwärtsgerichteten Prozeduren kann dann nach diesen Merkmalen gezielt gesucht werden. Eine funktionale Beschreibung ist bei dieser Suche nicht mehr notwendig. Anders verhält es sich, falls aus dem Bild eine Hypothese im Zusammenhang mit dem generischen Modell erzeugt werden soll. Hier kann die Richtung der Lernprozedur umgekehrt werden. Aus den extrahierten Merkmalen können funktionale Beschreibungen vorhergesagt und aus den zugehörogen Verhaltenbeschreibungen kann eine eingeschränkte Menge von möglichen Objekten vorgegeben werden.

5. GRUNDKOMPONENTEN DES EXPERTENSYSTEMS (IMPLEMENTIERUNG)

Bild 10 skizziert die wesentlichen Komponenten des Expertensystems. Eine solche Strukturierung zeigt eine klare Trennung zwischen den Wissensinhalten (Modellen), dem Erwerb von Wissen durch Methoden und Verfahren, die in Zukunft auch durch die Sensorik unterstützt werden, den Fähigkeiten wissensbasierte Schlußfolgerungen zu ziehen, der Speicherung von Resultaten in Form von Instanzen usw. (Tafel) und letztlich dem Kontrollmodul, der Bestandteil der Inferenzmaschine ist. Die Aktionen der Inferenzmaschine entsprechen den Transformationen zwischen den Wissensinhalten von Bild 3. Eine solche Strukturierung hat den Vorteil, daß sie allgemein einsetzbar ist, /Niemann 83/. Mit der Implementierung der Erklärungskomponente wurde noch nicht begonnen.

Die Implementierungssprache ist C-Prolog, welches unter UNIX auf einer VAX/750 installiert ist. Ein Prolog Programm gründet auf einer relationalen Beschreibung von Fakten und Implikationen (Regeln), /Clocksin 81/. Die entsprechenden relationalen Terme werden Klauseln genannt und eignen sich gut für die Generierung von Netzwerken (symbolische Beschreibungen) als auch für relational-gesteuerte Anfragen. Ein Faktum hat z.B. die Form

```
hat (schraube, kopf, gewinde).
```

Hierbei ist "hat" ein Prädikat und seine Argumente stellen instanzierte Variablen (Konstanten) dar. Ein Faktum gilt als wahr. Eine Implikation hat die Form

```
A :- B1,..., Bn,
```

welche besagt, daß A erfüllt ist, falls nur B1 und B2.... und Bn erfüllt sind. Die Argumente solcher Klauseln sind neben Konstanten vor allen Dingen Variable. Im Gegensatz zu Konstanten werden Variable groß geschrieben. Das semantische Netz von Bild 4 z.B. läßt sich als Faktum

```
funktion (halten, lagerbügel, (stützen, lagern, klemmen, stecken,
                                    führen))
```

oder als Implikation

funktion (halten) :- objekt (lagerbügel), verhalten ((stützen,lagern, klemmen, stecken, führen))

implementieren. Die erste Form minimiert den Aufwand bei Anfragen und wird deshalb von uns verwendet.

In der Phase der Problemdefinition wird der Lernprozeß durch die Implikation

lernen (X,Y) :- A, B1, ... , Bn.

zweigeteilt. A ist die Klausel, die den Suchbaum von dem Problemkreis ausgehend, bis zur Funktion tiefenorientiert durchläuft. B1, ... , Bn sind die zur Hypothesengenerierung und -verifikation gehörenden Implikationen. Die Argumente des Prädikates "lernen" X und Y, konnen z.B. als ein Merkmals- und ein Strukturnetz interpretiert werden.

Die Wissensbasis speichert Fakten. Diese Fakten entsprechen den Frames bzw. den Karteien von Bild 3. Die wesentlichen Fakten sind .

(a) funktionskatalog (Problemkreis, Objektgruppe, Funktionen).
Dieses Faktum wird für die Problemdefinition benötigt.

(b) funktion (Funktion, Objekt, Verhalten).
Diese Angaben stehen im Funktions-Frame und liefern die Hinweise bezüglich möglicher Objekte und der dazugehörenden Verhaltensbeschreibung, die einer Funktion zugeteilt werden können.

(c) Die Verhaltenskartei definiert den gesamten Wortschatz, der für objektbezogene Verhaltensbeschreibungen erlaubt ist.

(d) möglich (Verhalten, Merkmalsliste).
Diese Klausel koppelt ein bestimmtes Verhalten mit einer Liste von Merkmalen (Merkmals-Frame).

(e) instanz (Objekt, Merkmalsträger, Merkmale, Varianzen).
mass (Volumetrische Primitive, Maße),
material (Volumetrische Primitive, Material).
Diese Fakten werden zur Instanzengenerierung gebraucht.

(f) modell (Umwelt, Merkmale, Restriktionen, Varianzen).
Dieses Faktum wird für die Erzeugung von generischen Modellen eingestzt.

Die Inferenzmaschine bearbeitet die Implikationen B1,..., Bn. Typische Implikationen sind.

funktiondes (Funktion, Objekt, Verhalten)
implikation (Verhalten, Merkmalsliste),
muster (Verhalten, Merkmalsliste, Merkmalsnetz),
strukturdes (Merkmale, Objekt, Merkmalsträger, Restriktionen),
graphdes (Objekt, Merkmalsträger)
instanzdes (Objekt, Merkmalsträger, Merkmale, Varianzen),
modelldes (Objekt, Merkmale, Restriktionen, Varianzen).

Die erste Implikation dient der Nennung eines Objektes einschließlich des dazugehörigen Verhaltens bezüglich einer gegebenen Funktion. Durch die Klausel "implikation" wird ein Implikationsnetz generiert. Ein Aufruf der der Implikation "muster" leitet die Reduktion der Merkmale ein und veranlaßt den Aufbau des Merkmalsnetzes. Jeder einzelnen Verhaltensangabe eines Musters wird genau ein Merkmal zugeordnet. Ist dies nicht möglich, so wird ein neues Objekt gesucht, welches zu der ursprünglich angegebenen Funktionsbeschreibung paßt. Die beiden Implikationen "strukturdes" und "graphdes" bauen das Struktur- und das Restriktionsnetz auf. Diese beiden Netze werden jeweils an die beiden letzten Implikationen weitergegeben. Die Implikationen "instanzdes" und "modelldes" generieren das Instanzen-Frame und das generische Modell.

Die Wissenserwerbkomponente arbeitet gegenwärtig noch interaktiv (Dialogkomponente). Sie verfügt über keinen Sensoranschluß. Mit ihr werden Fakten und Implikationen für neue Anwendungsfälle eingegeben. Diese Komponenten dient auch der Erzeugung des Strukturnetzes, auf der Basis eines vorgefertigten Wortschatzkataloges.

Danksagungen

Herrn M. Kappenberger bin ich zu Dank verpflichtet für zahlreiche Anregungen und für den Beginn der Implementierung dieses Expertensystems. Bei Herrn Th. Löffler möchte ich mich für die Erzeugung der CAD-Graphiken bedanken.

6. REFERENZEN

/Blume 83/ Blume C., Frommherz B., Hörmann K.. Stand der Entwicklung des AL-Programmiersystems und zukünftige Arbeiten, in: Höhere Programmiersprachen für Industrieroboter (Hrsg. H. Wolter), 43-99, KfK-PFT 51, 1983

/Clocksin 81/ Clocksin W. F., Mellish C. S.: Programming in Prolog, Springer Verlag, 1981

/Findler 79/ Findler N. (Hrsg.): Associative Networks, Academic Press, 1979

/Mylopoulos 83/ Mylopoulos J., Levesque H.: An Overview of Knowledge Representation, Informatik Fachberichte 76 (GWAI-83), 143-157, Springer Verlag, 1983

/Nagel 79/ Nagel H.-H.: über die Repräsentation von Wissen zur Auswertung von Bildern, Informatik Fachberichte 10, 3-21, 1979

/Niemann 83/ Niemann H.: Control Strategies in Image and Speech Understanding, Informatik-Fachberichte 76 (GWAI-83), 31-49, 1983

/Nilsson 82/ Nilsson N.: Principles of Artificial Intelligence, Springer Verlag, 1982

/Schraft 83/ Schraft R.: Roboter-Boom in Deutschland?, Flexible Automaten, 31-34, 1983

/Walter 83/ Walter I., Tropf H.: Erweiterte Übergangsnetze als Modell zur 3-D Erkennung von Werkstücken in Einzelbildern, VDE Fachberichte 35, 325-330, VDE-Verlag, Berlin, 1983

/Winston 83/ Winston P.H., Binford Th. O. et al.: Learning Physical Descriptions from Functional Definitions, Examples and Precedents, Proc. of the National Conference on Artificial Intelligence (AAAI-83), Washington. 433-439, 1983

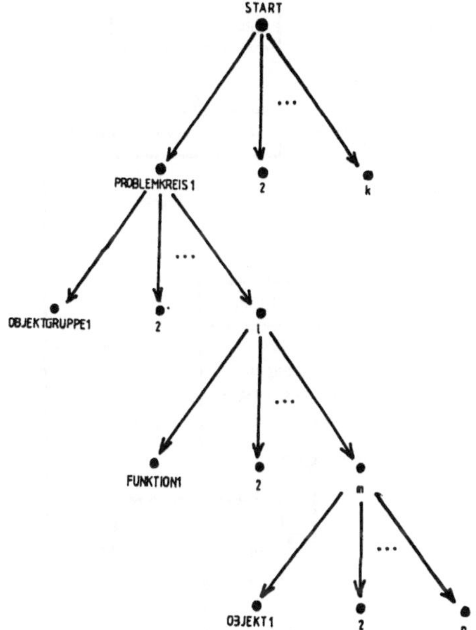

Bild 1. Suchbaum für die Definition des Problemkreises

Bild 2. Wesentliche Komponente einer Laugenpumpe. Die geometrische Modellierung erfolgt mit Hilfe einer Datenbank

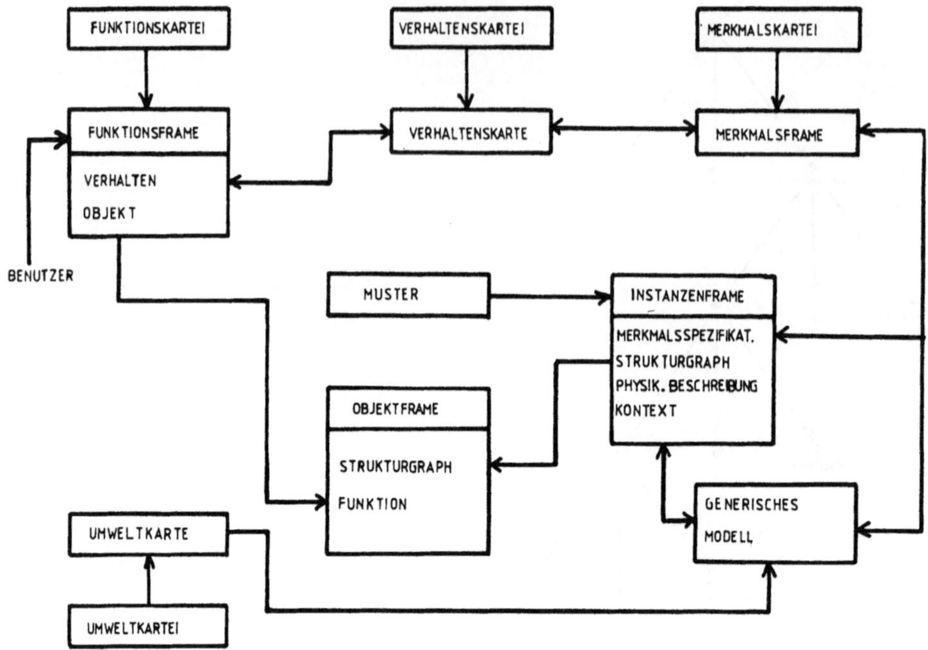

Bild 3. Organisation der Wissensbasis

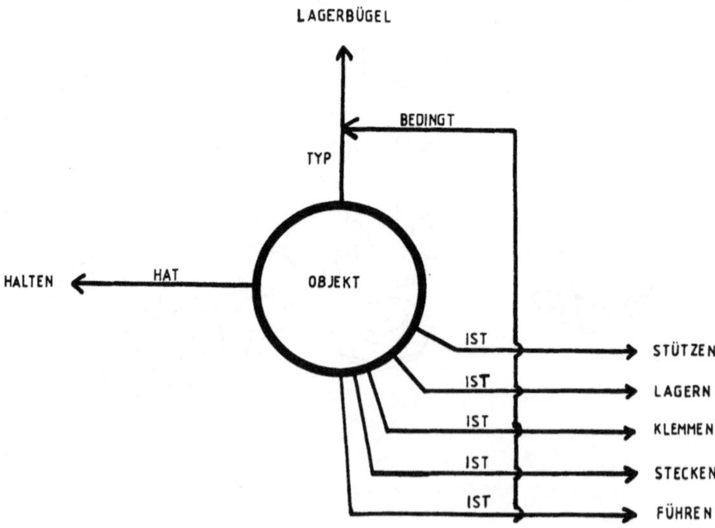

Bild 4. Verhaltensbeschreibung eines Lagerbügels durch ein semantisches Netz

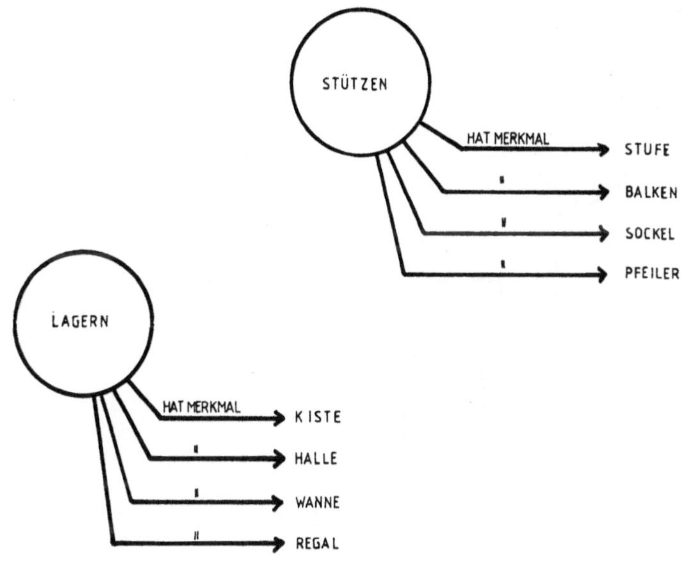

Bild 5. Die Verhaltensbeschreibungen "stützen" und "lagern" implizieren jeweils gewisse Merkmale (Implikationsnetz)

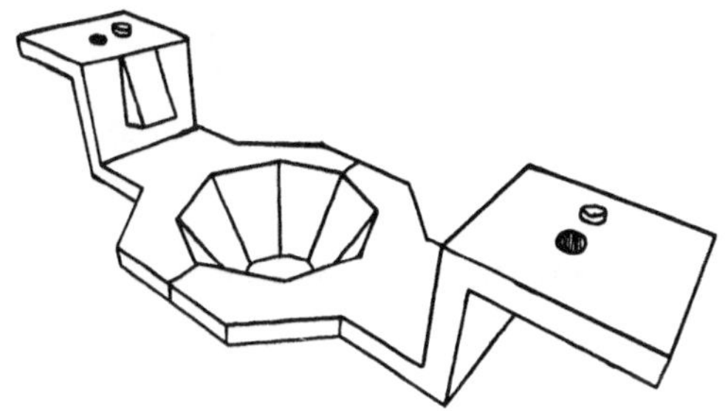

Bild 6. Muster eines Lagerbügels

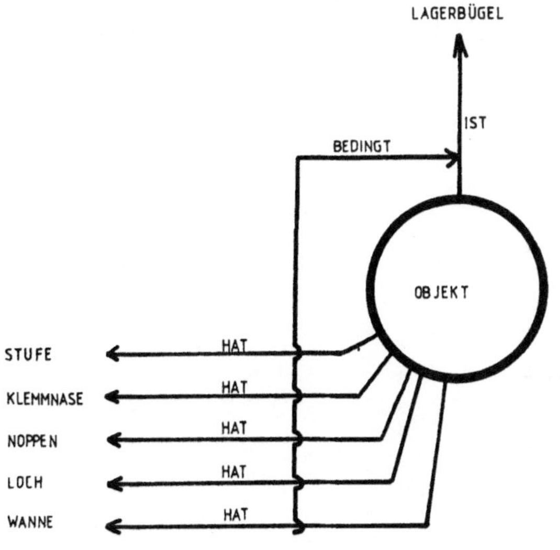

Bild 7. Merkmalsnetz eines speziellen Lagerbügels

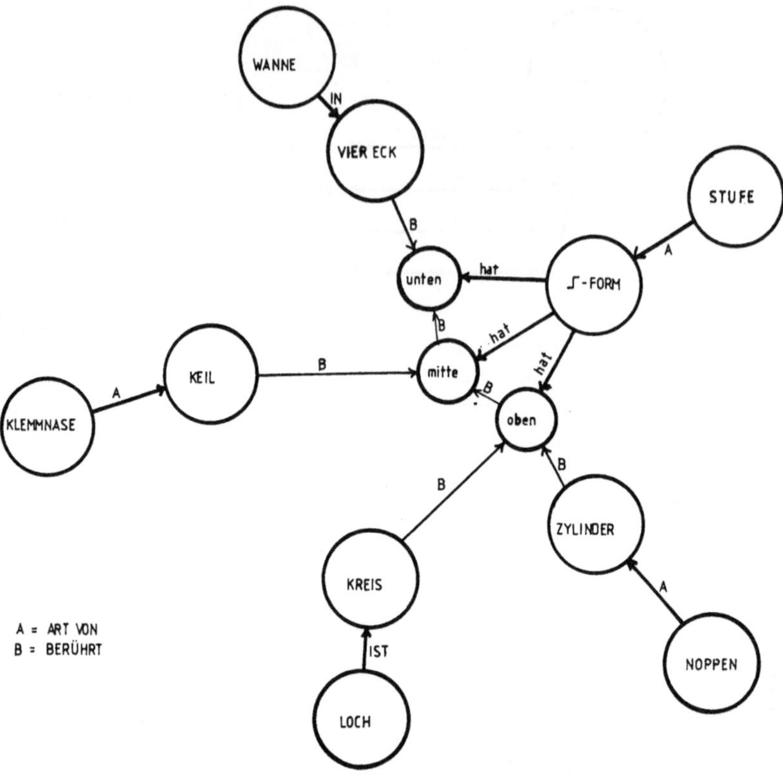

Bild 8. Strukturnetz für den Merkmalsträger (ʃ-Form). Mit eingezeichnet sind auch die zugehörigen Merkmale

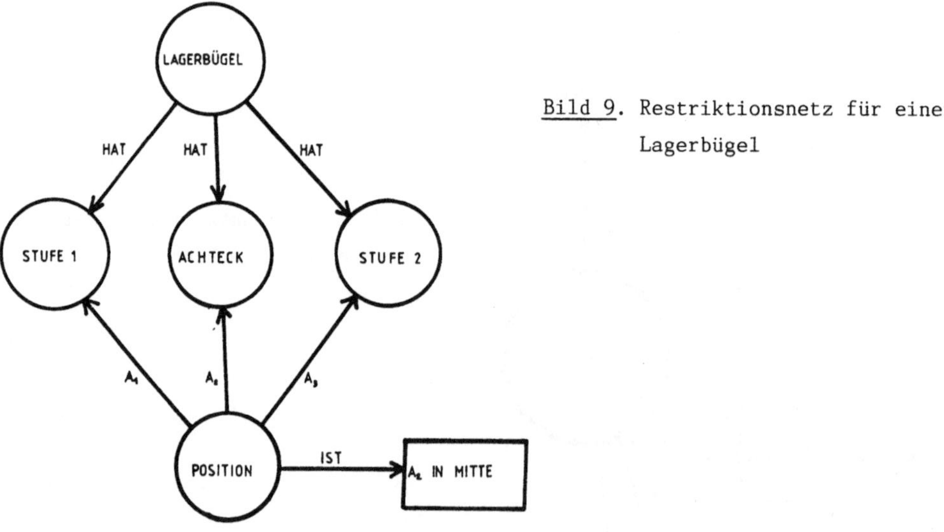

Bild 9. Restriktionsnetz für einen Lagerbügel

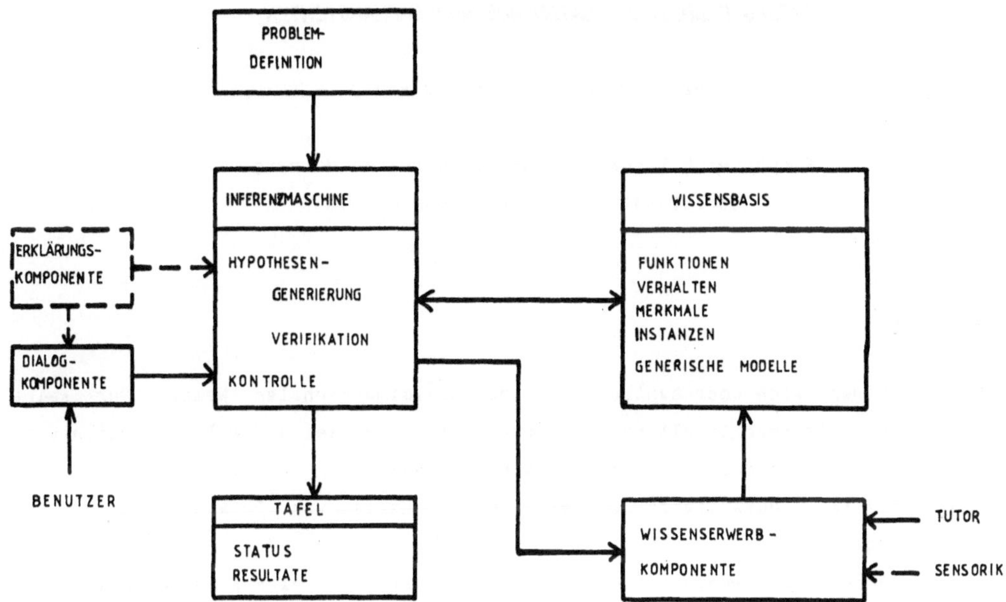

Bild 10. Grundkomponenten des Expertensystems

ERFASSUNG RÄUMLICHER DATEN AUS MEHRFACHANSICHTEN

Bernd Neumann und Bernd Radig

Fachbereich Informatik der Universität Hamburg
Schlüterstraße 70, 2000 Hamburg 13

1. Einführung

Ein Roboter bewegt sich oder hantiert in einer dreidimensionalen Welt. Für seine Steuerung ist die Bereitstellung räumlicher Daten über seine Umwelt unverzichtbar. Solche Daten können in das System eingebracht werden:

- Durch explizites Programmieren der Bewegung mit Hilfe von Punktkoordinaten und Fahrstrecken.
- Durch Vorführen der Bewegung direkt am Gerät selbst, über eine Steuereinheit oder unter Benutzung von grafischen Simulationsmethoden.
- Durch Verwenden eines Entfernungssensors, der eigenständig Raumpunkte in drei Dimensionen ausmessen kann.
- Durch Verwendung eines Bildsensors, mit dessen Hilfe aus mindestens zwei Bildern, die das interessierende Objekt aus verschiedenen Blickwinkeln oder in unterschiedlicher Beleuchtung zeigen, die Tiefeninformation als dritte Dimension erschlossen werden kann.

In einer Umwelt, die sich dynamisch ändert, in der die Bewegung von Gegenständen eventuell nicht präzise kalkulierbar ist, scheiden die Methoden der Koordinatenprogrammierung und des Bahneinprägens von vornherein aus. Die Erfassung der dreidimensionalen Welt durch taktiles Abtasten durch den Roboter selbst ist zu langsam und wird eher eingesetzt, um lokale Bewegungskorrekturen etwa beim Zugreifen oder Zusammenfügen durchzuführen. Entfernungssensoren, die beispielsweise über Laufzeitmessungen von Ultraschallsignalen oder Laserlichtstrahlen realisiert werden können, sind in ihrer Abtastgeschwindigkeit beschränkt und müssen gezielt auf den zu untersuchenden Gegenstand punktweise ausgerichtet werden. Dahingegen erfassen visuelle (Flächen-)Sensoren einen ganzen Bildausschnitt, benötigen jedoch zusätzliche Auswerteschritte, um die gewünschte Tiefeninformation zu rekonstruieren und damit ein dreidimensionales, systeminternes Modell der beobachteten Umwelt zu erzeugen.

Die benötigte Anzahl von Bildern und der Aufwand des Verfahrens zur Tiefenrekonstruktion hängen sehr davon ab, wieviel gesichertes Vorwissen über die beobachtete Szene eingebracht werden kann und welche Sensor- und

Beleuchtungsanordnung in der gegebenen Einsatzumgebung möglich ist. Die heute zur Verfügung stehenden Sensoren und Lichtquellen sowie die zu erfassenden Objekte rücken ökonomisch sinnvolle Lösungen für das Problem der Tiefenrekonstruktion in den Bereich des industriell Machbaren.

In diesem Beitrag werden zwei grundlegende Techniken zur Gewinnung von Tiefeninformation aus Mehrfachansichten dargestellt und im Hinblick auf ihre Einsatzmöglichkeiten in der Robotik diskutiert: Binokularstereo und Bewegungsstereo. Während Binokularstereo Gegenstand zahlreicher Untersuchungen war und auch noch ist, und das dabei zugrundeliegende Prinzip der Triangulation in zahlreichen Varianten verwendet wird, ist Bewegungsstereo eine erst seit ca. fünf Jahren beachtete Methode, deren Potential noch schwer einzuschätzen ist. Im folgenden Abschnitt geht es zunächst um Binokularstereo. Abschnitt 3 befaßt sich dann mit Bewegungsstereo.

2. Binokularstereo

Die Bedeutung von zwei unterschiedlichen Ansichten für das räumliche Sehen war schon Leonardo da Vinci bekannt - für ihn eine wichtige Einsicht bezüglich der Möglichkeit, "lebensechte" Gemälde zu schaffen. Die genauen geometrischen Beziehungen, die Binokularstereo zugrundeliegen, wurden jedoch erst im 19. Jahrhundert aufgedeckt, nachdem der Brite Wheatstone das Stereoskop erfunden hatte. Die Entwicklung von maschinellem Binokularstereo erfolgte zunächst vorwiegend für Zwecke der Photogrammetrie. Das Bildmaterial wurde dabei meist zunächst gefilmt und dann später mit Rechnerhilfe ausgewertet. Diesbezügliche Referenzen finden sich in HANNAH 74 und YAKIMOVSKY und CUNNINGHAM 78.

Als wichtige Teilprobleme stellten sich die folgenden Aufgaben heraus:

(i) Bestimmen der Kameraparameter (Kalibrierung)

(ii) Generieren von korrespondierenden Punktpaaren (Korrespondenzproblem)

(iii) Berechnen der 3D-Koordinaten

Der letzte Schritt beinhaltet die eigentliche Entfernungsberechnung durch Triangulierung. Die mathematischen Zusammenhänge werden im folgenden kurz erläutert (siehe Abb. 1). Zwei Kameras befinden sich in den Positionen $\underline{c}1$ und $\underline{c}2$ (in einem globalen Koordinatensystem). Ein Punkt P mit unbekanntem Ortsvektor $\underline{v}$ erscheint in den Kamerabildern auf Abbildungsstrahlen mit unterschiedlichen Einheitsvektoren $\underline{e}1$ und $\underline{e}2$. Im Idealfall schneiden sich die Abbildungsstrahlen, und aus

$$\underline{v} = \underline{c}1 + s1\,\underline{e}1 = \underline{c}2 + s2\,\underline{e}2$$

lassen sich Faktoren s1 und s2 ermitteln, die die Position von P auf den Strahlen festlegen und $\underline{v}$ bestimmen. Die obige Beziehung ist ein überbestimmtes Gleichungssystem, das bei fehlerhaften Ausgangsdaten im allgemeinen nicht befriedigt werden kann - die Abbildungsstrahlen schneiden sich dann nicht. Aus verschiedenen Gründen ist dieses eher die Regel als die Ausnahme. Man nimmt als Lösung meist ein $\underline{v}$, das mittig zwischen den Strahlen an der Stelle ihrer engsten Annäherung liegt. Die entsprechenden Ausdrücke für s1 und s2 finden sich in DUDA und HART 73.

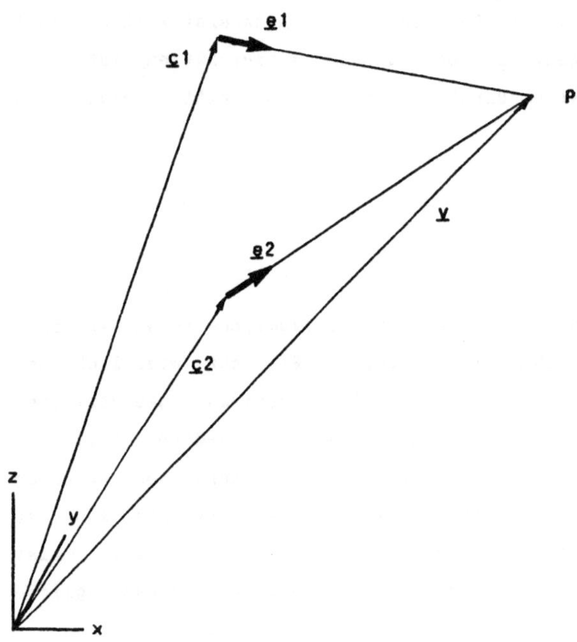

Abb. 1: Entfernungsberechnung durch Triangulierung

Eine der ersten Untersuchungen zum Einsatz von Binokularstereo in der Robotik wurde von HANNAH 74 durchgeführt. Sie verwendet von Hand fotografierte Diapositive, mit einem Abstand von 1 bis 50 Metern zwischen den Kamerastandpunkten. Davon werden Ausschnitte mit einer typischen Auflösung von 150*150 Pixeln digitisiert. Im Kalibrierungsschritt werden 2 Brennweiten sowie 5 weitere Parameter bestimmt, die die Position und Orientierung der zweiten Kamera relativ zur ersten festlegen. Hannah wendet dazu die Triangulierungsgleichungen auf manuell selektierte Punkte an, deren Korrespondenz genau bekannt ist. In einem iterativen Verfahren werden die Kameraparameter so lange verändert, bis die Summe aller Abstände zwischen den zu den Punkten gehörenden Abbildungsstrahlen zu einem Minimum wird. Dazu werden mindestens 14 Kalibrierungspunkte benötigt. Ein ähnliches Verfahren wird auch in SOBEL 74 und GENNERY 77 beschrieben.

Der Hauptteil von Hannahs Untersuchungen bezieht sich auf Verfahren zur Korrespondenzermittlung. Dabei sollen diejenigen Bildteile in den zwei Ansichten identifiziert werden, die dasselbe Stück Realwelt darstellen. Als "Bildteile" werden rechteckige Fenster in verschiedenen Größen (z.B. 15*15) verwendet, der Vergleich erfolgt mit verschiedenen Korrelations- und Differenzmaßen. Folgende Aspekte und Ergebnisse dieser Untersuchungen scheinen bedeutsam.

1. Die Suche nach einem korrespondierenden Bildteil braucht lediglich auf einem schmalen Streifen zu erfolgen, der durch die Projektion des Abbildungsstrahls aus dem ersten Bild in das zweite Bild bestimmt wird.

2. Die Intensitäten korrespondierender Pixel können sich aufgrund der unterschiedlichen Blickwinkel sowohl durch einen Skalierungsfaktor als auch einen konstanten Zuschlag unterscheiden. Die normalisierte Korrelation ist gegen beides invariant und ist deshalb anderen Vergleichsmaßen, die diese Eigenschaft nicht haben, vorzuziehen.

3. Das wiederholte Berechnen von Korrelationen ist zeitaufwendig. Zur Beschleunigung des Verfahrens eignet sich ein Ähnlichkeitstest, der nicht-kompatible Bereiche anhand von einfachen statistischen Eigenschaften erkennt und von der Korrelation ausschließt.

In YAKIMOVSKY und CUNNINGHAM 78 wird ein Stereokamerasystem beschrieben, das für die automatische Steuerung eines Roboterfahrzeuges entwickelt wurde. Das System wertet die Bilder zweier hochlinearer CID-Kameras (188*244 Pixel) direkt aus und kann die 3D-Koordinaten eines 2 Meter entfernten Punktes auf 5 mm genau berechnen. Die Kalibrierung der Kameras erfolgt mithilfe eines Roboterarms, der Raumpunkte mit bekannten 3D-Koordinaten vorgeben kann. Durch Verknüpfen der Abbildungsgleichungen von vier Punkten ergibt sich eine Beziehung für drei der acht Kameraparameter, deren Werte dann durch iterative Optimierung auf der Basis von mehreren Punktquadrupeln bestimmt werden.

Der für die Korrelationsoperationen benötigte Rechenaufwand stellt einen entscheidenden Engpaß für praktische Anwendungen dar. Einen möglichen Ausweg bietet die Entwicklung spezieller Hardware [GEMMAR 79]. Eine andere Möglichkeit ist die drastische Einschränkung der Vergleichsoperationen auf wenige markante Punkte. Dabei wird natürlich ein zusätzlicher Verfahrensschritt erforderlich, in dem geeignete Punkte lokalisiert werden. Zahlreiche Punktefinder sind vorgeschlagen worden, auch im Hinblick auf andere Anwendungen. DRESCHLER 81 enthält eine ausgezeichnete Übersicht über diese Verfahren und auch interessante Ergebnisse mit einem von ihr untersuchten Operator, der auf starke Krümmungen im Intensitätsverlauf eines Bildes anspricht.

Ein weiteres grundsätzliches Problem stellt die Fehlerempfindlichkeit der bisher betrachteten Verfahren dar. Ist die Stereobasis klein im Verhältnis zur Entfernung eines Punktes, so führen kleine Ungenauigkeiten (die allein durch die diskrete Rasterung bedingt sein können) bereits zu erheblichen Fehlern in den berechneten Raumkoordinaten. Eine große Stereobasis dagegen erschwert eine genaue Korrespondenzbestimmung wegen der starken Disparität der Ansichten.

Wie in vielen anderen Situationen kann mangelnde Qualität durch Quantität teilweise kompensiert werden, indem die Resultate mehrerer Messungen vereinigt werden. Dies wird in NEVATIA 76 für Bildfolgen untersucht, die mithilfe einer Drehscheibe vor einer festen Kamera erzeugt werden. Wesentlich ist dabei, daß Kameraposition und -orientierung für jede Ansicht bekannt sind. Nevatia nennt sein Verfahren "Bewegungsstereo" - dieser Begriff sollte jedoch für die bewegungsbasierenden Stereoverfahren vorbehalten bleiben, die sich konzeptionell von Binokularstereo unterscheiden (siehe Abschnitt 3). Nevatia nutzt das Vorhandensein von vielen ähnlichen Bildpaaren vorwiegend für die Korrespondenzbestimmung aus. Nur solche Punkte werden akzeptiert, deren Korrespondenz während der gesamten Bildfolge verifiziert werden kann.

Das Stereokamerasystem in MORAVEC 80 [siehe dazu auch GENNERY 77, MORAVEC 77+79] wertet zur Verbesserung der Genauigkeit neun Ansichten aus, die durch kontrollierte Verschiebung einer einzigen Kamera erzeugt werden. Daraus lassen sich 36 Bildpaare kombinieren, aus denen Raumkoordinaten für jeweils dieselben Raumpunkte berechnet werden. Aus den Einzelergebnissen werden dann sehr genaue Endergebnisse unter Berücksichtigung der individuellen Zuverlässigkeiten abgeleitet.

Ein Realzeitsystem zur Auswertung eines Stereo-Bildpaares, speziell zur Korrespondenzanalyse, wurde kürzlich in NISHIHARA 83 vorgestellt. Es ist bemerkenswert, daß hier eine dem Menschen ähnliche Technik verwendet wird, die im Rahmen von Forschungen auf dem Gebiet 'Künstliche Intelligenz' entwickelt wurde.

Für industrielle Anwendungen wurden verschiedene Techniken entwickelt, die oberflächlich zunächst nichts mit Binokularstereo zu tun zu haben scheinen, jedoch auch auf dem zugrundeliegenden Triangulierungsprinzip beruhen. Es handelt sich um Tiefenmeßverfahren mit Hilfe von strukturiertem Licht. Sie seien trotz ihrer praktischen Bedeutung hier nur kurz gestreift, da es sich dabei nicht um die Auswertung von Mehrfachansichten handelt.

Das einfachste derartige Verfahren benutzt einen lenkbaren Lichtpunkt, meist Laserstrahl, anstelle einer der zwei Kameras des Binokularsystems. Da der Lichtpunkt mit der verbleibenden Kamera leicht zu orten ist, ist hiermit das Korrespondenzproblem gelöst. Aus den Orientierungen von Lichtstrahl und

Abbildungsstrahl kann dann Tiefeninformation gewonnen werden wie bei Binokularstereo.

Anstelle eines Lichtpunktes kann auch eine Lichtebene verwendet werden, erzeugbar z.B. durch Schlitzbeleuchtung. Jeder Punkt der von der Kamera erfaßten Schnittlinie ist der Schnittpunkt zwischen dem zugehörigen Abbildungsstrahl und der Lichtebene. Anders als bei Binokularstereo ist der Schnittpunkt nicht überbestimmt, und die Tiefe kann unmittelbar berechnet werden. Eine Übersicht über Verfahren mit strukturiertem Licht findet sich in NEUMANN 84. Dies beschließt die Darstellung grundlegender Probleme und Techniken von Binokularstereo. Obwohl das Prinzip seit langem bekannt ist und schon frühzeitig technische Realisierungen untersucht wurden, verbleibt diese Methode weiterhin entwicklungsfähig, siehe die erwähnte Arbeit von Nishihara.

3. Bewegungsstereo

Unter Bewegungsstereo versteht man das Gewinnen von Tiefeninformationen aus Mehrfachansichten, die sich bewegungsbedingt unterscheiden. Ist die Bewegung exakt bekannt, z.B. wenn es sich um eine kontrollierte Veränderung der Kameraperspektive handelt, so unterscheidet sich die Situation im Prinzip nicht von Binokularstereo, und man spricht deshalb auch nicht von Bewegungsstereo. In vielen Fällen kann jedoch eine genaue Kenntnis der Bewegungsparameter nicht vorausgesetzt werden - analog zu fehlender Information über die Basis einer Stereoanordnung - und völlig andere Verfahren sind erforderlich, um hier aus Mehrfachansichten Tiefeninformationen zu gewinnen. Dies ist zudem nur möglich, wenn über die beobachteten Objekte zusätzliche Annahmen gemacht werden können. Im folgenden wird nur die naheliegendste Annahme zugrundegelegt, nämlich daß Objekte starr sind.

Als eine für die hier dargestellten Verfahren prototypische Situation kann eine Szene angesehen werden, in der mehrere starre Objekte, die sich unabhängig voneinander bewegen, von einer festen Kamera beobachtet werden. Aus den bisherigen Untersuchungen zeichnet sich ab, daß folgende Teilprobleme gelöst werden müssen, um 3D-Information über die bewegten Objekte und ihre Trajektorien gewinnen zu können:

(i) Extraktion von markanten Bildelementen

(ii) Korrespondenz von Bildelementen in aufeinanderfolgenden Ansichten

(iii) Gruppieren der Bildelemente nach ihrer Zugehörigkeit zu unabhängig bewegten Objekten

(iv) 3D-Analyse der Bildelemente eines einzelnen Objektes

Die ersten beiden Teilprobleme haben viel mit den entsprechenden Schritten bei Binokularstereo gemeinsam, und in der Tat gibt es Verfahren [BARNARD und THOMPSON 80], die für beide Anwendungen gleichermaßen konzipiert wurden. Als "Bildelemente" werden meist Merkmale berechnet, die einem körperfesten Punkt in der Szene entsprechen sollen. Alternativ können auch Kantenelemente verwendet werden, die geometrisch als Gerade fungieren. Dies führt zu völlig anderen mathematischen Beziehungen [NEUMANN 79]. Im folgenden wird stets nur von Punkten die Rede sein.

Eine Reihe von Arbeiten geht speziell auf das Korrespondenzproblem bei Szenen mit bewegten Objekten ein. ULLMAN 79 untersucht in zahlreichen Experimenten, wie der Mensch das Korrespondenzproblem löst. Seine Theorie der minimalen Zuordnung (minimal mapping) ist jedoch noch nicht als Rechnerverfahren erprobt worden. Radig und Mitarbeiter [KRAASCH et al. 79] beschreiben ein interessantes Vergleichsverfahren auf der Basis von relational repräsentierten Segmentationsergebnissen. Ein ähnliches Verfahren wird von JACOBUS et al. 80 vorgeschlagen. DRESCHLER 81 benutzt zur Korrespondenzermittlung eine verbesserte Version des Relaxationsverfahrens von BARNARD und THOMPSON 80. In Dreschlers Arbeit findet sich auch ein kritischer Vergleich der wichtigsten Methoden.

Das Gruppierungsproblem - Teilproblem (iii) - ist bisher erst in wenigen Arbeiten behandelt worden. DRESCHLER und NAGEL 81 gehen davon aus, daß Objektmasken durch ein Differenzenverfahren [JAIN und NAGEL 79] gewonnen werden und dadurch zusammengehörige Punkte identifiziert werden können. Interessant ist der Vorschlag von O'ROURKE 81, gemeinsam bewegte Punktgruppen durch eine Art Hough-Transformation zu ermitteln. Dazu müßte ein 6-dimensionales Zählerfeld eingerichtet werden, in dem die möglichen Bewegungsparameter eines Punktes registriert werden. Zählermaxima zeigen mögliche Gruppierungen an. In NEUMANN 80 wird das Gruppierungsproblem gleichzeitig mit der 3D-Analyse gelöst. Hierüber wird weiter unten berichtet.

Der Hauptteil dieses Abschnitts befaßt sich mit Teilproblem (iv). Hier geht es beispielsweise um eine Situation, wie sie Abb. 2 zeigt. Ein Objekt, repräsentiert durch körperfeste Punkte, ist in mehreren Ansichten zu sehen, die Korrespondenz der Punkte sei bekannt. Inwieweit kann man von den 2D-Bildkoordinaten der Punkte auf ihre 3D-Raumkoordinaten schließen?

ULLMAN 79 hat für diese Frage eine erste Antwort in Gestalt seines "Structure from Motion Theorem" vorgelegt. Das Theorem besagt, daß man räumliche Struktur und Trajektorie von vier nicht-koplanaren Punkten eindeutig (bis auf eine Reflektion bezüglich der Bildebene) aus drei orthographischen Projektionen berechnen kann. Unter "räumlicher Struktur" sind die relativen räumlichen Abstände der Punkte zu verstehen. Absolute Werte, insbesondere der Abstand zum Beobachter, lassen sich nicht angeben, weil sich eine Bewegung in die Tiefe (vom Beobachter weg) bei orthographischer Projektion nicht bemerkbar macht. Ullman gibt einen konstruktiven Beweis an, der gleichzeitig eine Berechnungsmöglichkeit aufzeigt. Experimentelle Ergebnisse sind jedoch bis heute nicht bekannt geworden.

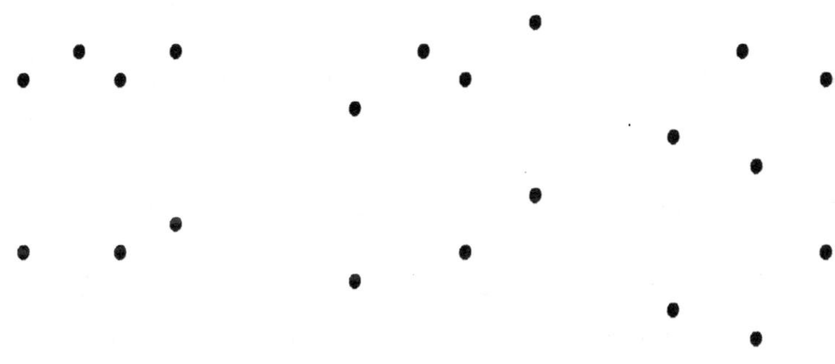

Abb. 2: Drei Ansichten von Eckpunkten eines Quaders

Ein ähnlicher Ansatz, der auch auf orthographischen Projektionen basiert, findet sich in ASADA et al. 80. Hier wird gezeigt, daß drei Ansichten von lediglich drei Punkten erforderlich sind, um ihre räumliche Struktur und Bewegung ermitteln zu können. Natürlich müssen auch hier absolute räumliche Koordinaten unbekannt bleiben.

NEUMANN 80 wählt für dieselbe Situation - bewegte Punkte in orthographischer Projektion - ein völlig anders Vorgehen. Er formuliert Kompatibilitätstests, die auf zwei Ansichten eines einzelnen Punktes angewandt werden können und zeigen, ob hypothetische Annahmen über dessen Rotation, Translation und räumliche Position mit den Beobachtungen verträglich sind. Dadurch wird es möglich, Gruppierungsentscheidungen, also Zuordnungen von Punkten zu bestimmten Objekten, erst während der 3D-Analyse auf der Basis von 3D-Interpretierbarkeit zu fällen, im Gegensatz zu 2D-Heuristiken, wie sie z.B. von BARNARD und THOMPSON 80 vorgeschlagen werden. Für das punktweise Vorgehen muß jedoch mit erhöhtem Rechenaufwand bezahlt werden, denn statt der formelmäßigen Berechnung der Bewegungsparameter findet hier eine Suche statt. Eine weitere positive Eigenschaft dieses Ansatzes liegt in der expliziten Berücksichtigung einer Fehlertoleranz mithilfe von Intervalrechnung. Dadurch kann der Unsicherheitsbereich der Resultate genau angegeben werden.

Über eine Anwendung der bisher beschriebenen Verfahren auf Realweltszenen liegen keine Angaben vor, auch der Autor hat bei den genannten Untersuchungen nur simulierte Daten benutzt. Dadurch lässt es sich nur schwer abschätzen, welchen Einfluss die Annahme orthographischer Projektion, die diesen Verfahren zugrunde liegt, auf die Qualität der Ergebnisse hat. Es ist allgemein bekannt, daß der Abbildungsvorgang mit einer Kamera genauer durch perspektivische Projektion beschrieben wird (siehe z.B. DUDA und HART 73). Die Annahme orthographischer Projektion führt jedoch häufig zu einfacheren mathematischen Beziehungen und wird deshalb gelegentlich bevorzugt.

Vielleicht ist es bezeichnend, daß die erste Bewegungsstereo-Analyse einer Realweltszene mit einem Verfahren erfolgte, dem perspektivische Projektion zugrunde liegt [DRESCHLER und NAGEL 81]. Es handelt sich dabei um eine Straßenverkehrsszene, die mit einer Fernsehkamera von schräg oben aus ca. 25 Metern Entfernung aufgenommen wurde. In der Szene vollführt ein abbiegendes Auto eine Translation von ca. 10 Metern, gekoppelt mit einer Rotation um seine Hochachse von ca. 60 Grad. Die Bildfolge besteht aus ca. 30 Ansichten. Vor der eigentlichen 3D-Analyse wird zunächst ein Kameramodell berechnet. Dies geschieht hier durch iterative Anpassung der Kameraparameter (Position, Orientierung, Brennweite, u.a.) mithilfe von Punkten, deren räumliche Koordinaten bekannt sind. Das 3D-Analyseverfahren benutzt die inverse perspektivische Transformation (DUDA und HART 73) unter der einschränkenden Annahme, daß eine ebene Bewegung vorliegt, d.h. daß eine Rotation nur um die Hochachse und eine Translation nur in einer Ebene senkrecht dazu erfolgt. Damit verbleiben noch 3 der 6 möglichen Bewegungsfreiheitsgrade. Trotz dieser Vereinfachung lassen sich für die unbekannten Bewegungsparameter und Raumkoordinaten keine geschlossenen Lösungsformeln angeben. Ähnlich wie bei der Kalibrierung wird deshalb in einem iterativen Verfahren eine Fehlerfunktion minimiert, in der die Fehlerquadrate von gemessenen Bildkoordinaten gegen die aus den geschätzten Parametern errechneten Koordinaten aufsummiert werden.

Für Bewegungsstereo bei perspektivischer Projektion können im allgemeinen keine expliziten Lösungsformeln angegeben werden, so daß iterative Verfahren herangezogen werden müssen. ROACH und AGGARWAL 80 wenden ein Minimierungsverfahren direkt auf die inversen perspektivischen Transformationsbeziehungen an. Sie betrachten zunächst 5 Punkte in 2 Ansichten. Dies führt zu 20 Gleichungen in 27 Unbekannten. Durch willkürliches Festlegen eines Skalierungsfaktors (dieser läßt sich durch Bewegungsstereo niemals ermitteln) und durch Wahl von geeigneten Koordinatenkonventionen ergibt sich daraus ein System von 18 Gleichungen in 18 Unbekannten. Experimente mit simulierten Daten zeigen, daß sich in diesem hochdimensionalen Parameterraum tatsächlich die korrekte Lösung finden läßt, wenn man die Anfangsschätzwerte sorgfältig bestimmt (Roach und Aggarwal geben hierzu eine Verfahren an) und ein geeignetes Gradientenabstiegsverfahren benutzt. Die

Ergebnisse sind jedoch sehr fehlerempfindlich, wenn sie nur auf 5 Punkten basieren. Erst wenn 12 oder mehr Punkte in 2 Ansichten ausgewertet werden, ergibt sich genügend Überbestimmtheit, um trotz ungenauer Ausgangsdaten zu sinnvollen Ergebnissen zu kommen.

MEIRI 80 zeigt auf, wieviel Punkte P in wieviel Ansichten A betrachtet werden müssen, um mindestens ebensoviele Gleichungen wie Unbekannte zu haben. Die Ungleichung lautet

$$P \geq 3 + 2 / (2A - 3)$$

Man kann daraus entnehmen, daß für 2 Ansichten in der Tat mindestens 5 Punkte und bei mehr Ansichten mindestens 4 erforderlich sind.

NAGEL 81 leitet eine kompakte mathematische Beziehung für die 3D-Analyse von 2 Ansichten ab, für die in NAGEL und NEUMANN 81 eine einfache geometrische Interpretation angegeben wird. Gegeben sei ein Koordinatensystem mit Ursprung im optischen Zentrum der Kamera. Die Bewegung der Punktkonfiguration kann in eine Translation $\underline{t}$, gefolgt von einer Rotation R um den Ursprung zerlegt werden. Sei $\underline{e}mn$ der Einheitsvektor für den Abbildungsstrahl, auf dem der m-te Punkt in der n-ten Ansicht liegt. Dreht man den Abbildungsstrahl $\underline{e}m2$ um R zurück in die Richtung $\underline{e}m2R'$ (der Apostroph bedeutet Transposition), so spannen $\underline{e}m1$ und $\underline{e}m2R'$ eine Ebene auf, die $\underline{t}$ enthalten muß. Das Vektorprodukt

$$(\underline{e}m1 \times \underline{e}m2R') \qquad m = 1,\ 2,\ \ldots$$

definiert den Normalenvektor dieser Ebene. Die Ebenen für m=1 und m=2 schneiden sich in einer Geraden, deren Richtung durch

$$(\underline{e}11 \times \underline{e}12R') \times (\underline{e}21 \times \underline{e}22R')$$

gegeben ist und mit der Richtung von $\underline{t}$ übereinstimmt. Alle weiteren Punkte müssen damit kompatibel sein, d.h. die Normalenvektoren ihrer Ebenen müssen senkrecht auf der Richtung von $\underline{t}$ stehen, die durch die ersten zwei Punkte definiert wird. Dies kann mit dem Skalarprodukt ausgedrückt werden.

$$[(\underline{e}11 \times \underline{e}12R') \times (\underline{e}21 \times \underline{e}22R')]\ (\underline{e}m1 \times \underline{e}m2R')' = 0$$

Die obige Gleichung ist eine nichtlineare Beziehung zwischen den 3 unbekannten Parametern, die die Rotationsmatrix R spezifizieren. Bei 5 Punkten ergeben sich 3 solcher Gleichungen (m=3,4,5), so daß sich Lösungen für R bestimmen lassen. Daraus können dann über einfache Beziehungen der Translationsvektor $\underline{t}$ und die räumlichen

Punktkoordinaten ermittelt werden. Der 18-dimensionale Parameterraum, in dem ROACH und AGGARWAL 80 nach einer Lösung suchen, läßt sich also auf 3 Dimensionen reduzieren.

Eine ähnlich kompakte Formulierung wurde von TSAI und HUANG 81 abgeleitet. Sie zeigen, daß für jeden Abbildungsstrahl

$$\underline{e}m1 \; E \; \underline{e}m2' = 0$$

gelten muß, wobei E eine 3x3 Matrix ist, die nur von den unbekannten Bewegungsparametern abhängt. Aus mindestens 8 beobachteten Punkten (m = 1 ... 8) können die Komponenten von E durch Lösen eines linearen Gleichungssystems und daraus dann die Bewegungsparameter ermittelt werden. In HUANG und FANG 83 sind erste experimentelle Ergebnisse mit diesem Verfahren vorgestellt. Damit scheint eine wichtige Hürde, der beträchtliche Rechenaufwand von iterativen Lösungsverfahren, genommen zu sein.

4. Aussichten

Es wurde über zwei Gruppen von Verfahren berichtet, die aus Mehrfachansichten einer Szene Tiefeninformationen ableiten. Binokularstereo und seine Erweiterungen auf mehr als zwei Ansichten gehen von exakt bekannter Geometrie der verschiedenen Perspektiven aus, während dies bei Bewegungsstereo nicht vorausgesetzt wird. Damit ist ein breites Spektrum von Situationen abgedeckt, die für potentielle Anwendungen in der Robotik interessant sind.

Eine erste Klasse von Anwendungen ergibt sich durch eine manipulatorgeführte Kamera. Diese - auch aus anderen Gründen interessante - Sensoranordnung stellt bei exakt bekannten Bewegungsparametern ein Binokularstereosystem dar. Bei ungenügend genauen Bewegungsparametern dagegen ergibt sich eine Bewegungsstereo-Aufgabe. Dabei könnte die im Groben bekannte Bewegungsinformation als Näherungslösung Eingang finden und - als Nebenergebnis - durch das Verfahren präzisiert werden.

Man kann jedoch auch von einer feststehenden Kamera ausgehen. Dann ergibt sich eine zweite Klasse von Anwendungen. Mehrfachansichten könnten hier durch manipulatorkontrollierte Objektbewegungen gewonnen werden. Z.B. kann ein unbekanntes Objekt vor der Kamera zum Zwecke des Kennenlernens und Vermessens gedreht werden. Dies ist bei bekannter Objektbewegung im Prinzip ein Binokularstereoproblem. Aber auch hier kann der Formalismus von Bewegungsstereo eine Rolle spielen, falls die Bewegungsparameter nicht genau genug angegeben werden können. Verfahren zur Integration einzelner Messungen in ein Objektmodell finden sich z.B. bei FAUGERAS und PONCE 83.

Bei fester Kamera können natürlich auch fremdbewegte Objekte zu Mehrfachansichten führen, z.B. Objekte auf einem Fließband. Hier sind räumliche Informationen insbesondere für die Objekterkennung von Bedeutung. Die Entwicklung von Sichtsystemen, die bewegungsbedingte Mehrfachansichten auswerten, steht jedoch erst am Anfang.

5. Literaturhinweise

Asada et al. 80
Three Dimensional Motion Interpretation for the Sequence of Line Drawings
M. Asada, M. Yachida, S. Tsuji
ICPR-80 (1980) 1266-1273

Barnard und Thompson 80
Disparity Analysis of Images
S.T. Barnard und W.B. Thompson
IEEE-PAMI-2 (1980) 333-340

Dreschler 81
Ermittlung markanter Punkte auf den Bildern bewegter Objekte und Berechnung einer 3D-Beschreibung auf dieser Grundlage
L. Dreschler
Dissertation, Fachbereich Informatik, Universitaet Hamburg, 1981

Dreschler und Nagel 81
Volumetric Model and 3D-Trajectory of a Moving Car Derived from Monocular TV-Frame Sequence of a Street Scene
L. Dreschler, H.-H. Nagel
IJCAI-83,
1981, 692-697

Duda und Hart 73
Pattern Classification and Scene Analysis
R.O. Duda und P.E. Hart
Wiley, New York, 1973

Faugeras und Ponce 83
Prism Trees: A Hierarchical Representation for 3-D Objects
O.D. Faugeras, J. Ponce
IJCAI-83,
1983, 982-988

Gemmar 79
Ein digitales on-line Stereokorrelationssystem
P. Gemmar
Proc. DAGM Symposium 1979, Informatik Fachberichte, Springer, Berlin-Heidelberg-New York, 1979, 315-321

Gennery 77
A Stereo Vision System for an Autonomous Vehicle
D.B. Gennery
IJCAI-77, 576-582

Hannah 74
Computer Matching of Areas in Stereo Images
M.J. Hannah
Ph.D. Thesis, Memo AIM 239 (July 1974) Stanford University Stanford/CA

Huang und Fang 83
Estimating 3-D Motion Parameters: Some Experimental Results
T.S. Huang, J.Q. Fang
ROVISEC-83 (Third International Conference an Robot Vision and Sensory Controls), 1983, 435-437

Jacobus et al. 80
Motion Detection and Analysis of Matching Graphs of Intermediate-Levels Primitives
C.J. Jacobus, R.T. Chien, und J.M. Selander
IEEE-PAMI-2 (1980) 495-510

Jain und Nagel 79
On the Analysis of Accumulative Difference Pictures from Image Sequences of Real World Scenes
R. Jain und H.-H. Nagel
IEEE-PAMI-1 (1979) 206-214

Kraasch et al. 79
Automatische Dreidimensionale Beschreibung bewegter Gegenstaende
R. Kraasch, B. Radig, W. Zach
in: J.P. Foith (Hrsg.), Angewandte Szenenanalyse, Informatik Fachberichte 20, Springer, Berlin-Heidelberg-New York 1979, 208-215

Meiri 80
On Monocular Perception of 3-D Moving Objects
A. Zvi Meiri
IEEE Trans. Pattern Analysis and Machine Intelligence PAMI-2 (1980) 582-583

Moravec 77
Towards Automatic Visual Obstacle Avoidance
H.P. Moravec
IJCAI-77, 584

Moravec 79
Visual Mapping by a Robot Rover
H.P. Moravec
IJCAI-79, 598-600

Moravec 80
Obstacle Avoidance and Navigation in the Real World by a Seeing Robot Rover
H.P. Moravec
Ph.D. Thesis, Department of Computer Science STAN-CS-80-813, Stanford University available, too, as CMU-RI-TR-3 (September 1980) Robotics Institute, Carnegie-Mellon University Pittsburgh/PA

Nagel 81
On the Derivation of 3D Rigid Point Configurations from Image Sequences
H.-H. Nagel
Proc. PRIP-81, Austin, Texas (1980)

Nagel und Neumann 81
On 3D Reconstruction from two Perspective Views
H.-H. Nagel, B. Neumann
IJCAI-81, 661-663

Neumann 80
Motion Analysis of Image Sequences for Object Grouping and Reconstruction
B. Neumann
ICPR-80 (1980) 1262-1265

Neumann 84
Computer Vision-Methoden zur Erfassung dreidimensionaler Objekte: Eine Uebersicht ueber die Bildaufnahme mit speziellen Beleuchtungstechniken
H. Neumann
Technischer Bericht 84-5, Fachbereich Informatik, Technische Universitaet Berlin, 1984

Nevatia 76
Depth Measurement by Motion Stereo
R. Nevatia
Computer Graphics and Image Processing 5 (1976) 203-214

Nishihara 83
PRISM: A Practical Realtime Imaging Stereo Matcher
H.K. Nishihara
ROVISEC-83 (Third International Conference an Robot Vision and Sensory Controls), 1983, 134-142

O'Rourke 81
Dynamically Quantized Spaces Applied to Motion Analysis
J. O'Rourke
JHU-EE 81-1, The Johns Hopkins University, Baltimore, Maryland, 1981

Roach und Aggarwal 80
Determining the Movements of Objects from a Sequence of Images
J.W. Roach, J.K. Aggarwal
IEEE-PAMI-2 (1980) 554-562

Sobel 74
On Calibrating Computer Controlled Cameras for Perceiving 3-D Scenes
I. Sobel
Artificial Intelligence 5 (1974) 185-198

Tsai und Huang 81
Uniqueness and Estimation of Three-Dimensional Motion Parameters of Rigid Objects with Curved Surfaces
R.Y. Tsai und T.S. Huang
Report R-921, Coordinated Science Laboratory, University of Illinois at Urbana-Champaign, 1981

Ullman 79
The Interpretation of Visual Motion
S. Ullman
The MIT Press, Cambridge/Mass., 1979

Yakimovsky und Cunningham 78
A System for Extracting Three-Dimensional Measurements from a Stereo-Pair of TV-Cameras
Y. Yakimovsky und R.T. Cunningham
Computer Graphics and Image Processing 7 (1978) 195-210

Fachgespräch

Produktdefinierende Daten

Koordination: **R. Gnatz** (München)

Programmausschuß: **J. Encarnacao** (Darmstadt)
R. Gnatz (München)
F.L. Krause (Berlin)
W. Lincke (Wolfsburg)
H. Nowacki (Berlin)
E.G. Schlechtendahl (Karlsruhe)

INHALTSVERZEICHNIS

Seite

---

* nicht rechtzeitig eingegangen

MATHEMATISCHE BETRACHTUNG DES AUSTAUSCHS VON OBERFLÄCHENDATEN MITTELS DER VDA-SCHNITTSTELLE

Martin Ahlers
Volkswagenwerk AG
3180 Wolfsburg, BRD

1. Einleitung

Die Vielfalt von Aufgaben bei der Entwicklung von Automobilen wird zunehmend durch Nutzbarmachen des Rechners als Arbeitshilfsmittel unterstützt und gelöst. In Vorentwurf, Design, Konstruktion, Berechnung, Versuchsbau und Fertigung existieren berechnende und grafisch unterstützte Programmsysteme, mit denen immer wieder verbesserte Lösungen in den Gesamtprozeß der Automobilentwicklung einfließen.

Speziell auf dem CAD-Gebiet hat dieses dazu geführt, daß im Volkswagenwerk mehrere CAD-Systeme zum Einsatz kommen. Unter dem Aspekt der Optimierung der einzelnen Entwicklungsaufgaben ergab sich zwangsläufig eine Tendenz zum besten System für eine bestimmte Anwendung. So kommen neben kommerziell verfügbaren Systemen der Konstruktion und Zeichnungserstellung sowie Systemen für FEM-Berechnungen und NC-Vorbereitung auch selbstentwickelte Programme zur Anwendung (Bild 1). Diese haben ihre Daseinsberechtigung gerade wegen einer Lösung einer speziellen Aufgabe (z. B. Wellenkonstruktion, Außenhautstrak).

Unter dem Aspekt der Optimierung des Gesamtentwicklungsprozesses im Hause sowie der Kommunikation mit Zulieferern bzw. externen Stellen erhält die Problematik der Archivierung und der Weitergabe und Übernahme von Daten ein besonderes Gewicht.

Dieser Beitrag behandelt nicht die Probleme von Datenverwaltung und -archivierung, wohl aber wird versucht, Probleme des Datentransfers, wie sie die Praxis erbringt, aufzuzeigen.

Die Definition und das Verständnis einer Schnittstelle zur Datenweitergabe sind wesentliche Vorarbeiten für deren Funktionsfähigkeit. Das Ziel einer Geometrieschnittstelle ist die Übergabe von Daten, die im Empfänger-CAD-System eine "aktive" Weiterbearbeitung ermöglichen. Dabei heißt aktive Weiterbearbeitung, daß die Elemente des Sender-CAD-Systems im Empfänger-CAD-System verstanden und in weitere Aufgaben miteinbezogen werden können. Heute werden selbstentwickelte Schnittstellen zunehmend verdrängt durch national bzw. international vereinbarte (z. T. genormte) Formate. Als Beispiele seien die IGES-Norm vom NBS sowie die VDA-Flächenschnittstelle des VDA genannt.

Elementar geometrische Elemente wie Punkt, Gerade, Kreis, aber auch nicht geometrische Elemente wie Transformationsmatrix, Bemaßung, Texte sowie zu Elementen assoziierte Eigenschaften können in der Regel von einem System über eine Schnittstelle zu einem anderen System (eines anderen Anbieters) übertragen werden. Ein besonderes Augenmerk ist gerade in der Automobilindustrie auf Elemente der Freiformgeometrie zu richten. Diese Elemente wie Kurven und Flächen in nicht analytisch beschreibbarer Form, wie sie gerade im Frühstadium der Automobilentwicklung im Design und in der Außenhautbearbeitung erzeugt werden, sollen als Maßgaben zu weiterverarbeitenden Abteilungen bzw. externen Stellen übergeben werden.

Die Einfachheit der VDA-Flächenschnittstelle unterstützt gerade in diesem Punkt die Datenübertragung zwischen Automobilherstellern und Werkzeugherstellern bzw. Zulieferern.

2. Flächenbeschreibungsmethoden

In CAD-Systemen, sowohl kommerziellen als auch selbstgeschriebenen, kommen unterschiedliche mathematische Beschreibungsmethoden für Flächenerzeugung und -modellierung zum Einsatz. Überwiegend werden heute parametrische Polynomialdarstellungen verwendet; doch in Zukunft werden auch rationale Darstellungen stärker berücksichtigt werden müssen.

Durch die Verwendung unterschiedlicher Basisfunktionen erhalten die vektoriellen Koeffizienten unterschiedliche Interpretationen. Diese erlauben dem Anwender, mathematische Bedingungen sowie Flächeneigenschaften in anschaulicher Weise zu erkennen und zu kontrollieren. Doch auch bei gleicher Wahl eines Verfahrens kann von System zu System eine andere Geometrie als Ergebnis herauskommen, wenn nämlich verschiedene Parametrisierungen oder Randvorgaben in die Algorithmen eingehen.

Im folgenden werden einige Beispiele von heute verwendeten Flächendarstellungsmethoden aufgezeigt, indem biparametrische, reguläre Segmente betrachtet werden.

- Natürliche (Monomiale) Darstellung; Segment (= Patch)

- Bezier-Darstellung; Segment

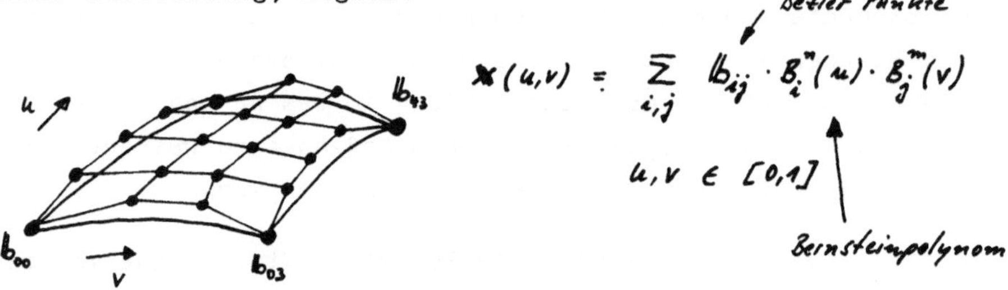

- B-Spline-Darstellung; Fläche (aus mehreren Segmenten)

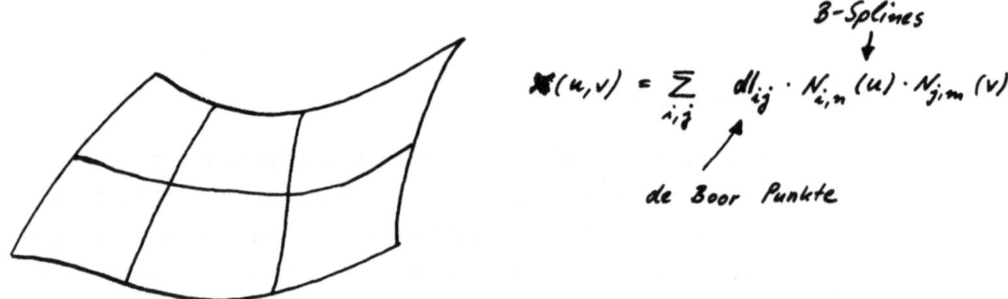

Rationale Polynome haben die Eigenschaft, daß sie invariant gegenüber projektiven Transformationen sind und - im Fall von Kurven - Kegelschnitte beschreiben können.

3. Übertragung von Flächendaten mittels VDAFS

Die VDA-Flächenschnittstelle ist nach einer Analyse bestehender Beschreibungsmethoden und vorhandener Schnittstellen durch den Arbeitskreis CAD/CAM als Lösungsmöglichkeit speziell für den Austausch von Flächendaten erarbeitet worden. Die Kurzfristlösung, die Einfachheit, der geringe Implementierungsaufwand und ein möglicher späterer Übergang zu einer Norm sind Gründe für den Einsatz der VDAFS.

Die Übertragung von Daten ist entweder eine eindeutige Konvertierung oder eine Approximation. Anforderungen an das Ergebnis der Übertragung können sein

- "passive" Grafik (Grafikschnittstelle)
- "aktive" Weiterbearbeitung

Im ersten, hier nicht weiter diskutierten Fall, werden die Daten als Konstruktionshilfen im Empfängersystem dargestellt, z. B. als Randbedingungen. Das Bestreben ist aber, CAD-Daten (bzw. rechnerinternes Modell) so zu übertragen, daß im Empfängersystem eine Weiterbearbeitung möglich ist.

Dieses ist abhängig von den verwendeten Verfahren; vor allem ist wesentlich, ob ein zu übertragendes Element in beiden Systemen auf die gleiche Beschreibungsart erzeugt wird. Die Praxis zeigt, daß gleiche Namen unterschiedliche Bedeutung haben (weil z. B. verschiedene Anfangssteigungen ermittelt werden oder andere Defaultwerte gesetzt werden).

Als Anwendungsbeispiel sei die Erzeugung von Profilen entlang einer Führungskurve, die auf einem Segment liegt, angeführt (Bild 2). Wird bei einer Datenübertragung das Segment wegen Limitierung im Empfängersystem notwendigerweise unterteilt in mehrere Segmente - entsprechend auch die Führungskurve - so wird ein Anwender im Empfängersystem wesentlich aufwendiger die gestellte Aufgabe lösen können. Dieses ist natürlich abhängig davon, wie das System eine bestimmte Funktion unterstützt.

Ein anderes Beispiel kann die Generierung von Offset-Flächen sein. Hier kann, wenn im Empfängersystem pro Segment ein Offset erzeugt werden muß, das Ergebnis erheblich von dem Offset des ursprünglichen Segments abweichen; an den Segmenträndern können Übergangsbedingungen verloren gehen, die das Ausgangssegment wegen der polynomialen Darstellung aber hat (Bild 3).

Das Problem der Konvertierung von einer Beschreibungsform in eine andere ist, da die Beschreibungen unterschiedliche Basisfunktionen verwenden, eine Basistransformation im Funktionsraum der Polynome (m, n)-ten Grades. Hierbei wird ein Segment in genau ein Segment desselben Grades überführt. Im folgenden wird die Umwandlung eines Segments in Bezierbeschreibung in eines in natürlicher Darstellung aufgezeigt.

Gegeben ist:

$$\mathbf{x}(u,v) = \sum_{i=0}^{n} \sum_{j=0}^{m} b_{ij} \cdot B_i^n(u) \cdot B_j^m(v)$$

$$= \left[B_0^n(u) \ldots B_n^n(u) \right] \cdot \mathbb{B} \cdot \begin{bmatrix} B_0^m(v) \\ B_1^m(v) \\ \vdots \\ B_m^m(v) \end{bmatrix}$$

$\mathbb{B}$: $(n+1)\times(m+1)$ Matrix der Bezierpunkte

Gesucht sind die Koeffizienten der natürlichen Darstellung:

$$\mathbf{x}(u,v) = \sum_{i=0}^{n} \sum_{j=0}^{m} a_{ij} \cdot u^i \cdot v^j$$

$$= \left[1 \; u \ldots u^n \right] \cdot \mathbb{A} \cdot \begin{bmatrix} 1 \\ v \\ \vdots \\ v^m \end{bmatrix}$$

$\mathbb{A}$: $(n+1)\times(m+1)$ Matrix der Koeffizienten

Ein Koeffizientenvergleich ergibt die Konvertierungsmatrix

$$\mathbb{A} = M_{n+1}^T \cdot \mathbb{B} \cdot M_{m+1}$$

mit

$$M_k^T = \begin{bmatrix} 1 & 0 & \ldots & & 0 \\ -k & k & \ldots & & 0 \\ \vdots & \vdots & & & \\ (-1)^i \binom{k}{i} & (-1)^i \binom{k}{1}\binom{k-1}{i-1} & \ldots & \binom{m}{i} & 0 \\ \vdots & \vdots & & & \ddots \\ (-1)^k & (-1)^k k & \ldots & & 1 \end{bmatrix}$$

Eine exakte Umwandlung ist also möglich; zu berücksichtigen sind wegen der Größenordnung der Werte der Transformationsmatrix eventuell numerische Ungenauigkeiten. Entsprechende Konvertierungsmatrizen sind angebbar für andere polynomiale Darstellungen (vgl. DANNENBERG).

Wird eine Splinefläche übertragen, so wird ein Informationsverlust nach der Übertragung i. a. unvermeidbar sein. Dem Berechnungsverfahren der Fläche liegt eine Parametrisierung zugrunde, die nicht notwendig äquidistant ist (z. B. bei Verwendung chordaler Längen als Parameter). Wird im Empfängersystem die gleiche Fläche nach einer anderen Beschreibungsmethode über einer anderen Parametrierung bestimmt, so ist eine Konvertierung nur möglich, wenn die Parametrisierungen mittels Funktionsvorschrift ineinander überführt werden können. Ist dieses nicht der Fall, so kann die Fläche nur segmentweise übertragen werden; hierbei können die ursprünglichen Flächeneigenschaften im Empfängersystem verlorengehen (z. B. Tangentenstetigkeit an den Rändern). Begleitinformationen des Senders für den Anwender beim Empfänger sollten auf jeden Fall parallel zur Datenübertragung gegeben werden.

Rechnerabhängige Grenzen (z. B. Speicherplatz, Wortlänge) sowie Limitierungen der verwendeten Software (z. B. Höchstgrad der Basisfunktionen) machen in den meisten Übertragungsfällen eine Konvertierung unmöglich. Auch die Flächenstrukturen, die sehr auf das spezielle Softwarepaket hin angelegt worden sind (z. B. große Segmente bei Ausnutzung des Höchstgrades), können in dem Empfängersystem nicht unbedingt weiterbearbeitet werden. Hier stellt sich notwendigerweise das Problem, die Ausgangsfläche möglichst gut zu approximieren in der Art, daß der Empfänger bei Akzeptanz der Daten mit seinem System weiterarbeiten kann.

Die Aufgaben, die sich stellen, lassen sich in zwei Problemkreise einteilen:

- Aufteilung von Flächen

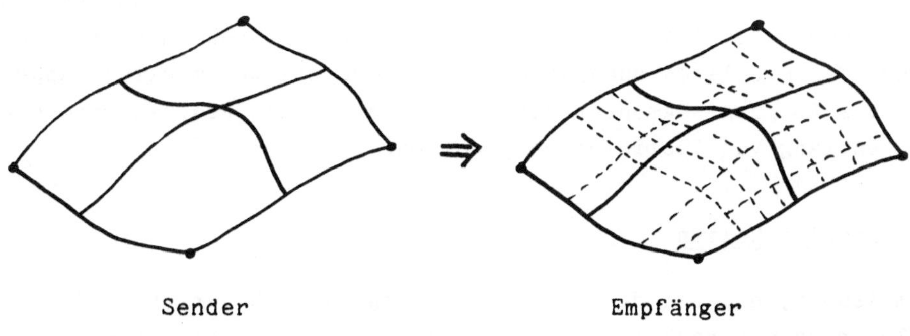

Sender

wenige Patches
hohen Grades

Empfänger

viele Patches
niedrigen Grades

- Zusammenfassung zu neuen Flächen

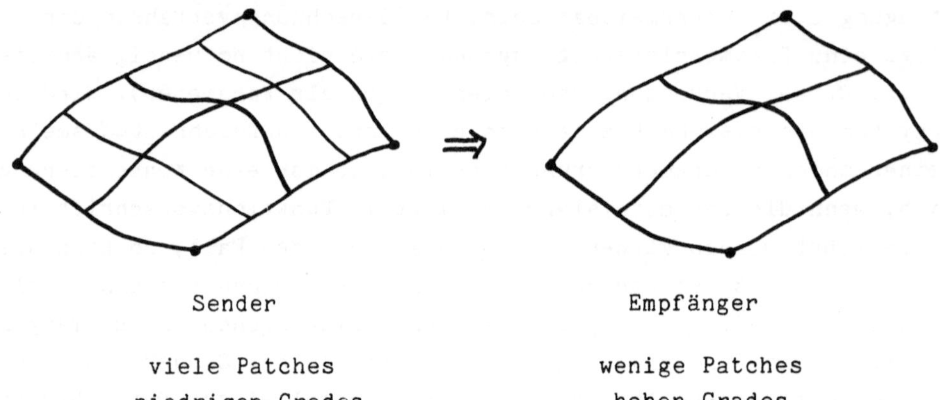

Sender	Empfänger
viele Patches niedrigen Grades	wenige Patches hohen Grades

Die Betrachtungen richten sich zunächst auf die Fälle

- Aufteilung eines Patches in mehrere Patches niedrigeren Grades,
- Zusammenfassen eines rechteckigen, tangentiell verbundenen Patchbereichs zu einem Patch.

Dabei wird, wegen der besonderen Anschaulichkeit, die Bezierbeschreibung benutzt. Am Beispiel eines Kurvensegments (Grad > 3) soll die Methode für eine Aufteilung erläutert werden, bei der erhaltene neue Segmente tangentiell in den Segmentenden aneinander anschließen. Die Anzahl der Segmente wird durch den Grad des aufzuteilenden Segmentes sowie durch den Grad der neuen Segmente bestimmt. Verwendung bei der Lösung findet der Algorithmus von De Casteljau (vgl. BOEHM/FARIN), mit dem durch fortgesetzte lineare Interpolation aus dem Bezierpolygon Kurvenpunkte und deren Tangenten ermittelt werden. In den einzelnen Segmenten wird nun unter Einhaltung der Tangenten unter evtl. Graderhöhung iterativ mit der Gaußschen Methode der Minimierung des mittleren quadratischen Fehlers die bestmögliche Approximation an das Ausgangssegment berechnet (Bild 4). Bei Flächen werden Aufteilungen entlang von Isolinien vorgenommen.

4. Fehlermöglichkeiten

Unter dem Aspekt, daß bei der Flächenübertragung nach der Approximation gewisse Toleranzen einzuhalten sind, wird im folgenden eine Sammlung möglicher Fehler angegeben, die jedoch noch nicht vollständig sein muß:

- Rechnergenauigkeit; eventuell ist doppelte Genauigkeit erforderlich
- eps-Grenzen in Berechnungsalgorithmen
  - Aufmaßfehler, gemessen in Normalenrichtung über der Ausgangsfläche bis zum Durchstoßpunkt mit der neuen Fläche

Aufmaß-fehler

$x'(u_0', v_0')$

$x(u_0, v_0)$

$$n = \frac{\partial x(u_0,v_0)}{du} \times \frac{\partial x(u_0,v_0)}{dv}$$

Normalen-abweichung

n', n

$x'(u_0', v_0')$

$x(u_0, v_0)$

  - Normalenabweichung, gemessen im Durchstoßpunkt (Winkel)
  - Krümmungsfehler, gemessen in den Hauptkrümmungen
  - verwendeter Schnittalgorithmus zum Berechnen eines Durchstoßpunktes
- Beobachtung von Konvexität und Wendestellen
- falls Punkte als Prüfmuster übertragen werden, so sind Ableseungenauigkeiten der Meßmaschine oder des Berechnungsverfahrens zu beachten.

Unter allen Fehlertoleranzen wird der Aufmaßfehler am gewichtigsten sein.

5. Praktische Erfahrungen

Neben den in Kap. 3 gegebenen Beispielen sind erste Schritte im Austauch von Flächen zwischen VW und WMI Lippstadt unternommen worden. Eine Übertragung von Scheibendaten wurde zwischen den CAD-Systemen OGSURF und WMI-SURF gemacht, die schon bald nach der Spezifikationsveröffentlichung eine VDAFS-Implementierung aufweisen konnten.

Ausgehend von einem Patch in Bezierbeschreibung des Grades (9,5) mußte eine Approximation vorgenommen werden, da im Empfängersystem der Höchstgrad (3,3) vorgegeben war. Resultate waren nach unterschiedlichen Algorithmen Flächen bestehend aus 18, 96 und sogar 209 Patches. Bei solchen Datenmengen wird eine Weiterbearbeitung nahezu unlösbar, zumal noch Aufmaßfehler bis 0,3 mm auftraten.

6. Schlußbemerkung

Dieser Beitrag zeigt auf, daß die Akzeptanz von Approximationsergebnissen sowohl beim Sender als auch beim Empfänger gegeben sein muß. Unbedingt erforderlich für ein Funktionieren der VDAFS bei der Optimierung von Entwicklungszielen ist der Kontakt zwischen entsprechenden Anwendern. Nur dann können die Arbeitsergebnisse nutzbringend eingesetzt werden.

7. Literatur

W. Böhm/G. Farin:
Surface Design, Lecture notes zum Tutorial, Eurographics 1983,
Zagreb, Jugoslawien, 1983

I. D. Faux/M.J. Pratt:
Computational Geometry for Design and Manufacture
John Wiley & Sons
Chichester, England, 1979

U. Seiffert/H. G.Siepmann:
Rechnergestützte Automobilentwicklung - Industrielle Einführung von CAD-Verfahren
GI-Jahrestagung, Berlin 1980

L. Dannenberg:
Spezifikation eines Approximations- und Konvertierungssystems für Flächendarstellungen (Teil 1, 2, 3)
TU Berlin, 1983/84

VDA-Flächenschnittstelle (VDAFS),
VDA, Frankfurt, 1983

Protokolle und Gespräche des VDA-Arbeitskreises "CAD/CAM Geometrische Schnittstelle", 1983/84

CADDS
CASS
CD 2000
DUCT
APT
EUCLID
SCULP.
SURFACE
DETAIL2
EXAPT
OGSURF
UNISTRUC
VORKON
PATRAN
CALMA
DDM

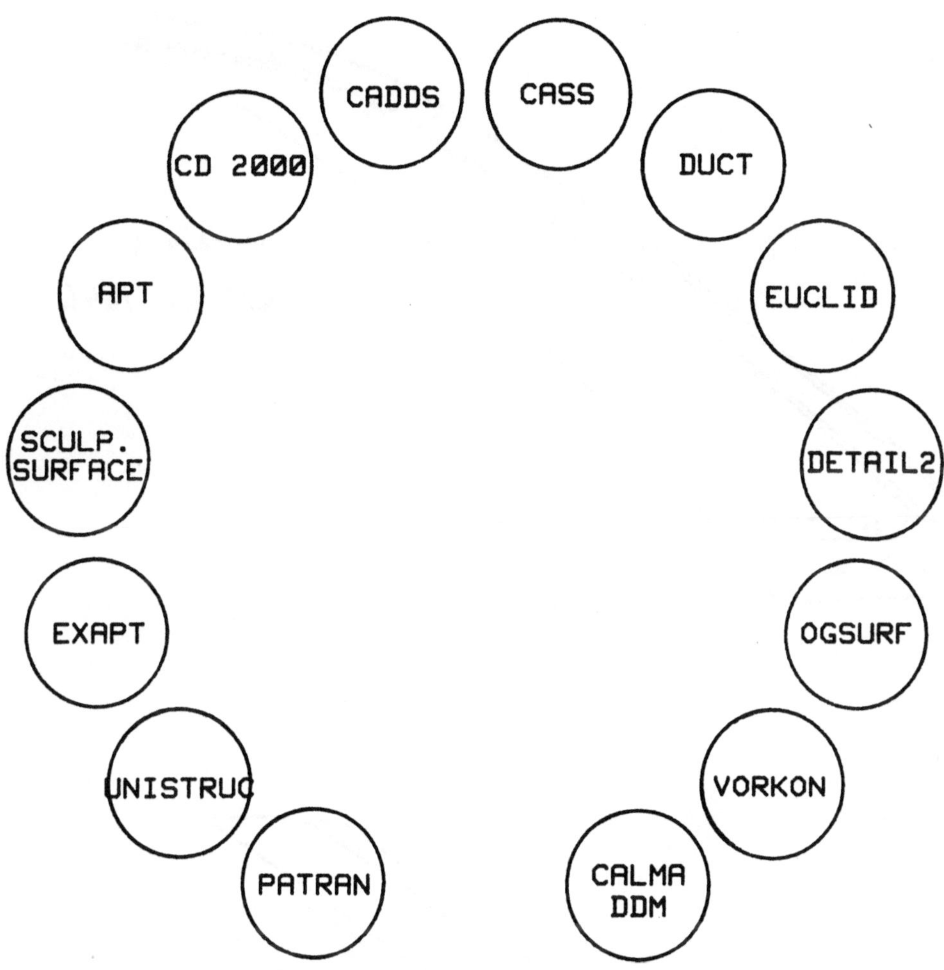

Bild 1

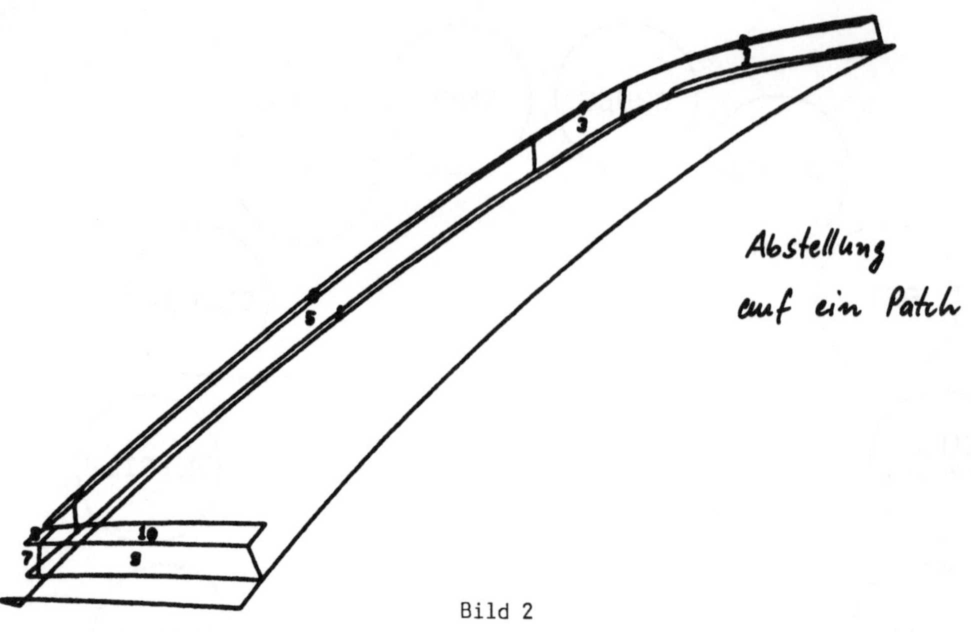

Bild 2

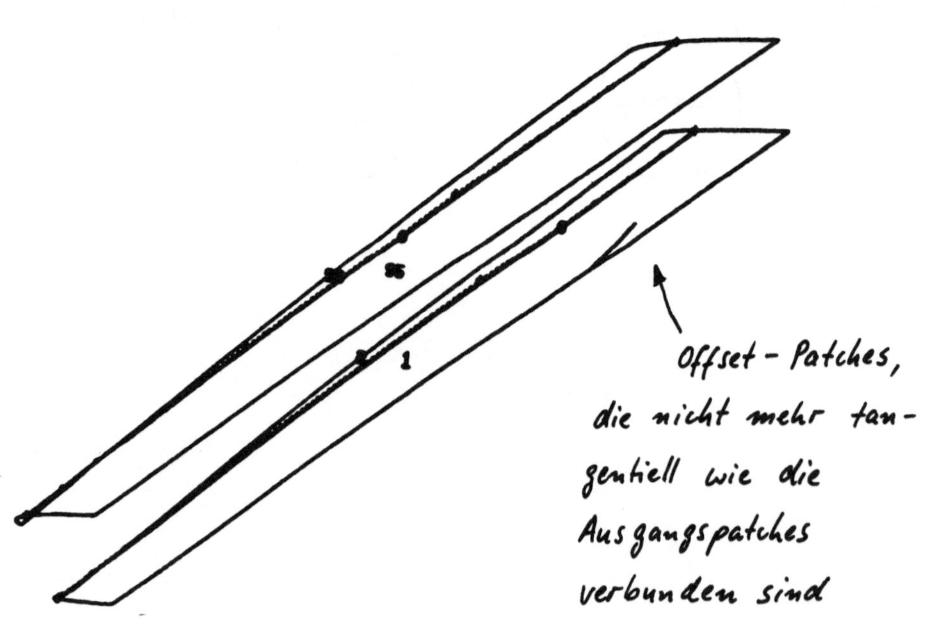

Bild 3

Kurvensegment mit Bezierpolygon

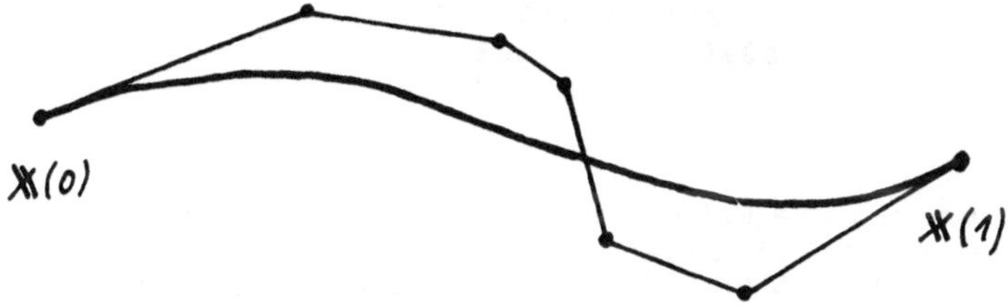

Segmentendpunkte und Tangenten
nach der Aufteilung

Mögliche Aufteilung in 3 Segmente
Bestmögliche Approximation pro Segment

Bild 4

Erfahrungen mit der IGES- und VDA-Schnittstelle bei AUDI

Ulf Arndt / Piero Benini
AUDI A.G.
Abt. I/GTG
8070 Ingolstadt

In diesem Beitrag werden die Gründe für den Einsatz von IGES und VDAFS erläutert, und über die Erfahrungen berichtet, die wir beim CAD-Datenaustausch mit Hilfe von IGES und VDAFS bei AUDI gemacht haben.

1.0 ERFAHRUNGEN MIT DER IGES- UND VDA-SCHNITTSTELLE BEI AUDI

1.1 WARUM IGES UND VDAFS ?

1981 war unsere Abteilung mit der Anforderung der Fachbereiche konfrontiert, die Daten von einem CAD-System in ein anderes CAD-System zu übertragen.
Obwohl das Problem am Anfang nur für 2 Systeme (CV/CODEM) auftrat, waren wir uns schon von vornherein bewußt, daß die gleiche Anforderung für alle anderen im Hause (und im Konzern) möglichen Systemkonfigurationen auftreten würde.

- Deswegen waren wir (und sind noch) der Meinung, daß eine "Stern"-Konfiguration (Bild 1) bei wachsender Anzahl der anzuschließenden Systeme besser als eine "Polygon"-Konfiguration (Bild 2) ist, auch wenn eine direkte Punkt-zu-Punkt-Verbindung normalerweise effizienter ist.

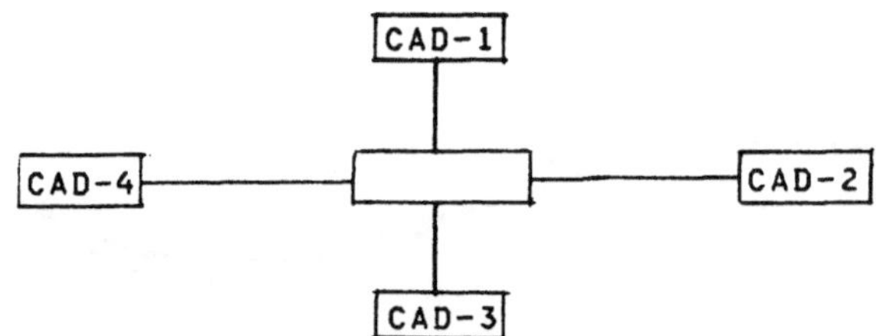

Bild 1. Stern-Konfiguration: CAD-Datenaustausch über eine gemeinsame Schnittstelle

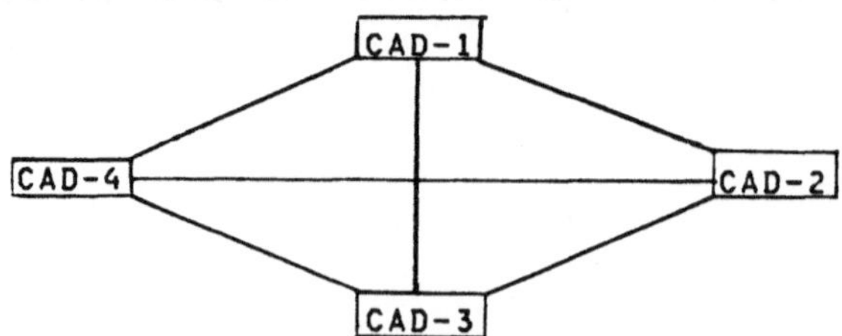

Bild 2. Polygon-Konfiguration: CAD-Datenaustausch über spezielle Schnittstellen

Mit n Systemen, hat man bei einer "Stern"-Konfiguration 2n Prozessoren zu pflegen, bei einer "Polygon"-Konfiguration schon n*(n-1); schon bei n>3 ist eine "Stern"-Konfiguration vorteilhafter, was den Herstellungs- und Pflegeaufwand angeht.

- Nachdem wir uns für die "Stern"-Lösung entschieden hatten, tauchten sofort folgende Fragen auf :
 - " Wie soll der Kasten in der Mitte des Bildes aussehen ?"
 - " Soll der Kasten eine Übermenge aller eingesetzten Systeme enthalten ?"
 - " Soll diese Superschnittstelle im Hause, oder draußen definiert werden ?"

Eine "Superschnittstelle" im Hause zu definieren hätte als Vorteil gehabt, daß man genau den Umfang spezifizieren kann, den man braucht.
Dagegen wären die Nachteile größer.
- Der Aufwand wäre nicht klein gewesen, und die Wahrscheinlichkeit etwas wirklich Gutes zu schaffen, ziemlich bescheiden.
- Wir hätten selbst bei allen CAD-Systemen jeden Entwicklungs-Schritt mitmachen sollen, was vom Aufwand her gleichbedeutend wie ein Blankoscheck ist.
- Wir wären wahrscheinlich in ein paar Jahren auf einem Holzweg angekommen, d.h. ohne die Möglichkeit, Daten mit außen auszutauschen, nur innerhalb der Firma, höchstens des Konzerns.

Aufgrund dieser Überlegungen war es für uns rasch klar, daß die einzige Alternative die Suche nach einer "Standard", sprich "anerkannten" Schnittstelle, war.

- Zur damaligen Zeit (1981) gab es wenig, nur Gerüchte, über IGES. Obwohl die technische Beschreibung von IGES viele Wünsche offen ließ (und noch läßt), bot die Liste der im IGES-Komitee vertretenen CAD-Anbieter und CAD-Benutzer (namhafte US-Firmen), eine gewisse Garantie. Schließlich beziehen wir unsere Rechner und einen Großteil unserer CAD-Pakete aus den Staaten.

- 1982 war es uns klar, daß man über IGES nur 2D- und 3D-Drahtmodell-Informationen übertragen konnte. Für 3D-Raumkurven und Oberflächen war die Begrenzung in IGES zu gravierend.
Parallel haben die Automobilfirmen, unter dem Dach vom VDA (Verband der Automobilindustrie), einen CAD-Arbeitskreis mit dem Ziel gegründet, dem Wunsch nach Einheitlichkeit entgegenzukommen, den die Zulieferfirmen im Hinblick auf die eigene notwendige Ausrüstung mit CAD-Anlagen ausgedrückt und vorgetragen hatten.
Ein Hauptdiskussionspunkt von diesem Arbeitskreis drehte sich um die Festlegung des Schwerpunkts. Besonders unter Berücksichtigung des Datenaustausches Autoindustrie - Werkzeug- und Leuchten-Hersteller wurde sofort Gewicht auf die Übertragung von Flächendaten gelegt, und genau dort hat IGES seine Schwäche.....
Mittlerweile wurde IGES in den Staaten normiert, mit der Eingliederung von dem berühmten "Kapitel 5", das das Ergebnis einer anderen Arbeitsgruppe war, und das semantisch korrekte und vollständige, aber leider sehr praxisferne und schwer programmierbare Anweisungen enthält.
Nach einer Untersuchung des Ist-Stands in der Automobilindustrie über die eingesetzten CAD-Pakete, und nach dem Versuch, durch Verwendung der Syntax von Kapitel 5, alle möglichen Probleme in dem Bereich der Oberflächendefinitionen zu lösen, waren die Arbeitskreismitglieder der Meinung, eine solche Lösung wäre zu kompliziert und zu schwierig, um in der täglichen Praxis angewendet zu werden.
Deshalb kam der Arbeitskreis, besonders auf Anregung einiger Mitglieder, die schon erfolgreich bei sich im Hause "Kurzschlüsse" für Flächendaten auf die Beine gestellt hatten, auf die Idee, die schon gewonnenen Erfahrungen in eine VDA-eigene Lösung einzubringen. So

entstand in sehr kurzer Zeit die VDAFS (VDA-Flächenschnittstelle), die auch in anderen Industriebranchen viel Aufmerksamkeit gefunden hat.
Die VDA-Schnittstelle wurde bei uns unverzüglich implementiert.

Im Laufe der letzten 3 Jahre wurde von uns auf der Basis von IGES und VDAFS ein CAD-Netzwerk und eine CAD-Datenbank aufgebaut, und wir sind heute der Meinung, daß unsere Wahl richtig war.

1.2 ERFAHRUNGEN AUS DER PRAXIS

Hier wollen wir über einige Probleme berichten, die wir in der Praxis erlebt haben :

- Probleme gibt es bei der Übertragung oft mit der Datenmenge. Da die Anzahl der Punkte,Linien,... usw. (hier Modellgröße genannt) in manchen CAD-Systemen begrenzt ist, muß man dafür sorgen, daß die übertragenen Modelle die zulässige Modellgröße der empfangenden CAD-Systeme nicht überschreiten, oder, wenn die Datenmenge zu groß ist, automatisch in den empfangenden CAD-Systemen mehrere Modelle anlegen.

- Ein CAD-System in unserem Hause bietet als 3D Elemente nur Punkt und Spline an. Deshalb werden für dieses CAD-System alle Linien, Kreise und Conics in Splines umgewandelt.

- Wenn ein CAD-System die Layer-Technik unterstützt, werden die Modelle auch in Layer unterteilt abgespeichert. Manche dieser Layer enthalten alte Zeichnungsversionen, die der Konstrukteur sicherheitshalber aufhebt. So wurde am Anfang jede Menge überflüssige und verwirrende Information geliefert, als man das ganze Modell nach IGES kopierte, und nicht nur die sichtbaren Layer.
  Für den Empfänger sind oft nur bestimmte Informationen des Modells von Interesse. Wünschenswert für den Empfänger der CAD-Daten wäre, daß der CAD-Konstrukteur im Sendesystem seine Zeichnung von Anfang an schon für den Empfänger entsprechend strukturiert abspeichert. Dies bedeutet aber in der Regel einen Mehraufwand. Bei uns wird zur Zeit das zu übertragende CAD-Modell in Zusammenarbeit mit dem Empfänger nachträglich so aufbereitet, daß nur die Daten geschickt werden, die auch benötigt werden. So sind zum Beispiel die Vermaßungselemente (ENTITIES zwischen 200 und 299), die Netzlinien, der Zeichnungskopf, die Umrandung, manche Ansichten und Hilfskonstruktionen meist unerwünscht. Da diese Aufbereitung im allgemeinen sehr zeitaufwendig (im Schnitt 1 Tag) ist, ist sie auch dementsprechend unbeliebt.

- Bei einigen CAD-Systemen kann man verschiedene Ansichten über interne Transformationen zu einer Zeichnung zusammenfügen. Beim Übertragen nach IGES gehen die Informationen über diese Transformationen verloren und man erhält nur die einzelnen Ansichten. Diese einzelnen Ansichten müssen nun wieder mühsam mit Hilfe der Originalzeichnung von Hand im Empfänger-CAD-System zusammengesetzt werden.

- Die Vermaßung kann zwar korrekt erzeugt werden, aber sieht oft verwirrend aus. Außerdem haben wir bei der Winkelvermaßung die Erfahrung gemacht, daß die IGES-Beschreibung nicht eindeutig ist.

- Ein weiteres Problem ist die Gewährleistung der Oberflächengüte der zu übertragenden, bzw. empfangenen, Daten. Dafür mußten Programme entwickelt werden, um zum Beispiel die Glattheit der Oberflächen oder den Krümmungsverlauf im CAD-Modell zu überprüfen, bevor das Teil NC-gefräst wird.

- Außerdem muß man beim Erzeugen der VDAFS-Dateien im Moment noch darauf achten, daß die Ordnung der erzeugten Polynome nicht die maximal erlaubte Ordnung des Empfängers überschreitet; bzw. die Splines und Surfaces ohne Genauigkeitsverlust auf niedrigere Ordnung herunterbrechen.

- Die VDA-Flächenschnittstelle eignet sich im Moment nicht für eine automatisierte Übertragung, da keine exakte Position für den Modellnamen vorgesehen ist. Es wäre wünschenswert, wenn der VDAFS-Arbeitskreis sich diesem Problem annehmen würde.

- Splines bis zum Grad 3 werden bei der Übertragungn mit IGES und VDAFS doppelt erzeugt. Durch Rechenungenauigkeit passen diese Splines auch nicht mehr genau aufeinander. Man kann zwar im IGES-Postprozessor die Erzeugung der Entities 112 unterdrücken, doch kann man sich nicht sicher sein, ob alle IGES-Splines auch in der VDAFS-Datei existieren.

- Da die Übertragung der CAD-Daten im allgemeinen immer über mehrere Rechner und verschiedene Leitungen erfolgt, sollten diese stets verfügbar sein. Leider ist dies nicht immer der Fall. Außerdem schleichen sich beim Generieren und Übertragen der Dateien ab und zu Bit Fehler ein. Auch ist die Übertragungsgeschwindigkeit, meist 9600 Baud, unbefriedigend.

- Ein anderes Problem ist die Gewährleistung, daß ein CAD-Benutzer immer den aktuellsten Stand eines CAD-Modells benützt. Bis jetzt haben wir dafür noch keine Lösung gefunden. Im Moment sollte dieses Problem noch durch Kommunikation der Betroffenen untereinander gelöst werden.

- Ein Hauptproblem, das aber von einer Schnittstelle oder einem Pre- oder Postprozessor nicht gelöst werden kann, ist die Güte der im Sendesystem aufgebauten Datenstruktur. Denkbar sind Empfehlungen oder Richtlinien für die CAD-Konstrukteure, die eine saubere CAD-Modell Struktur fördern. Zum Beispiel sollten Splines nicht zerstückelt sein, und Teile einer Zeichnung im zeitlichen Ablauf auch hintereinander gezeichnet werden, und nicht mal hier, mal dort ein Strich. Auf der anderen Seite sollte man die CAD-Konstrukteure nicht in ihrer Konstruktionsfreiheit einschränken, oder ihnen einen großen Mehraufwand aufbürden. Eine saubere Datenstruktur kommt aber sowohl dem CAD-Konstrukteur, als auch dem Methodenplaner oder dem Werkzeugkonstrukteur zugute. Die Letzteren könnten tatsächlich eine Menge Zeit sparen. Eine unsaubere Datenstruktur erfordert dagegen viel Nacharbeit.

1.3 BESCHREIBUNG DER IGES PRE- UND POSTPROZESSOREN

Da die meisten CAD-Systeme in den letzten Jahren IGES und VDAFS kaum oder überhaupt nicht unterstützt haben, mußten wir eigene Pre- und Postprozessoren schreiben. Die Programme laufen meist im Batch-Betrieb. Wir wollen diese Programme hier kurz beschreiben.

1.3.1 Der IGES-Postprozessor

Der IGES-Postprozessor ist in FORTRAN66 geschrieben. Er ist weitgehend CAD-System unabhängig. Die Ausgabe erfolgt über Subroutinen (z.B. CALL ENT116 für einen Punkt). Die dazugehörigen IGES-Werte stehen in verschiedenen COMMON-Bereichen zur Verfügung. Um ein zusätzliches CAD-System anzuschließen, muß man also nur diese Subroutinen entsprechend abändern. Das Programm hat einen Umfang von 20000 Zeilen, davon 8000 Zeilen Code und braucht in Abhängigkeit von dem angehängten CAD-System zwischen 600K und 1600K Speicher.

Die Größe der übertragenen IGES-Dateien beträgt im Schnitt 10000 Zeilen die in 30 CPU-Sekunden auf einer IBM 3081 abgearbeitet werden. 1000 Zeilen IGES in ein CAD-System übertragen kosten im Schnitt 15.- DM, davon entfallen 80% der Kosten auf I/O und 20% auf CPU-Zeit. An den IGES-Postprozessor wurden die CAD-Systeme CATIA,CODEM und EUCLID angehängt. (Bild 3)

IGES-	C A D - S Y S T E M E			
ENTITIES	CATIA	CODEM	CV	EUCLID
100	<-->	<-->	<-->	<-->
102	--	--	-->	--
104	<-->	-->	<-->	--
106	<-->	-->	<-->	--
108	<-->	--	--	--
110	<-->	<-->	<-->	<-->
112	<-->	<-->	<-->	-->
114	<-->	--	<-->	--
116	<-->	<-->	<-->	-->
118	--	-->	<-->	--
120	--	--	<-->	--
122	--	-->	<-->	--
124	<-->	<-->	<-->	<-->
202	--	-->	<-->	--
206	--	-->	<-->	--
208	--	--	<-->	--
210	--	-->	<-->	--
212	<-->	<-->	<-->	-->
214	--	-->	--	--
216	--	-->	<-->	--
218	--	-->	<-->	--
220	--	--	<-->	--
222	--	-->	<-->	--
302	--	--	--	--
304	--	--	--	--
306	--	--	--	--
308	--	--	--	--
310	--	--	--	--
402	--	--	<-->	--
404	-->	<-->	<-->	-->
406	-->	<-->	<-->	-->
408	--	--	--	--
410	-->	<-->	<-->	-->

Bild 3. Tabelle IGES-CAD

Legende : Austausch ist
-- nicht realisiert
--> von IGES zum CAD-System realisiert
<-- vom CAD-System zum IGES realisiert
<--> in beide Richtungen realisiert
Stand Juni 1984

Der IGES-Postprozessor bietet folgende Möglichkeiten der Steuerung :

- Parallel zum Bearbeiten der IGES-Datei kann eine Auflistung der berechneten Werte erfolgen (DEBUG/TRACE).
- Das IGES-Modell kann wahlweise in 2D oder 3D erzeugt werden.

- Das IGES-Modell kann mit oder ohne Vermaßung erzeugt werden.
- Eine gezielte Auswahl der zu übertragenen Layer ist möglich.
- Drawing Entities (404) können unterdrückt werden.
- Für Drawing Entities (404) kann die benötigte Information wahlweise aus der Pointerliste oder aus der Directory Section der IGES-Datei (Matrix) genommen werden.
- Kein IGES-Preprozessor ist fehlerfrei, und bis die Fehler vom Hersteller raus sind, müssen wir mit ihnen leben. Also fangen wir die Fehler in der IGES-Datei ab, wenn die Fehler für das IGES-Datei erzeugende CAD-System typisch sind. Dafür wird dem IGES-Postprozessor ein Parameter übergeben, der dem Postprozessor mitteilt, woher die IGES-Datei stammt.
- Beim Bearbeiten der IGES-Datei kann nach der Analyse der GLOBAL SECTION, oder nach der Analyse der DIRECTORY SECTION, oder vor dem Erzeugen der Geometrie abgebrochen werden. Diese Möglichkeit wird zum Austesten von IGES-Preprozessoren verwendet.
- Manche CAD-Systeme benötigen systemspezifische Steuerwerte. Zum Beispiel die zu erwartende Größe des Modells, in welchen User das Modell gestellt werden soll, wie die IGES- oder VDAFS-Datei heißt und wo sie steht, oder wie das Modell heißen soll.

Der IGES-Postprozessor liefert folgende Meldungen :

- Eine Liste der aktuellen Steuerparameter.
- Die IGES-Delimiter.
- Eine Aufschlüsselung der GLOBAL-SECTION.
- Die Anzahl der enthaltenen Layer.
- Die Anzahl der START-,GLOBAL-,DIRECTORY- und PARAMETER-SECTION Zeilen.
- Die Anzahl der Fehler, die beim Überprüfen der IGES-Datei auftraten.
- Eine Auflistung der behandelten Drawing Entities (404), der dazugehörigen Properties (406) und Views (410), Matrizen und Translationsvektoren.
- Summe der Geometrie-Elemente (100-199) und der nicht Geometrie-Elemente (200-299).
- Wie oft ein Entity Typ erzeugt wurde.
- Welche Entities nicht erzeugt werden konnten.
- Wieviel CAD-Modelle erzeugt wurden, und unter welchem Namen diese abgespeichert wurden.
- Diverse Fehlermeldungen und wo diese in der IGES-Datei auftraten.
- Wieviel Fehler insgesamt auftraten.

1.3.2 Die IGES-Preprozessoren

Die IGES-Preprozessoren sind jeweils CAD-System abhängig. Bei CODEM wird direkt auf die CODEM-Datenbank durch selbstgeschriebene Subroutinen zugegriffen, und eine entsprechende IGES-Datei aufgebaut.
Bei CATIA und EUCLID werden vom Hersteller gelieferte CAD-Modell-Analyse-Routinen verwendet, die entsprechenden IGES-Werte berechnet, und im IGES-Format ausgegeben. Das Erzeugen von 5000 Zeilen IGES-Datei dauert im Schnitt 2 CPU Sekunden.

1.4 BESCHREIBUNG DER VDAFS PRE- UND POSTPROZESSOREN

1.4.1 Der VDAFS-Postprozessor

Der VDAFS-Postprozessor ist ebenfalls in FORTRAN66 geschrieben. Er ist weitgehend CAD-System unabhängig. Die Ausgabe erfolgt über Subroutinen (z.B. CALL POINT für einen Punkt). Die dazugehörigen VDAFS-Werte werden danach sequentiell mit Hilfe einer Subroutine eingelesen, und für das Ziel-CAD-System entsprechend aufbereitet. Das Programm hat einen Umfang von 4300 Zeilen, davon 1600 Zeilen Code. Die Größe der übertragenen VDAFS-Dateien beträgt im Schnitt 4000 Zeilen die in 10 CPU-Sekunden auf einer IBM 3081 abgearbeitet werden. 1000 Zeilen VDAFS in ein CAD-System übertragen kosten im Schnitt 2.- DM. An den VDAFS-Postprozessor wurden die CAD-Systeme CATIA, CODEM und EUCLID angehängt. (Bild 4)

VDAFS-	C A D - S Y S T E M E			
ELEMENT	CATIA	CODEM	CV	EUCLID
POINT	<-->	--	--	--
PSET	<-->	--	--	--
MDI	<-->	--	--	--
CURVE	<-->	-->	<-->	-->
SURF	<-->	--	<-->	-->

Bild 4. Tabelle VDAFS-CAD

Legende : Austausch ist
-- nicht realisiert
--> von VDAFS zum CAD-System realisiert
<-- vom CAD-System zum VDAFS realisiert
<--> in beide Richtungen realisiert
Stand Juni 1984

Der VDAFS-Postprozessor bietet folgende Möglichkeiten der Steuerung :

- Da die Position des Modellnamens im VDAFS-Format nicht genau fixiert ist, muß der Modellname von Hand eingegeben werden.
- Parallel zum Bearbeiten der VDAFS-Datei kann eine Auflistung der berechneten Werte erfolgen (DEBUG/TRACE).
- Falls ein Fehler auftritt, soll das Programm die Bearbeitung der VDAFS-Datei abbrechen, oder wahlweise weitermachen.
- Für CATIA kann die zu erwartende Modellgröße und die Belegung des Speicherplatzes verändert werden.

Der VDAFS-Postprozessor liefert folgende Meldungen :

- Eine Auflistung des HEADER-Teils.
- Diverse Fehlermeldungen, und wo diese in der VDAFS-Datei auftraten.
- Welche Elemente nicht erzeugt werden konnten.
- Wieviel CAD-Modelle erzeugt wurden, und unter welchem Namen diese abgespeichert wurden.
- Wieviel Fehler auftraten.

1.4.2 Die VDAFS-Preprozessoren

Die VDAFS-Preprozessoren sind jeweils CAD-System abhängig. Ausgehend von einer CAD-Modell-Analyse-Routine werden die entsprechenden VDAFS-Werte berechnet und im VDAFS-Format ausgegeben. So hat zum Beispiel der CATIA-IGES/VDAFS Preprozessor einen Umfang von 5000 Zeilen, davon 1700 Zeilen Code. Das Erzeugen von 5000 Zeilen VDAFS-Datei dauert im Schnitt 2 CPU Sekunden.

1.5 CAD-ARCHIV MIT IGES UND VDAFS

Solange man nur 2 Systeme im Hause hat, kann man die IGES- und VDAFS-Dateien nach erfolgreicher Übertragung löschen. Von dem Zeitpunkt an, wo man mehr als zwei CAD-Systeme mit IGES- und VDAFS-Anschluß einsetzt, haben wir die Erfahrung gemacht, daß die Dateien aufgehoben werden müssen. Irgendeiner taucht irgendwann einmal auf, und hätte gern das Teil XXX aus dem System A. Die Leute von System A haben keine Lust das Teil jedesmal für die Übertragung neu aufzubereiten, und verweisen darauf, daß dieses Teil bereits in IGES und/oder VDAFS existiert. Deshalb werden bei uns die IGES- und VDAFS-Dateien zunächst in komprimierter Form auf Platte aufgehoben und nach einiger Zeit auf Band ausgelagert. Die Dateien können bei Bedarf jederzeit zurückgeladen werden. Gleichzeitig wird ein Katalog geführt, der die START- und GLOBAL- SECTION der aufgehobenen IGES-Dateien, bzw. den HEADER der VDAFS-Dateien, enthält. Um den Zugriff auf diese Dateien möglichst angenehm zu machen, sollte in der START- und GLOBAL-SECTION , oder im HEADER möglichst viel Information stehen. Andernfalls hebt man Zahlenfriedhöfe auf.

2.0 ZUSAMMENFASSUNG

Zusammenfassend läßt sich sagen, daß trotz der vorher aufgeführten Schwierigkeiten, der CAD-Datenaustausch mit Hilfe von IGES- und VDAFS-Dateien eine für die Praxis brauchbare Lösung ist. Gegen einen Einsatz als zentrales CAD-Datenbankformat spricht der Speicheraufwand und der CPU-Zeit Verbrauch. Vor allem die IGES-Dateien brauchen sehr viel Zeit zum Einlesen in ein CAD-System.
Für die in unserem Hause eingesetzten Systeme ist es Bedingung, daß sie IGES und VDAFS unterstützen, oder ein Geometrie-Interface haben.

Anwendung von IGES zum Austausch von 3D-Modellen am Beispiel des Systems COMPAC

M. Bienert
TU Berlin
Institut für Werkzeugmaschinen
und Fertigungstechnik

R. Daßler
Institut für Produktionsanlagen und Konstruktionstechnik der FhG

Kleiststraße 23-26, 1000 Berlin 12

1. Einleitung

Mit zunehmender Verbreitung verschiedener CAD-Systeme mit unterschiedlichen Fähigkeiten stellt sich das Problem des Austausches von Informationen zwischen diesen Systemen. Seit 1981 existiert hierzu ein amerikanischer Standard /1/, dessen wesentlicher Bestandteil das IGES-Datenformat ist. Von diesem ist bereits eine erweiterte Version 2.0 /2/ veröffentlicht. IGES ist im wesentlichen graphikorientiert und ist zusätzlich mit 3D-Geometrieelementen versehen.

Am Beispiel des 3D-Geometriemodelliersystems COMPAC /3,4/ wird untersucht, inwieweit die diesem System zugrunde liegende Informationsstruktur in das IGES-Datenformat abbildbar ist. Die Abbildung soll unter möglichst weitgehender Beibehaltung bestehender Definitionen vorgenommen werden. Ziele sind es, eine Aussage darüber zu gewinnen, welche Änderungen oder Erweiterungen an IGES notwendig sind, und Grundlagen für vergleichbare Entwicklungen zu erhalten. Bei der Entwicklung des Preprozessors (in IGES abbilden) und des Postprozessors (aus IGES lesen) ergeben sich unterschiedliche Problemstellungen, so daß diese getrennt behandelt werden.

2. 3D-Geometrieverarbeitung mit dem System COMPAC

Zur Beschreibung von realen Bauteilen bedient sich das System COMPAC der Basisvolumenelemente Quader, Zylinder, Kegel, Profil- und Rotationskörper, die nach einer räumlichen Positionierung zu komplexen Modellen verknüpft werden. Diese Verknüpfung stellt einen zentralen Vorgang im Zuge der Modellgenerierung dar, wobei diese Elemente sowohl additiv als auch subtraktiv im Sinne von Mengenoperationen kombiniert werden können. Für den Verknüpfungsprozeß stehen zwei Verfahren zur Verfügung. Das eine basiert auf der Behandlung ebener Kontaktflächen, das andere auf der Verarbeitung sich beliebig schneidender räumlicher Flächen. Die entstehenden Bauteilmodelle können zur Zeichnungserstellung unter Ausblendung verdeckter Kanten (Bild 1), zu anderen konstruktionsbezogenen Aufgabenstellungen (Volumenberechnungen, Bewegungssimulation, etc.) und als Eingangsinformation zur Arbeitsplanung herangezogen werden.

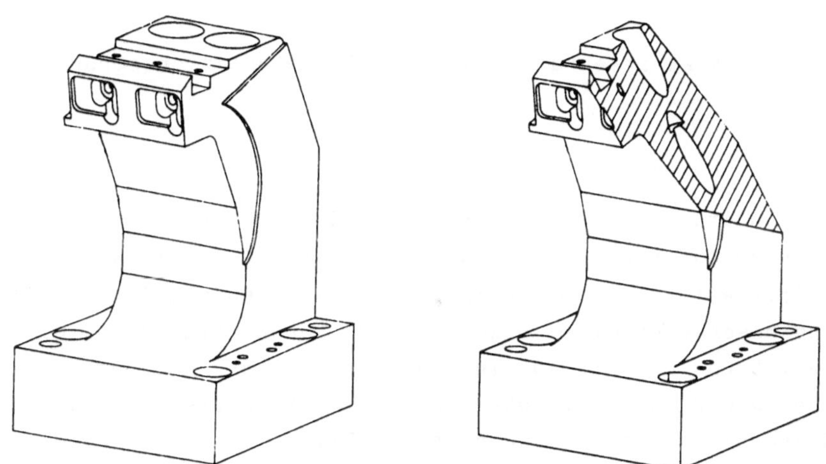

Bild 1: Graphische Ausgaben mit dem System COMPAC

Die COMPAC-Informationsstruktur stellt eine Boundary Representation dar, deren Elemente (Volumen, Flächen, Kanten, Punkte) durch Kennungen näher charakterisiert und durch Daten in ihrer räumlichen Lage festgelegt sind. Die Zusammenhänge der Elemente untereinander werden durch Relationen so definiert, daß eine redundanzfreie Netzstruktur entsteht (Bild 2). Dabei können den Relationen ebenfalls Daten und Kennungen zugewiesen werden.

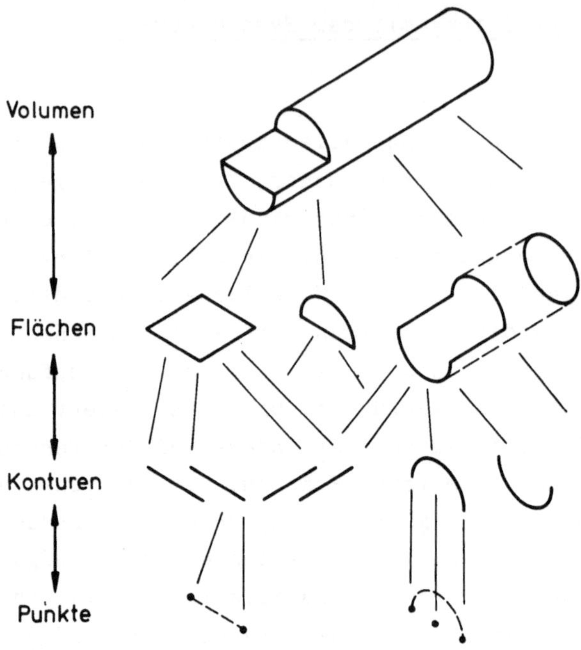

Bild 2: Boundary Representation der COMPAC-Informationsstruktur

Eine vollständige Informationsstruktur muß neben den die Geometrie beschreibenden Informationen auch solche enthalten, die Auskunft über die Feingestalt des Bauteils geben. Dazu gehören Angaben wie Oberflächenbeschaffenheiten oder Maß- und Formabweichungen (Mikro-Geometrie). Durch Definition einer entsprechenden Informationsstruktur und der Schaffung geeigneter Eingabemöglichkeiten sind die Voraussetzungen hierfür in COMPAC gegeben /5/.

Ein Kennzeichen des Systems COMPAC ist die Trennung der Mechanismen zur Speicherung und Verwaltung der Werkstückmodelldaten von den Anwenderprogrammen. Anwenderprogramme dienen beispielsweise der Erzeugung graphischer Ausgaben oder zur Verknüpfung einzelner Bauteile. Die Kommunikation zwischen den Anwenderprogrammen und den Verwaltungsprogrammen wird über eine festgelegte Schnittstelle gewährleistet, die aus einer Reihe von FORTRAN-Unterprogrammen besteht (Bild 3).

1. Zufügeprogramm

```
CALL ADDELE (KL,NAME,DAT,KEN)
CALL ADDREL (KL1,NAME1,KL2,NAME2,NAME21,ISW)
CALL ADDDAT (KL1,NAME1,KL2,NAME2,DAT,ISW)
CALL ADDKEN (KL1,NAME1,KL2,NAME2,KEN,ISW)
```

2. Leseprogramme

```
CALL HOLREL (KL1,NAME1,KLR,IWERT,IW,ISW)
CALL HOLDAT (KL1,NAME1,KL2,NAME2,DAT,ISW)
CALL HOLKEN (KL1,NAME1,KL2,NAME2,KEN,ISW)
CALL HOLZAE (KL,NZAEL)
```

3. Löschprogramme

```
CALL LOEALL
CALL LOEELE (KL,NAME)
CALL LOEREL (KL1,NAME1,KL2,NAME2,ISW)
```

KL = Klasse des Elements
NAME = Identifikator des Elements
KEN = Kennung des Elements
DAT = Daten des Elements
ISW = Relationenebene
NZAEL = Zählerstand einer Klasse
IWERT = Feld mit allen Relationen des Elements
IW = Länge des IWERT-Feldes

Bild 3: Unterprogramm-Schnittstelle des Systems COMPAC

3. Gegenüberstellung der Informationsmodelle

Grundlage des COMPAC-Informationsmodells sind die geometrischen Elemente, die durch Relationen zu Netzstrukturen verknüpft werden. Vergleichbare Informationseinheiten sind im IGES-Datenformat die Entities. Die Unterschiede zwischen beiden Informationsmodellen sind im Typ und Umfang der Informationseinheiten und in der Realisierung der Verbindungen zwischen diesen zu sehen.

Das System COMPAC hat ein Geometriemodell, dessen Elementen über die Geometrie hinausgehende Informationen (Mikro-Geometrie) zugeordnet werden können, z.B. werden Angaben zur Oberflächenbeschaffenheit den jeweiligen Flächen zugeordnet. In IGES können die genannten mikrogeometrischen Informationen lediglich unabhängig vom Geometriemodell in Form ihrer graphischen Darstellung ohne eine semantische Bedeutung in eigenständigen Entities abgebildet werden (Bild 4). Insofern ist das IGES-Datenformat nicht geeignet, entsprechende Angaben in adäquater Form zu übertragen.

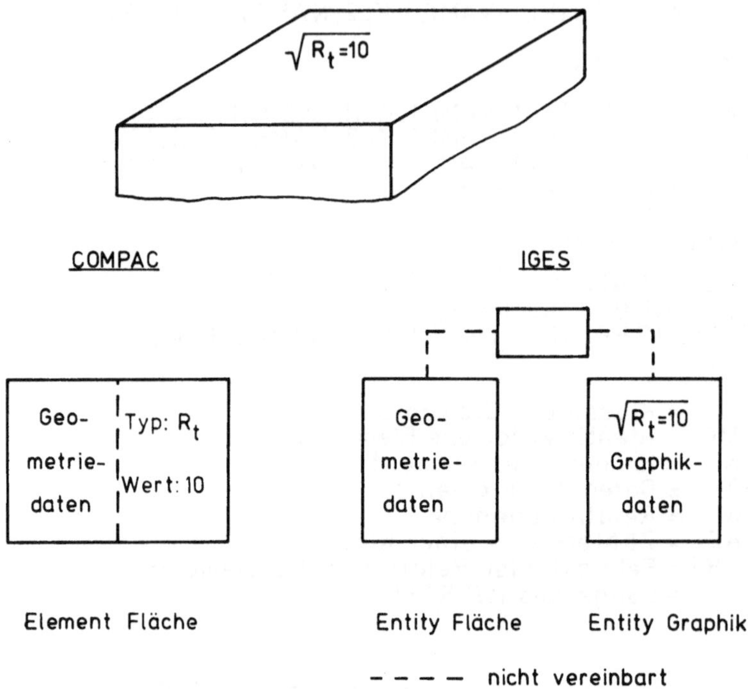

Bild 4: Abbildung nicht-geometrischer Informationen

Dagegen sind auf Grund der Konzeption im Volumenmodelliersystem COMPAC keine graphikorientierten Informationen wie Maßlinien, Texte und Symbole definiert und daher nicht verarbeitbar. Daraus ergibt sich, daß das IGES-Datenformat in vorliegender Form aus der Sicht von COMPAC nur zum Austausch von Geometrieangaben herangezogen werden kann.

Zur Übertragung der Geometrie stellt das IGES-Datenformat eine ganze Reihe von Entities zur Abbildung von Konturelementen zur Verfügung, die beispielsweise mit dem CONIC ARC ENTITY zur Abbildung von Ellipse, Parabel und Hyperbel über die Anforderungen von COMPAC hinausgehen. Einschränkungen und Unzulänglichkeiten zeigen sich jedoch bei den Flächen-Entities, insbesondere zur Abbildung gekrümmter analytischer Flächen. Entities zur Abbildung von Volumenelementen sind nicht definiert.

Im Informationsmodell des IGES-Datenformates werden als Beschreibungsräume der Definitionsraum und der Modellraum (Bild 5) unterschieden. Der Zusammenhang wird durch Transformationsmatrizen hergestellt, die die Lage der entity-spezifischen Definitionsräume im Modellraum beschreiben. In COMPAC existiert nur der Modellraum, in dem alle Elemente definiert sind.

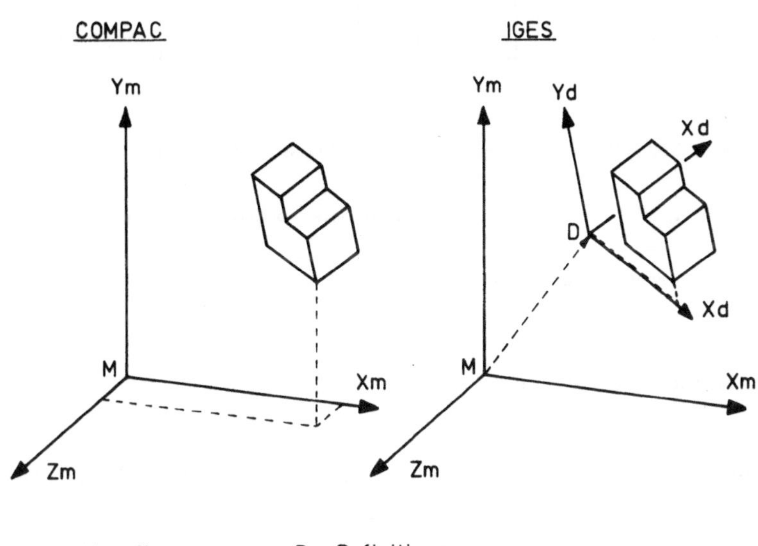

Bild 5: Beschreibungsräume

In der Definition der Kontur-Entities zeigt sich ein weiterer Unterschied des IGES-Datenformates zum COMPAC-Informationsmodell. Die Koordinaten der definierenden Punkte sind nach Anfangs- und Endpunkt geordnet direkt in den Kontur-Entities enthalten. Dies bedeutet, daß gemeinsame Punkte unterschiedlicher Konturen mehrfach abgespeichert sind. Durch einen Verweis der Konturelemente auf das gemeinsame Element Punkt wird diese Mehrfachabbildung in COMPAC vermieden.

Die Möglichkeiten zur Verbindung der geometrischen Informationseinheiten zum Aufbau von Strukturen sind in Bild 6 dargestellt. Im System COMPAC gibt es einheitliche Relationen, die direkte Verbindungen zwischen zwei Elementen in beiden Richtungen realisieren. Dagegen sind in IGES unterschiedliche Verbindungsmechanismen vorgesehen. Zum einen gibt es die einseitigen direkten Zeiger aus einem Entity

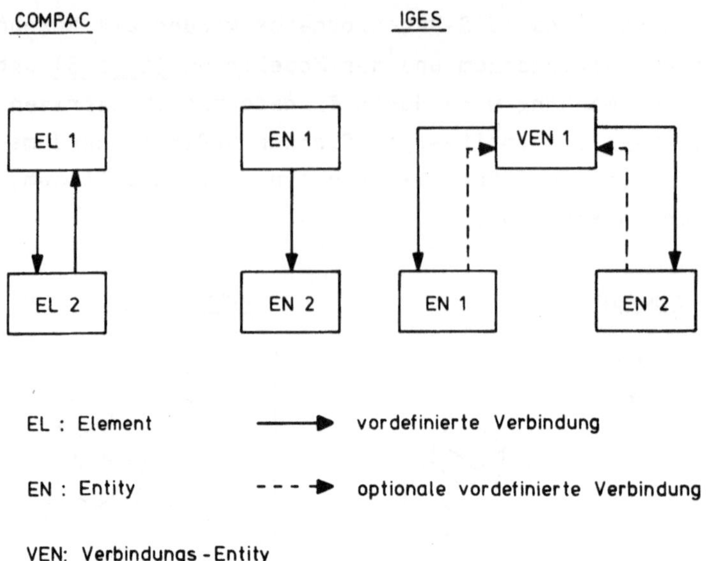

Bild 6: Verbindungsmechanismen

auf ein anderes, wie beispielsweise direkte Zeiger auf die beteiligten Konturen im COMPOSITE CURVE ENTITY. Zum anderen ist die Verknüpfung duch den Einsatz von gesonderten Verbindungs-Entities, den ASSOCIATIVITY INSTANCE ENTITIES gegeben. Diese können durch direkte Zeiger logische Zusammenhänge von Entities aufzeigen oder auch unter Verwendung von Rückzeigern zum Aufbau von Strukturen verwendet werden, wie beispielsweise beim PLANE ENTITY zur Verknüpfung der Hauptfläche mit zugeordneten Nebenflächen. Die Verwendung unterschiedlicher Verknüpfungsmechanismen bedeutet gegenüber COMPAC einen erhöhten Verarbeitungsaufwand.

Jedem IGES-Entity werden standardmäßig in seinem Verwaltungsteil Attribute wie Stiftnummer, Strichdicke, Zuordnung zu einer Ansicht oder sichtbar bzw. unsichtbar hinzugefügt, die für ein Modelliersystem wie COMPAC in den meisten Fällen ohne Bedeutung sind.

4. Abbildung des COMPAC-Informationsmodells

Zur Realisierung eines IGES-Preprozessors für die Abbildung des COMPAC-Informationsmodells in das IGES-Datenformat ist zunächst zu untersuchen, welche der von IGES zur Verfügung gestellten Entities für diese Abbildung genutzt werden können. Die Untersuchungen beziehen sich ausschließlich auf die geometrischen Informationen (Geometrie-Modell) und basieren auf der IGES-Version 2.0, die im Februar 1983 verfügbar wurde.

Grundsätzlich ist zu sagen, daß im DIRECTORY-Eintrag der verwendeten Entities neben den allgemein notwendigen Einträgen wie ENTITY TYPE NO., PARAMETER DATA oder FORM NUMBER lediglich die Parameter 5 (LEVEL), 7 (DEFINING MATRX) und 9 (STATUS) benutzt werden. Im Parameter 5 wird für alle Entities die in COMPAC benutzte Geometrieebene 11 eingetragen. Der ENTITY USE FLAG-Eintrag wird immer auf 00 (GEOMETRY) gesetzt. Parameter wie 6 (VIEW), 8 (LABEL DISPLAY), 12 (LINE WEIGHT) oder 13 (PEN NUMBER) werden ignoriert.

Die Abbildung der Konturelemente ist relativ problemlos möglich. Im einzelnen werden folgende Entities benutzt: LINE für Strecken, CIRCULAR ARC für Kreise und Kreisbögen und PARAMETRIC SPLINE CURVE für B-Splines. Für CIRCULAR ARC als einzigem Entity ist die Berechnung und Abspeicherung einer Transformationsmatrix notwendig, da per definitionem in IGES die beschreibenden Punkte im Definitionsraum in einer gemeinsamen XY-Ebene mit gleicher Z-Komponente liegen müssen, während für alle weiteren verwendeten Entities der Definitionsraum dem Modellraum gleichgesetzt wird. Bei der Abbildung der B-Spline-Kurven ist eine Berechnung der Parameterdarstellung aus den im COMPAC-Informationsmodell abgelegten Stützpunkten auf der Kurve erforderlich. Die in COMPAC den Konturelementen zugeordnete Angabe sichtbar-unsichtbar wird im BLANK STATUS-Eintrag notiert.

Weniger günstig sind die Abbildungsmöglichkeiten für die im COMPAC-Informationsmodell enthaltenen Flächeninformationen. Untersucht werden die ebenen Flächen sowie die einfach gekrümmten Zylinder- und Kegelflächen.

Zur Abbildung der ebenen Flächen stellt IGES das PLANE ENTITY zur Verfügung. Dieses Entity erlaubt unter Verwendung der SINGLE PARENT ASSOCIATIVITY (Formnummer 9 des ASSOCIATIVITY INSTANCE) zudem die Möglichkeit, Verbindungen zwischen Hauptflächen und positiven oder negativen Nebenflächen abzubilden. Nicht abbildbar dagegen ist die für einen Volumenmodellierer notwendige Angabe darüber, auf welcher Seite der Fläche sich Material befindet. Aus diesem Grunde wird ein PROPERTY ENTITY definiert, das einen senkrecht auf der ebenen Fläche stehenden Normalvektor mit einer Zusatzinformation über die

Vektorrichtung bezüglich des Materials enthält. Die Verbindung des PLANE ENTITY zu den berandenden Konturen wird durch einen Zeiger auf eine COMPOSITE CURVE oder ein einzelnes Kontur-Entity hergestellt. Die vorgegebene Orientierung der Konturelemente in der COMPOSITE CURVE gestattet nicht, daß ein einzelnes Konturelement in zwei COMPOSITE CURVE ENTITIES benachbarter Flächen enthalten ist. Dies bedeutet, daß ein in COMPAC nur einmal enthaltenes Konturelement mit entgegengesetzten Orientierungen zweimal in der IGES-Datei auftritt (Bild 7).

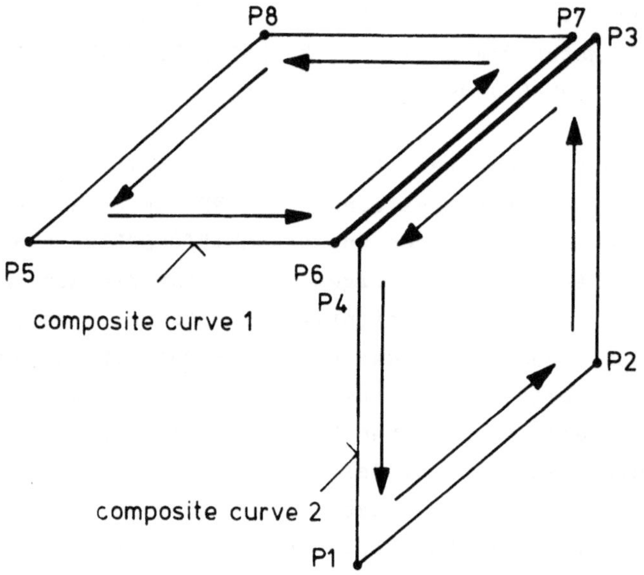

Bild 7: Redundanz bei der Flächenabbildung

Weit problematischer gestaltet sich die Abbildung der Zylinder- und Kegelflächen. Die im IGES-Format definierten Flächentypen sind zu einer Abbildung der COMPAC-Flächen nicht geeignet, da diese beliebig berandet sein können. Ebenso besteht das Problem der Kennzeichnung der Lage des Materials zur Fläche.

Der Ansatz zur Lösung dieses Abbildungsproblems ist in Bild 8 dargestellt. Es wird ein neuer Entity-Typ "Einfach gekrümmte Fläche" eingeführt, der sich an die Definition der PLANE und der SURFACE OF REVOLUTION anlehnt. Durch jeweils einen Punkt und einen Richtungsvektor werden eine Rotationsachse und eine um 360 Grad rotierende Generierende definiert. Aus diesen Elementen werden Zylinder- bzw. Kegelflächen durch einen berandenden Konturzug (Teilzylinder, Teilke-

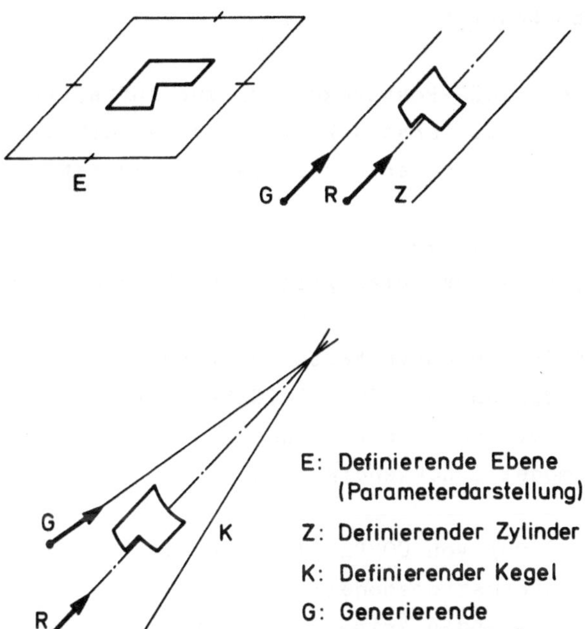

Bild 8: Abbildung einfach gekrümmter Flächen

gel) oder zwei berandende Konturzüge (Vollzylinder, Vollkegel) herausgeschnitten. Zur Abbildung der Lage des Materials wird ein neues PROPERTY ENTITY definiert, das dem Flächen-Entity zugeordnet wird und Innen- oder Außenflächen kennzeichnet.

Die Volumenelemente im COMPAC-Informationsmodell fassen die ein Volumen begrenzenden Flächen zusammen. Dieser Sachverhalt könnte in IGES mit der ASSOCIATIVITY INSTANCE der Form GROUP abgebildet werden. Aus dieser Abbildung geht jedoch nicht die Information "Volumen" hervor. Daher wird ein weiterer neuer Entity-Typ "Volumen" definiert, der direkte Zeiger auf die zugehörigen Flächen enthält.

Durch die Verzeigerung des Entity "Volumen" zu seinen begrenzenden Flächen und von diesen über COMPOSITE CURVES zu berandenden Konturen wird eine Baumstruktur aufgebaut. Dieser Umstand findet bei der Belegung der Einträge SUBORDINATE ENTITY SWITCH und HIERARCHY des STATUS-Feldes der einzelnen Entities Berücksichtigung.

5. Verarbeitung von IGES-Dateien

Bei der Realisierung eines IGES-Postprozessors zur Aufbereitung von IGES-Dateien für COMPAC ist als erstes Ziel die Verarbeitbarkeit der vom eigenen IGES-Preprozessor erzeugten Dateien zu betrachten.

Es ist zunächst festzustellen, daß die Verarbeitung der erzeugten Entities keine Probleme bereitet. Dies gilt auch für die PARAMETRIC SPLINE CURVE ENTITIES, aus deren Parameterdarstellung wieder Stützpunkte auf der COMPAC-B-Spline-Kurve berechnet werden können. Außerdem ist sichergestellt, daß aus der COMPAC-IGES-Datei alle Informationen entnommen bzw. abgebildet werden können, die zur Erzeugung des COMPAC-Informationsmodells notwendig sind.

Probleme bei der Verarbeitung von COMPAC-IGES-Dateien ergeben sich dadurch, daß im COMPAC-Informationsmodell zu einem Volumenelement keine redundanten Daten vorhanden sein dürfen. Dies bedeutet, daß die für die COMPAC-IGES-Datei erzeugten, zu einem Volumenelement gehörenden doppelten Konturelemente und gemeinsame Punkte mehrerer Konturelemente ermittelt und als redundante Informationen beseitigt werden müssen. Für den Prozessor ist dies mit zusätzlichem Verarbeitungsaufwand verbunden.

Weit schwieriger gestaltet sich die Verarbeitung der nicht vom COMPAC-IGES-Prozessor erzeugten Dateien. Grundsätzlich ist zu sagen, daß die im IGES-Datenformat definierten nicht-geometrischen Entities bis auf wenige Ausnahmen nicht verarbeitbar sind, da diese Informationen im COMPAC-Informationsmodell nicht enthalten sind. Die Ausnahme stellen lediglich einige strukturbildende Entities dar, wie beispielsweise das auch vom Preprozessor verwendete ASSOCIATIVITY INSTANCE ENTITY mit der Formnummer 9 SINGLE PARENT ASSOCIATIVITY und evtl. die Verbindungs-Entities GROUP und GROUP WITHOUT BACKPOINTERS, falls sie zur Strukturierung geometrischer Entities verwendet werden. Auch die vordefinierten PROPERTY ENTITIES haben für COMPAC keine Bedeutung.

Die Abbildung der konturbeschreibenden geometrischen Entities in das COMPAC-Informationsmodell ist in den meisten Fällen möglich. Zur Abbildung des CONIC ARC ENTITY ist es dabei notwendig, die Parameterdarstellungen für Ellipse, Parabel und Hyperbel in die B-Spline-Darstellung umzuwandeln. Aufwendig und nicht in allen Fällen möglich ist die Umwandlung der möglichen Ausprägungen des PARAMETRIC SPLINE CURVE ENTITY in die B-Spline-Darstellung.

Zu der mit erhöhtem Aufwand verbundenen Verarbeitung der im IGES-Datenformat definierten Flächen-Entities stehen im COMPAC-Informationsmodell die Flächentypen ebene Fläche, einfach gekrümmte Fläche und B-Spline-Fläche zu Verfügung. Schwierigkeiten ergeben sich bei der Verarbeitung des RULED SURFACE ENTITY und besonders des PARAMETRIC SPLINE SURFACE ENTITY. So ist beispielsweise die Aufbereitung von Regelflächen mit nicht in einer Ebene liegenden Leitlinien meistens nur über eine Umwandlung in B-Spline-Flächen möglich. Ebenso sind IGES-Freiformflächen nur dann verarbeitbar, wenn sie sich in B-Spline-Flächen überführen lassen.

Die entscheidende Voraussetzung und damit auch die größte Problematik bei der Realisierung eines IGES-Postprozessors für das System COMPAC, liegt jedoch nicht in der Verarbeitbarkeit aller Entity-Typen, sondern darin, daß in einer zu verarbeitenden IGES-Datei eine zu einem konsistenten Volumenmodell verarbeitbare Geometrie abgelegt sein muß, wenn diese Informationen mit dem System COMPAC weiterverarbeitet werden sollen. Die Fragestellungen, die neben der reinen Abbildung der Entities also zu lösen sind, liegen darin, wie die Konsistenz der übertragenen Modelle geprüft und evtl. aufgearbeitet werden kann.

6. Realisierung der Prozessoren

Es wurden ein Pre- und ein Postprozessor realisiert, wobei der Preprozessor die Abbildung des COMPAC-Informationsmodells in der besprochenen Form vornimmt und der Postprozessor zunächst die im Preprozessor verwendeten Entity-Typen verarbeitet. Dies reicht jedoch aus, um aus COMPAC-IGES-Dateien wieder eine vollständige Struktur aufzubauen.

Der Preprozessor besteht aus zwei Teilen, die über eine klare Schnittstelle miteinander verbunden sind. Im Verarbeitungsteil wird die COMPAC-Informationsstruktur unter Verwendung der COMPAC-Zugriffprogramme aufbereitet und die abzuspeichernden Daten (Einträge der GLOBAL SECTION, ENTITY DIRECTORY-Einträge, Entity-Parametersätze, etc.) werden ermittelt. Diese werden über die feste Schnittstelle an den Speicherungsteil übergeben, der die Daten im Binärformat (IGES-Version 2.0) oder als ASCII-Zeichen ablegt. Die Datensätze der Abschnitte DIRECTORY ENTRY und PARAMETER DATA werden in temporären Direkzugriffsdateien verwaltet und nach beendeter Verarbeitung der Struktur in die sequentielle IGES-Datei übertragen. Einer der Gründe hierfür ist der Rückzeigermechanismus des ASSOCIATIVITY INSTANCE ENTITY zur Verbindung von Haupt- und Nebenflächen.

Der Postprozessor besteht ebenfalls aus zwei Teilen. Der Speicherungsteil überträgt die Datensätze zunächst wieder in Direktzugriffsdateien und konvertiert die Daten aus dem ASCII-Format. Die Organisation der Datensätze ist so angelegt, daß ihnen temporäre Verarbeitungsmerkmale zugeordnet werden können. Die Daten werden vom Verarbeitungsteil ebenfalls über eine feste Schnittstelle vom Speicherungsteil angefordert, in die COMPAC-Darstellung umgewandelt und über die COMPAC-Schnittstelle in das Informationsmodell eingetragen. Zur Verarbeitung der nicht vom Preprozessor erzeugten IGES-Dateien wurden spezielle Protokollmechanismen in den Postprozessor integriert, die allgemeine Informationen aus der START und GLOBAL SECTION, Verarbeitungsinformationen über unbekannte Entities oder sonstige Fehlerfälle sowie Informationen über die erzeugte COMPAC-Informationsstruktur in einer Protokolldatei ablegen.

7. Zusammenfassung

Das IGES-Datenformat weist einige grundsätzliche Mängel auf, wie beispielsweise entstehende Dateigrößen durch Platzreservierung für in vielen Fällen nicht benötigte, überwiegend graphikorientierte Informationen (PEN NUMBER, LINE WEIGHT, LABEL DISPLAY, etc.) oder die nicht konsequente Klassifizierung der Entities. Diese Mängel sind jedoch nicht Gegenstand dieser Untersuchung.

Dagegen zeigt sich, daß die zur Verfügung stehenden Entities bis auf Ausnahmen im Bereich der einfach gekrümmten Flächen, der Lage des Materials und der Volumendefinition zur Abbildung der Geometrieteile der COMPAC-Informationsstruktur ausreichend sind. Zur Schaffung der notwendigen Abbildungsmöglichkeiten genügt die Neudefinition zweier Geometrie-Entities (Einfach gekrümmte Fläche, Volumen) und zweier PROPERTY-Entities (Lage des Materials zu ebenen bzw. gekrümmten Flächen). Die in COMPAC definierte Informationsstruktur für die Mikro-Geometrie ist jedoch nicht in entsprechender Form abbildbar, so daß hierzu Erweiterungen des IGES-Datenformates erforderlich sind. Hierfür bestehen bisher keine Ansätze.

Ein nicht auf das System COMPAC und das IGES-Datenformat beschränktes Problem ist die Verwendung von Ersatzelementen bei der Umwandlung von einer Informationsstruktur in die andere. So ist beispielsweise das IGES-Entity CONIC ARC in COMPAC durch eine Spline-Kurve repräsentiert, wobei die Originalinformation Ellipse, Parabel oder Hyperbel verloren ist.

8. Literatur

/1/ ANSI: Digital Representation for Communication of Product Definition Data (Y14.26M), 1981.

/2/ NBS: Initial Graphics Exchange Specification Version 2.0 (NBSIR 82 - 2631), Februar 1983.

/3/ Gausemeier, J.: COMPAC - Ein Baustein zur rechnerunterstützten Konstruktion und Fertigungsplanung. Forschungshefte Forschungskuratorium Maschinenbau e.V., Maschinenbauverlag Frankfurt/Main, (1976) 49.

/4/ Spur, G.; Germer, H.-J.: Three Dimensional Solid Modelling Capabilities of the COMPAC-System and some Applications. ACM - CAE'82:Computer aided engineering, Workshop in Geometric Modelling, Milano, Februar 1982.

/5/ Daßler, R.; Pistorius, E.: Vollständige Werkstückdarstellung mit COMPAC. Ind. Anz. 102 (1980) 73, S. 62-63.

TRANSFER AND ARCHIVING PRODUCT DEFINITION DATA
AEROSPATIALE'S EXPERIENCE AND ACHIEVEMENTS

M. CLAUDE D. DIRECTION CENTRALE TECHNIQUE

SUMMARY :

1 - Introduction to Data Exchange
2 - Review of the relevant standards
3 - Aerospatiale's experience in CAD/CAM
4 - SET Project
5 - Conclusion

1 - INTRODUCTION TO DATA EXCHANGE

CAD/CAM systems, by their very nature, provide computerised storage of the binary data representation of the information that they have been used to generate, as well as the method of generating the information. This type of storage is a major asset of CAD/CAM systems because it allows the processing of technical information essential to the activity of an industrial company to be performed in a reliable, rapid and increasingly cheap manner using computer-based systems.

Although the steady stream of new CAD/CAM systems and the rapid development of existing ones are positive factors, they both increase the difficulty of transferring stored technical information between the CAD/CAM systems already installed or those planned. In an industrial environment, this transfer will only be efficient and used productively if the various CAD/CAM systems are mutually compatible. The compatibility of dissimilar systems may be analysed according to three independent aspects.

- "the pipe" ie the actual communication link between the systems, which must fit the frequency and the volume of data to be transmitted.
- "turning on and off taps" ie the operational procedures for using the computer communication infrastructure, which must be reliable, easy to use and readily available.
- "what flows inside" ie the semantics of the transmitted data which must be known by all the CAD/CAM systems involved and have the highest possible level.

There are no new or specific difficulties involved in the first two aspects, since the problems are well known to DP specialists (compatibility of media and files, computer networks, protocols) and organisational specialists (dispatching forms and procedures, accessibility, security).

The third aspect, is not so well known and is more difficult to appraise. It may be illustrated by distinguishing three specific levels of communication, in increasing order of semantic complexity :

- graphical,
- paper,
- application.

A - <u>The graphic level</u> corresponds to the contents of a display or a graphical screen. It includes elements such as points, straight line segments, alphanumeric characters of graphical symbols for coloured fields or other device functions.

At this level, no semantic information is linked to the graphical elements. For exemple, there is nothing to distinguish any particular properties linked to a line segment, which may represent part of a spline, a stroke in the cross-hatching of a contour, the rotational axis of a mechanical part, etc.

B - <u>The paper level</u> corresponds to the classical technical information exchanges operated by means of paper copies of engineering drawings and illustrated documents. A product is defined by views on a drawing, with cuts, details, annotations and other necessary elements, Such a product representation is not complete since it assumes a common interpretation of the material presented. The method of interpretation is based on a series of notions, habits, agreements and standards which may be specific to a profession, group or project. It should be noted that computerising the paper level requires the method of interpretation to be explicitly defined in an exhaustive and consistent manner. This must include such features as the transfer of libraries of standard parts referenced by the paper representation.

C - <u>The application level</u> corresponds to data exchanges which would be difficult or impractical using paper and normally require other methods such as mockups or templates. Typical examples are the exchange of complex curved surfaces , mesh elements for finite element modelling, 3D solid models of mechanical parts or VLSI circuits. This level of semantic is very powerful, and tightly linked to specific application software. However, for most systems, the software internal architecture and the related data structures are not yet stabilised and within each applications area, a number of parallel but mutually incompatible "schools" are currently available.

It may be assumed that the graphic level is not sufficient for data exchange purposes due to the loss of semantic structure during transfer. The complete standardization of the application level involves a lot of technical and political difficulties. The paper level is currently used for the majority of technical data exchange and is likely to remain the most used level for a long time.

2 - REVIEW OF THE RELEVANT STANDARDS

The well known ISO standard for network architecture distinguishes seven layers. The first six layers of this standard deal with what I called "the pipes and the turning on and off of taps". The seventh layer deals with "what flows inside" but is not yet properly defined.

Some corporate, national or international standards for the exchange of product definition data already exist and address in some way this seventh layer. By increasing order of semantic complexity we find :

- GKS : Graphical Kernel System is an ISO standard for communication between CAD/CAM applications software and graphics devices. It typically operates at the graphical level of communication.

- IGES : Initial Graphics Exchange Specification is an ANSI standard since 1981, under continuous development, and was proposed to ISO. It is a system independant common file abble to store partially the contents of a CAD/CAM system database, so that the data may be interpreted by any other system. It already operates at the paper level with some extents at the application level.

- SET : Standard d'Echange et de Transfert is at the beginning an AEROSPATIALE's standard, under continuous development in AFNOR and was proposed to ISO. It is a high performance common communication language to provide a common and flexible basis for data transfer between a central data bank and various distributed CAD/CAM systems. It operates between the paper and application levels. See later in this paper for a more detailed comparison between IGES and SET.

- VDA/VDMA : Verband Deutscher Maschinen und Anlagebau is a car manufacturer standard proposed at DIN. It mainly addresses sculptured surface data exchanges and therefore operates at the application level.

- DN1 is a CNET (french post office and telephone research and development center) standard proposed to AFNOR. It adresses electronic equipment model (PCB, IC, VLSI) data exchange and therefore operates at the application level.

- XBF : EXperimental Boundary File is a CAM-I project proposed to standard bodies. It was designed to provide a common and flexible basis for the boundary representation of solid objects allowing by this way data exchange capabilities between heterogeneous solid modelers. It could be an extension for both IGES and SET. It typically operates at the application level.

Because the lack of an adequate standard (see later the objections against IGES, which is the oldest standard) some other companies like AEROSPATIALE has developped their own standard like Intergraph with SIF or Vought Aerospace with SDF.

Since December 83, ISO has created a new technical committee TC 184 called "industrial automation systems". Under this new committee a specific sub-committee SC4 called "external representation of product definition data" was launched. The purpose of TC 184-SC4 is to develop a standard for the external representation of product definition data used in computer aided design, analysis, manufacture, test and inspection for obtaining :

- long term retrievability and understandability,
- completeness and integrity,
- exchange capability.

This future ISO standard will be bases on current IGES and SET standards, and will probably encompassed within or superseded VDA, DN1 and XBF.

3 - AEROSPATIALE'S EXPERIENCE IN CAD/CAM

AEROSPATIALE leads the field in the European aerospace industry in terms of turnover and diversity of products ranging :

- from the light touring aircraft to the wide body transport aircraft,
- from the anti-tank missile to the strategic ballistic missile,
- from the light helicopter to the big multi-engined multi-purposed helicopters,
- from the scientific satellite to the heavy Ariane launcher.

AEROSPATIALE has international stature and an extensive policy of industrial and commercial cooperation, as exemplified by :

- Airbus Industrie,
- Euromissile,
- Aerosatellite.

To increase the competitiveness of its products, AEROSPATIALE is at the cutting edge of technology and makes an extensive use of CAD/CAM techniques for a wide range of applications since more than ten years.

The use of CAD/CAM in AEROSPATIALE began in the early 70's, with the in-house development of surface modelers, because the lack of appropriate supply on the market at this time. Currently this packages, called SYSTRID or STRIM 100 T and SIGMA are internally extensively used and externally marketed by software companies.

In the late 70's, with the emergence of reliable 2 1/2 D CAD/CAM systems supplied on the market we gave up with the in-house development policy and decided to have a buying policy. We invested a lot in systems like COMPUTERVISION, CADAM, RACAL-REDAC, AD2000 and its cousins (CD2000 and CDM300) for the following applications :

- Mechanical parts design,
- FEM analysis,
- Engineering drawing,
- Tool design,
- NC programming,
- Technical documentation,
- Aerospace systems design and manufacturing.

Already, we are evaluating new CAD/CAM systems offering new powerfull capabilities like solid modelling and incorporating the latest computer technology both in software (portability) and hardware (color screens, intelligent work stations).

At the end of 83 the total CAD/CAM investments was over 300 millions FF including over 50 dedicated mini-computers and 300 graphical working stations, involving over 700 users, who had generated over 10 billions bytes of CAD/CAM data. These data increase every day and are more and more the common memory and the technical knowledge of the company. They must be keep safely, fast retrievable by authorized users, understandable by the future revision of CAD/CAM softwares (10 to 20 years after they are generated).

For various reasons :

- historical : AEROSPATIALE results from the merging of different companies having different types of computers,
- technical : the needs are different in terms of time and technical features,
- industrial policy : having a buying policy we will maintain competition between vendors,

we have inside AEROSPATIALE a great variety of CAD/CAM systems. Futhermore our partners within cooperation programs or our sub-contractors, have increased the need for CAD/CAM data exchanges between heterogeneous CAD/CAM systems both internally and outside the company.

We were faced with this problem since 5 years and have developped specific interfaces for example :

- from our surface designers to drawing systems like CV, CADAM, CDM 300
- from CV used in design office to CDM 300 used in NC programming,
- both ways between CADAM and CDM 300 for engineering drawings exchanges inside Airbus Industrie.

We got a lot of experience with the development and the operating use of these specific interfaces. Faced with increasing demands for new interfaces or improvement of existing ones, we decided at the end of 82 to launch a detailed survey of our needs for CAD/CAM data exchanges. We distinguished two categories of need as follows :

1 - Data exchange between two different CAD/CAM systems. In this case the software interface can transfer only the data that is understood and can be used by both systems. System-specific data need not to be processed.

2 - Data transfer between a distributed CAD/CAM system and a centralized data bank. Here the central data bank must be able to store any data created by a given CAD/CAM system, no matter wether it is system-specific or not and the performances of the data transfer are critical. These two requirements are obvious when a user want to retrieve on a given CAD/CAM system his data archived in the central data bank.

The lack of solutions on the market (see later our objections against IGES), the urgency of the needs and the capital importance of this matter lead us to launched at the beginning of 83 a specific project called SET to meet the two need categories.

4 - SET PROJECT

SET Project was launched at AEROSPATIALE beginning 83 to meet two needs :

- Data exchange between two different CAD/CAM systems,
- Data transfer between a distributed CAD/CAM system and a centralized data bank.

The ANSI standard IGES and the associated interfaces were at that time and are not today an answer because :

- availility of complete, operating, reliable and fully supported IGES interfaces for the CAD/CAM systems involved,
- IGES address only the first need i.e. it doesn't processed 100 % of the data generated by any CAD/CAM system,
- efficiency in terms of volume file size generated and processing time is very poor.

A single solution for the two kinds of need allows to :

- archive for retrieval and understanding in the long term the CAD/CAM data,
- computerize the dispatching of technical data ,

HOW SET FULFILLS THE REQUIREMENTS

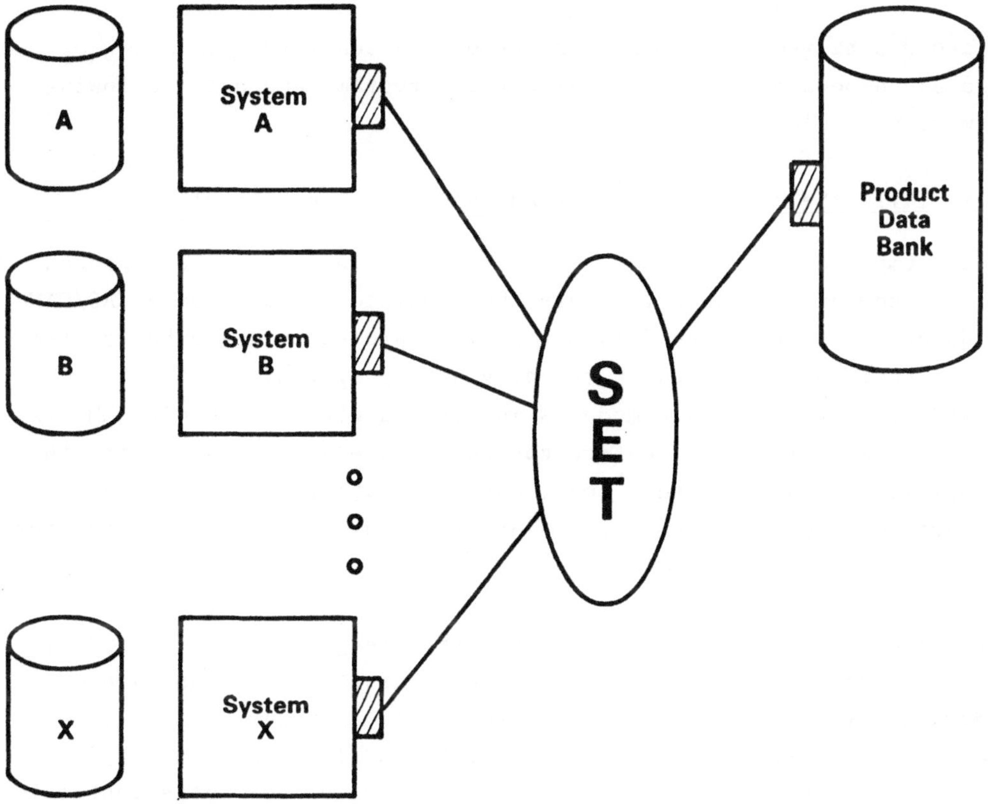

A

System A

B

System B

X

System X

SET

Product Data Bank

SET : Common communication language

Software interface modules integrated within each CAD/CAM system

- share the use of expensive ressources like large disk, networking features or drawing tables...
- integrate CAD/CAM applications between themselves and with alphanumerical applications like project control, design process, bill of material, manufacturing process or configuration control.

In addition in CAD/CAM area like elsewhere the use of data banks gives the two wellknown benefits :

- avoid data redundancy, and increase data consistency,
- avoid dependancy between application programs and data, allowing more flexible evolution.

SET fulfills the requirements listed above, it consists of :

- a "communication language" ie a standard flexible system-independent common file able to store the complete contents of a CAD/CAM database, so that the data may be interpreted by any other system or completely recalled by the originating system,
- and software interface modules integrated within each CAD/CAM system, transcribing the entire content of the given system into the SET file structure and format, and translating only the relevant parts of the data from a given SET file into its specific structure and format.

A SET file consists of a series of variable length blocks (records). Each block starts with a block delimiter character ("a") and a block header. The first item in the block header is a number defining the block type, as given by the SET specification. It is followed by a sequence number and some parameters and one or more sub-blocks containing the actual data in a sequence again defined by the SET specification. All information is stored in ASC II characters. SET flexibility is achieved by a dynamic structure allowing :

- variable description of header block parameters by the mean of a "header block description block",
- addition of new sub-blocks for system-specific data, processed by the relevant CAD/CAM system interface modules and easily skipped by others.

AEROSPATIALE has prooved that the total file size in IGES format is in any case at least five times larger as in SET format.

A full and detailed specification of SET for the mechanical and drawing do mains is available. The time schedule for interface modules written by Aerospatiale is as follows :

Mid 84	CV-CADDS3 CDM300
2nd half of 84	CV-CADDS4 CD2000 PANOPLIE
End 84, beginning 85	DA Data Bank CADAM SIGMA STRIM 100-T
85	CDC-PLATO CAP

5 - CONCLUSION

Since the second quarter of 1983, Aerospatiale has started to actively promote the idea of SET by discussing the project with other companies and with CAD/CAM system vendors. The objectives were :

- get the buy-in from companies cooperating with Aerospatiale to ease the necessary exchange of design data.
- convince CAD/CAM system vendors to take the interface modules developped by Aerospatiale and make them a fully supported and maintained software product embedded in their systems.

It is not the intention of Aerospatiale to create an internal standard, or to compete with another standard, but at the contrary to promote the merging of all efforts to achieve at some point in time a single international standard. Therefore Aerospatiale contributes to the french standardization office (AFNOR) and through AFNOR to ISO (TC184-SC4).

In addition AEROSPATIALE has established a direct link with the IGES committee to try to speed-up the ISO process.

PRODUKTDEFINIERENDE DATEN IM FLUGZEUGBAU

W. Fischer, H. Eckert
Messerschmitt-Bölkow-Blohm GmbH
Postfach 80 11 60
8000 München 80

1. Einleitung

Das hochkomplexe Produkt Flugzeug mit Größenordnung 100.000 Einzelteilen bedarf eines vielschichtigen und aufwendigen Informationsflusses während seines gesamten Life cycles. Diese Informationsübertragungen finden zwangsläufig zwischen den verschiedenen Fachbereichen und den dort verwendeten Verfahren bzw. DV-Systemen statt.

Allgemeine Gründe für die zunehmende Notwendigkeit des Einsatzes DV-gestützter Systeme sind steigender Informationsbedarf. In der Realität besteht häufig ein Informationsmangel im Informationsüberfluß:

° die Informationen sind da, aber nicht auffindbar
° Doppelarbeit in der Informationsbeschaffung und -führung
° Informationsbeschaffung wird zur Hauptaufgabe, die eigentliche Informationsverarbeitung kommt zu kurz

Der Ist-Stand zeigt noch eine starke babylonische Sprachverwirrung bzw. Verständigungsunfähigkeit (zwischen den verschiedenen DV-Systemen) mit den daraus resultierenden Nachteilen wie mehrfachen manuellen Zwischenumsetzungen, Zeitverzögerungen, personellem Mehraufwand und verstärkten Fehlerquellen. Dies gilt insbesondere im Bereich der Geometrieverarbeitung (CAD/CAM/CAE).

Vereinzelte maschinelle Datenübertragungen zwischen einzelnen Systemen (Punkt zu Punkt-Verbindungen) bieten zwar gewisse Abhilfe, stellen aber bei weitem nicht das Optimum dar, insbesondere bezüglich Effizienz und Zukunftssicherheit (Portabilität, Wartbarkeit, Weiterentwicklungsfähigkeit).

2. Informationsflüsse im Flugzeugbau

Ein Flugzeug besteht bekannterweise aus Zelle ("Körper") und den Missionseigenschaften ("Intelligenz", bestehend aus Elektronik und Software). Die Zelle ist bestimmt durch äußere und innere Geometrie sowie physikalischen und technologischen Parametern . CAD/CAM ist als Tool für die Erstellung, Verarbeitung und Weitergabe bzw. Verteilung dieser gesamten Informationen anzusehen.

Der Informationsfluß wird, angefangen von der Ideenfindung (Vorentwurf) bis zur Produktfertigung sowohl qualitativ als auch quantitativ, immer größer. Einen entscheidenden Einfluß auf die Konfigurationsoptimierung bzw. -güte haben dabei notwendigerweise die feedbacks bzw. Iterationen zwischen den Fachabteilungen (siehe Abb. 1).

Hierbei finden computergestützt hochkomplizierte technisch-wissenschaftliche Berechnungen statt, insbesondere für Aerodynamik und Strukturanalysen. Diese Näherungsverfahren (Finite Elemente, Methoden) im CAE (computer aided engineering) leben natürlich von und mit der Flugzeuggeometrie.

Flankierend zur eigentlichen Technik sind die ganzen technisch-administrativen Aufgaben zu sehen, die datenmäßig ebenso eindeutig und aktuell mitgeführt und mitverarbeitet werden müssen. (Beispiele: Logistik, Stückliste, Konfigurationsmanagement).

Die maschinelle Datenübertragung und -weiterverarbeitung in der richtigen Art und Weise bringt einerseits eine enorme Beschleunigung der Durchlaufzeiten (von vielleicht 6 Monaten heute pro Flugzeugauslegung auf 6 Wochen) und andererseits eine erhebliche Verbesserung der Qualität der Konfiguration und die Exaktheit sowie Eindeutigkeit der Daten.

3. Istzustand

Die bisher im Einsatz befindlichen CAD/CAM-Systeme haben mehr oder weniger singulären bzw. autonomen Charakter und sind aber trotzdem funktional und vor allem datentechnisch noch verbesserungsbedürftig.

Eine für den Flugzeugbau typischen logischen Zusammenhang der CAD/CAM -Systeme und deren Umgebung zeigt Abb. 2. Die Istsituation ist geprägt von den hier angesprochenen Problemen.

ABB. 1 INFORMATIONSFLUSS IM FLUGZEUGBAU (GROB)

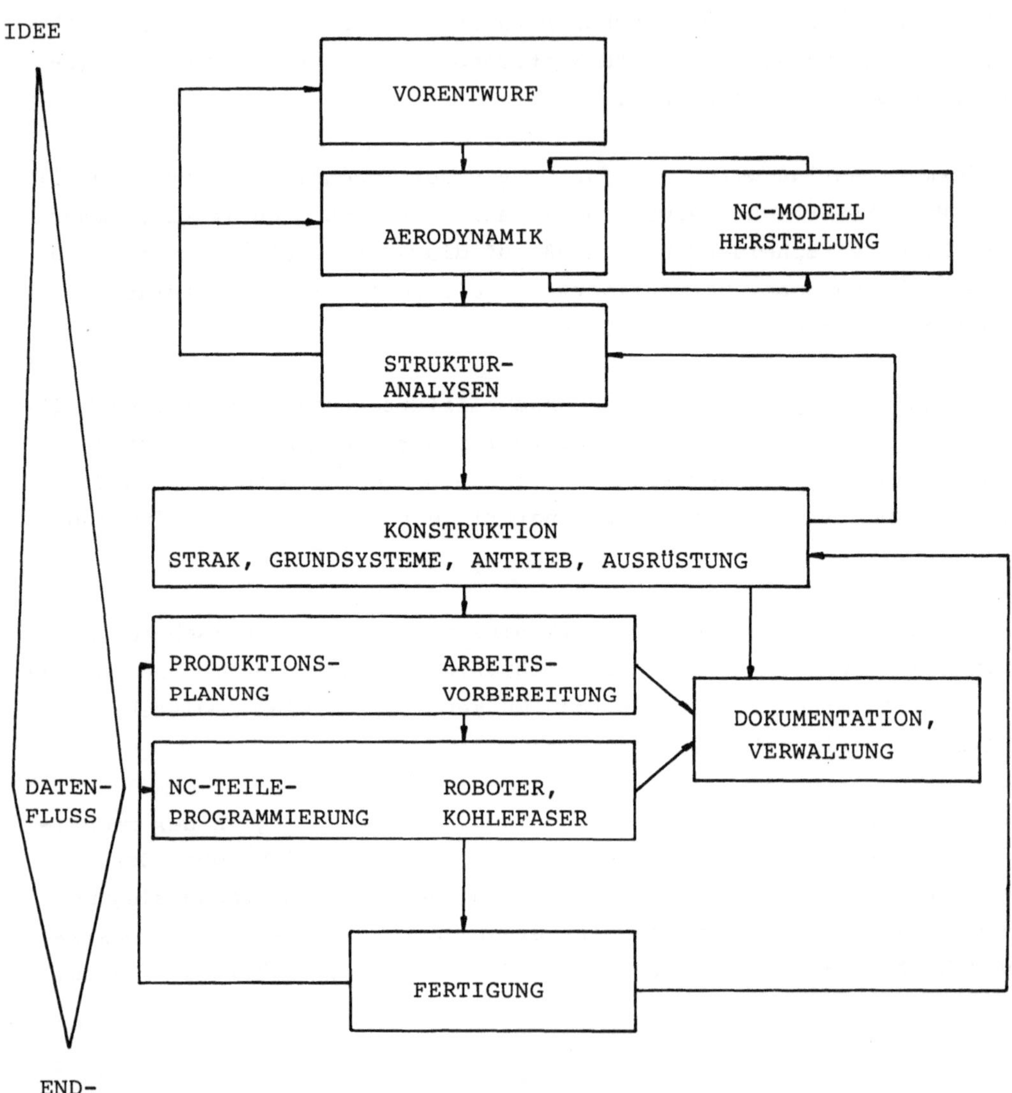

ABB. 2 CAD/CAM - "WELT"

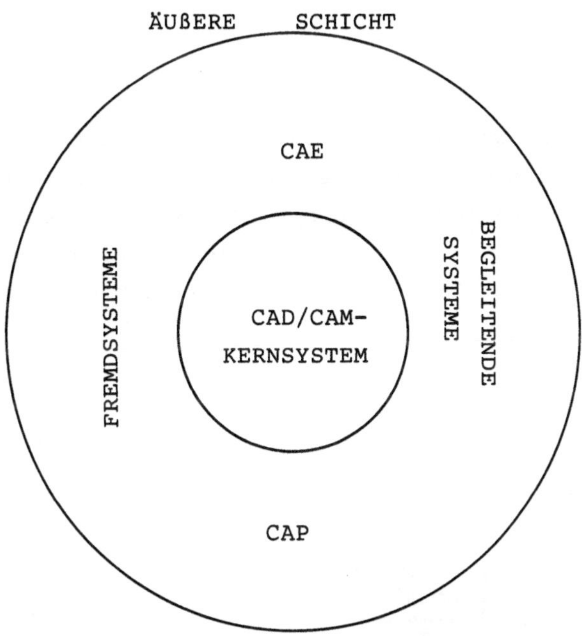

MBB - KERNSYSTEM =	CADAM	+	CATIA	+	GEOLAN	+	NCG	+	APT
	(2D-CAD)		(3D-CAD)		(STRAK)		(2D-CAM)		(3D-CAM)

CAE	=	COMPUTERAIDED ENGINEERING (Z.B. NASTRAN)
CAP	=	COMPUTERAIDED PLANNING (Z.B. STÜCKLISTE)
BEGLEITSYSTEME	=	TECHNISCH ADMINISTRATIVE SYSTEME (Z.B. KOKOS)
FREMDSYSTEME	=	SYSTEME VON PARTNERFIRMEN (Z.B. NMG, SYSTRID)

Bei den meisten heute im Einsatz befindlichen Systemen ist aufgrund der Konzeption eine Erweiterung bzw. Verbesserung nur umständlich und aufwendig zu erreichen.

Am gravierendsten sind folgende Schwächen:

a. bei Einzelsystemen

° 2D-Systeme haben zu wenig topologische Fähigkeiten, das Denkschema und die Abläufe sind orientiert an der technischen Zeichnung, d.h. plotoutput-orientiertes Konzept. Der Konstrukteur erkennt die 2D-Topologien wieder, der Rechner hat sie nicht. Ausnahme: Datenmodell NCG-2 1/2 D (siehe Abb. 3) "Daten sind kaum geordnete Strichwolken".

ABB. 3 NCG-DATENMODELL

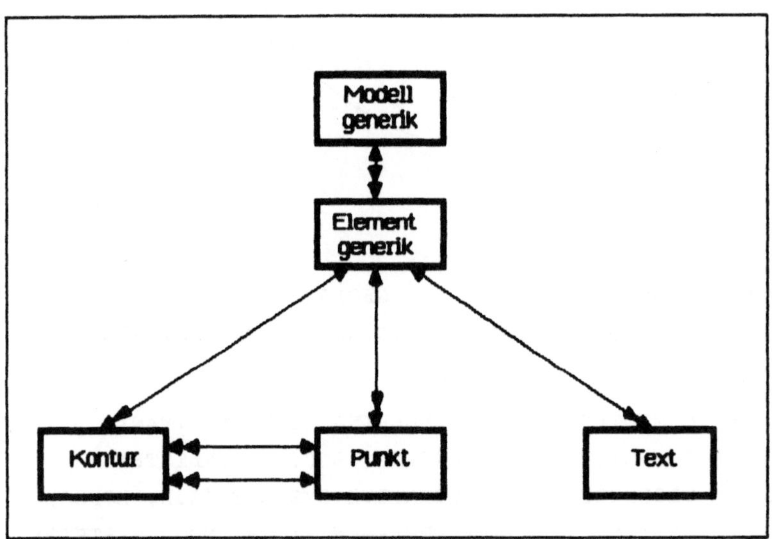

° Flächensysteme (3D, Strak) schaffen keine vollständigen Zusammenhänge, insbesondere zwischen inneren und äußeren Geometrien sowie Verschneidungen "Daten sind in der Regel nicht topologisch verknüpfte Patchwolken".

° Modellgrößenprobleme führen bei den meisten CAD/CAM-Systemen bis dato zu Einsatzproblemen.

b. im System-Verbund

- Einseitige bzw. zu wenig variable Geometriedarstellungen bzw. -speicherungen lassen Modellübertragungen zwischen verschiedenen Systemen nur mit hohem Aufwand, meist nur näherungsweise und nur als Punkt zu Punkt-Verbindung zu.
- Die integrierte Assoziierung der technisch-administrativen Systeme fehlt noch.
- Effizienz, Performance und Wirtschaftlichkeit sind unbefriedigend.

4. Ziele

Globales Ziel ist ein integriertes, effizientes und zukunftssicheres CAD/CAM-Gesamtsystem. Dabei bedeuten:

Integriert:

- Einmalige Datenerstellung mit maschineller Weitergabe und Weiterverarbeitung
  1. Automatisch (z.B. Fräserwegoptimierung)
  2. Graphisch-interaktiv (z.B. 2D → 3D)
- Maschineller Datenfluß:
  Hohe Umlaufgeschwindigkeit
  Entwicklung → Fertigungsüberleitung → Fertigung
- Datenqualität und -quantität
  Exaktheit und Eindeutigkeit der Flugzeugkonfigurationen bei kompletter maschineller Darstellung

Effizient:

- Wirtschaftliche und vernünftige Realisierung:
  Verwendung von vorhandenen bzw. zugekauften Teilsystemen mit
  1. Notwendigen Funktionserweiterungen
  2. Datentechnischer Verknüpfung
  3. Gute Performance (siehe Abb. 4)
  4. Niedrigen Betriebskosten, dezentrale Rechner, intelligente Terminals

Zukunftssicher:

- Einsatz auf verschiedenen, auch zukünftigen Rechnern und Erweiterungsmöglichkeit der Anwendungen durch
  1. Höhere Programmiersprachen (z. B. portables Fortran 77)
  2. Portable Software Tools

3. Universelle Datenstrukturen
4. Geometrie-Datenbanken

Die speziellen Anforderungen an das Gesamtsystem bzw. die Schnittstellen ergeben sich aus den Notwendigkeiten des Datenaustausches zwischen den CAD/CAM-Einzelsystemen.

ABB. 4 SYSTEMPERFORMANCE

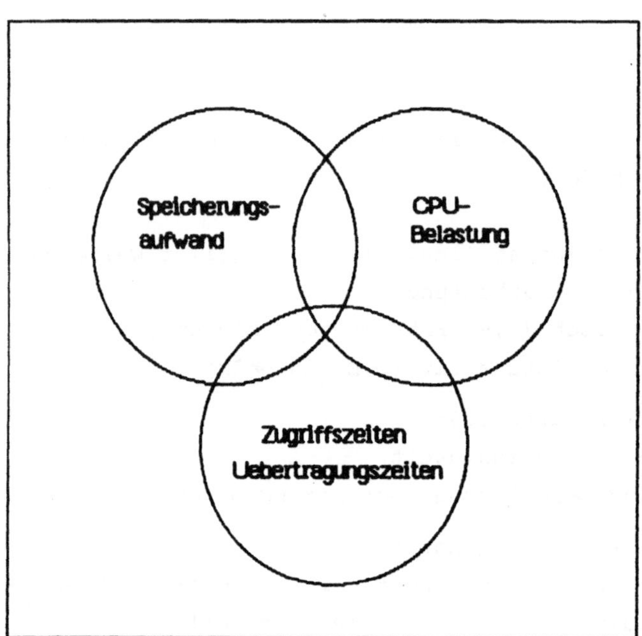

Hierbei sind insbesondere zu berücksichtigen:

° Informationsqualität der Daten

- 2D/3D-Geometrien
- Kinematik (Fahrwerk, Klappen, Robotics, Tapelaying)
- Topologie (= "Zusammenhänge")
- Physik (z.B. Materialeigenschaften)
- administrative Daten (z.B. Stückliste)

° Informationsquantität der Daten

- ausreichende Modellgrößen durch dynamische Speicherverwaltungs- und Übertragungstechnik

- einheitliches, flexibles, alle Bauteile (einfache, komplexe, auch das Gesamtflugzeug) fassendes Informationsmodell für alle Informationsqualitäten.

° Datenschutz und -sicherheit

- Kontrolle/Inspektion der Datenübertragung (graphisch-interaktiv)
- Absicherung gegen Ausfälle (Backup, Restart)
- Zugriffs-und Datenübertragungsverwaltung

° Benutzertoleriertes Antwortzeitverhalten in

- Verarbeitung
- Übertragung

5. Lösungsansätze

Die Lösung der Informationsübertragung zwischen den verschiedenen Systemen bzw. Aufgaben ist ein dem Stand der Technik entsprechende Art modernes BUS-Konzept mit einer universellen Geometriedatenstrukturschnittstelle (siehe Abb. 5). Dabei sind sowohl logische wie physikalische Aspekte zu berücksichtigen.

ABB. 5 UNIVERSELLE GEOMETRIE DATEN STRUKTUR

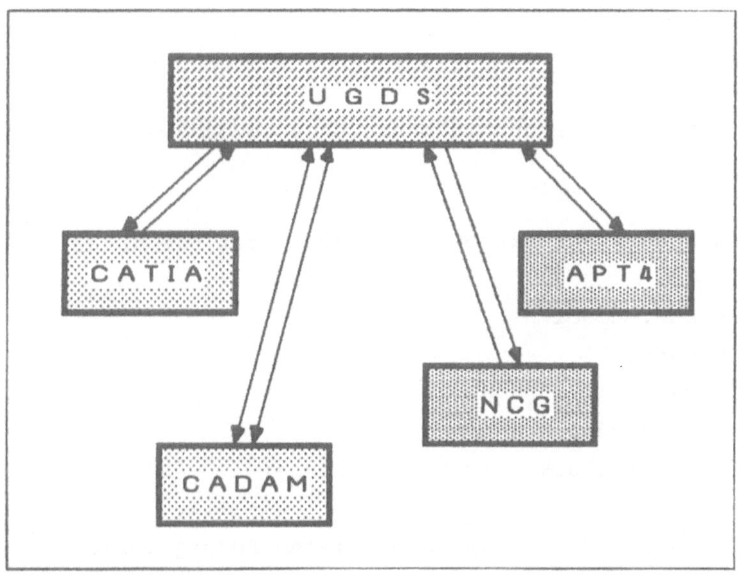

Im logischen Entwurf bedient man sich vorzugsweise der Codd'schen Methode. Hierbei ist das sog. konzeptuelle Schema ein integriertes Gesamtmodell aller Informationen (Datengruppen) und der sie verknüpfenden Beziehung (Assoziation). Es ist frei von DV-technischen Details und daher auch für den Fachbereich verständlich und erfüllt die Entwurfsziele logische Konsistenz, Stabilität, Flexibilität (Erweiterungsfähigkeit), Redundanzfreiheit, Transparenz (wichtig für DV-technische Realisierung).

Einen logisch sehr guten Geometriemodellaufbau zeigt in Abb. 6 der XBF-Ansatz von CAM-I (extended boundary file) eine vielleicht mehr pragmatischere Version bietet die Neue Geometriedatenstruktur von MBB (siehe Abb. 7). In der Codd'schen Darstellung repräsentiert ◄——►► eine 1:n Relation.

Für den Verbund verschiedener CAD/CAM-Systeme ist die BUS-Lösung die günstigste. Sie reduziert einmal die Anzahl der Interfaces im Punkt zu Punkt Konzept von n*(n-1) auf 2n (je 1 Pre- und Postprozessor pro System) und erlaubt zum andern die spätere Miteinbeziehung von weiteren Systemen.

Neben den Pre- und Postprozessoren, die von und zur Standard-Datenstruktur wandeln ist für einen ordnungsgemäßen Datentransfer eine Art Datenbuscontroller erforderlich, ein Programmsystem für die Steuerung von

° Zugriffssynchronisation für von mehreren Programmsystemen verwendeten Datenbestände,
° Datenaustausch zwischen zwei Programmsystemen ("Geometriedatenbus -Controller"),
° Synchronisation der Datensicherung in mehreren Programmsystemen (Log-Dateien etc.)

Ein zusätzlicher (graphischer) Inspektionsmodul gestattet die interaktive Nachprüfung der

° Exaktheit der Daten bzw. Modelle
° Vollständigkeit der Daten
° Integrität der Information
° Kompatibilität der Datenmodelle
° Auffüllung von Informationslücken (z.B. Topologie)

Die physikalische Abbildung, also die datentechnische Lösung verlangt eine flexible und doch effiziente ("sparsame") Lösung. Dies muß danach eine universelle, abstrahierte Datenstrukturschnittstelle sein mit dynamisch-assoziativem Charakter.

ABB. 6 DATENMODELL XBF

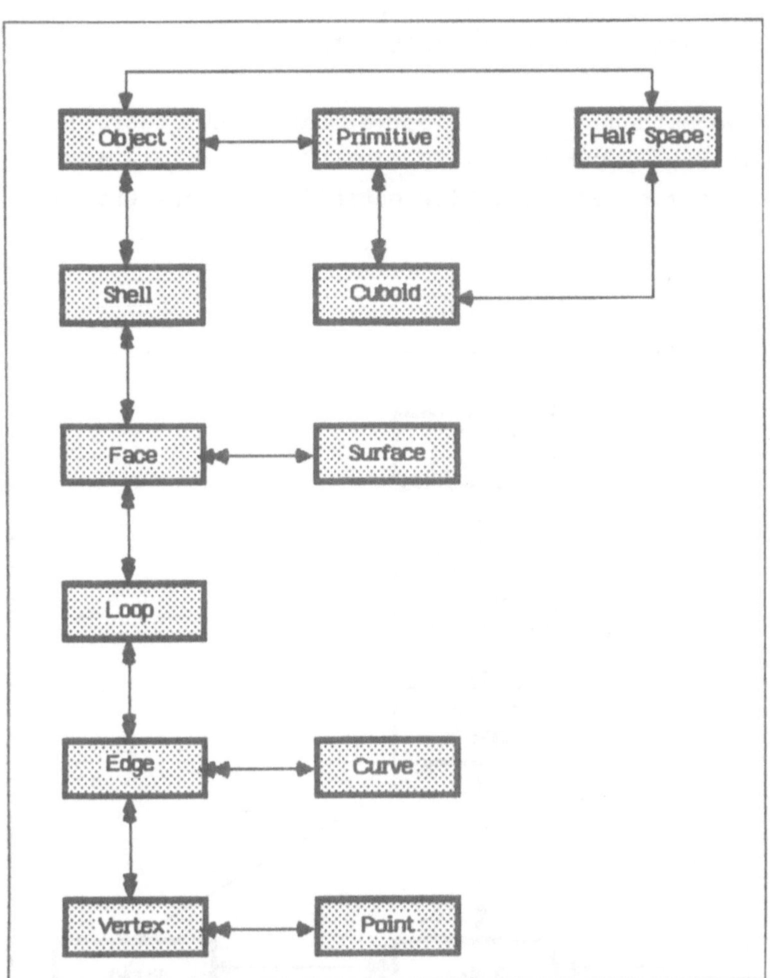

Die Geometrie bzw. Datenabstraktion erfolgt durch Transformation in bi-parametrische Darstellung (krummlinige Koordinaten) mit topologischer Verknüpfung der Flächenteppiche.
Damit ist folgendes gegeben:

- Konsistente Geometriemodelle
- beliebige Topologieerweiterungen

- Assoziationen von technisch administrativen Daten
- Datentechnische Effizienz
- Dynamische Modellgrößen

Die Fusion von CAD/CAM-Systemen wird komplettiert durch die Übertragung nicht nur der Daten, sondern auch der Geometrie-Evaluatoren und deren untrennbare Benutzung in allen Einzelsystemen. Die Neue Geometriedatenstruktur trägt dem Rechnung (siehe Abb. 7).

Diese sog. non native-Methode stellt selbstverständlich entsprechende Anforderungen an die Einzelsysteme. Im System APT4-SS ist die non native-Verarbeitung bereits möglich. Hier entfällt dann das Pre- und Postprocessing.

ABB. 7 NEUE GEOMETRIEDATENSTRUKTUR

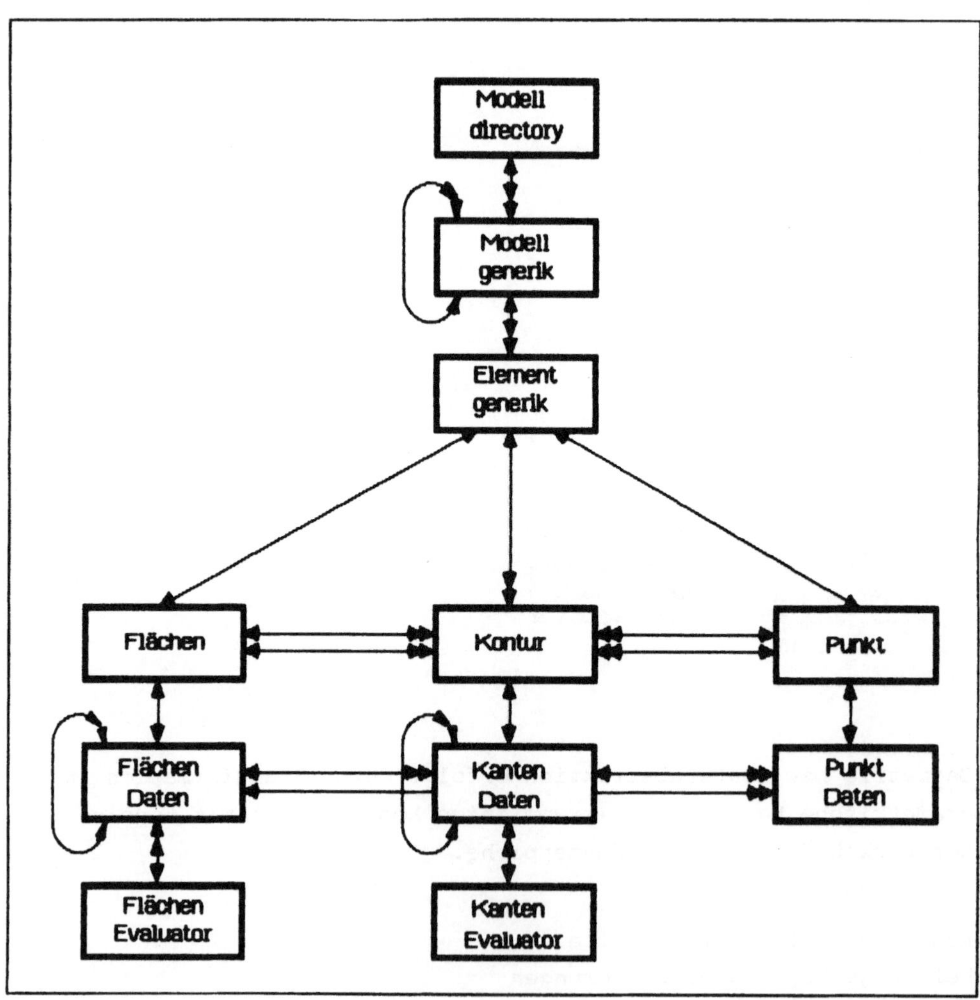

WERKZEUGE ZUM TEST UND ZUR VERIFIKATION SYSTEM-NEUTRALER PRODUKTDEFINITIONSDATEN

o.Prof. Dr.-Ing. Hans Grabowski, Universität Karlsruhe
Dipl.-Inform. Rainer Glatz, Universität Karlsruhe

1. Einführung in die Problemstellung

Der Austausch produktdefinierender Daten zwischen verschiedenen CAD/CAM-Systemen innerhalb eines Unternehmens oder zwischen kooperierenden Unternehmen gewinnt zunehmend an Bedeutung. Dieser integrierende Datenaustausch auf Basis gekoppelter Systeme wird insbesondere unter den Aspekt eines wirtschaftlichen und erweiterten Einsatzes der CAD/CAM-Technologie angestrebt. Es ergeben sich damit insbesonders Vorteile hinsichtlich der direkten Übergabe und Mehrfachverwendung erzeugter Datenmengen, sowie hinsichtlich der Ausschaltung der Fehlerquellen, die mit der manuellen Datenübergabe verbunden sind.

Um den Aufwand, der mit der Implementierung spezieller Austauschprogramme verbunden ist, zu umgehen, wurden bereits frühzeitig innerhalb von Großunternehmen systemunabhängige Schnittstellen zum Datenaustausch geschaffen. Unter dem Aspekt der Vereinheitlichung und dem Wunsch, auch Daten zwischen kooperierenden Unternehmen auszutauschen, sind seit Anfang 198o Bestrebungen im Gange, systemneutrale Schnittstellen zum Austausch produktdefinierender Daten national und seit Anfang 1984 auch international zu normen. Als Beispiele vorgeschlagener Schnittstellen sind IGES /1/, SET /2/, XBF /3/ und VDAFS /4/ zu nennen, wobei IGES als erste bereits national normierte Schnittstelle (ANSI Y16.26M) bisher die größte Bedeutung erlangt hat.

Die vorgeschlagenen Schnittstellen unterscheiden sich zum Teil grundlegend hinsichtlich der Daten- und Übertragungsformate, sowie der Darstellung und des Umfangs der übertragbaren Produktdefinitionsdaten. Neben der grundlegenden Frage, ob die vorgeschlagenen Schnittstellenspezifikationen den internationalen Normungsansprüchen gerecht werden, tritt auch die Frage nach der programmtechnischen Realisierung dieser Schnittstellen zunehmend in den Vordergrund.

Unabhängig von der Schnittstellenspezifikation erfolgt der Datenaustausch nach dem in Bild 1 dargestellten Konzept.

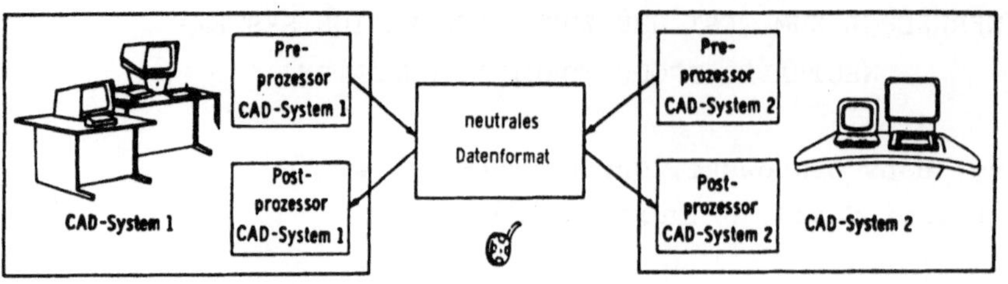

Bild 1: Konzept zur Übertragung von Produktdefinitionsdaten

Je nach Leistungsfähigkeit und Umfang der zugrundeliegenden Schnittstellenspezifikation, stellen diese Prozessoren zumeist komplexe Softwareprodukte dar. Zur Realisierung dieser Prozessoren sind umfangreiche Programme zum Zugriff, zur Wandlung und zur Speicherung von Produktdefinitionsdaten in der CAD-Datenbank sowie in der Übertragungsdatei zu implementieren.

Wesentliche Voraussetzung für einen reibungslosen Datenaustausch ist die Gewährleistung, daß sowohl vom sendenden als auch vom empfangenden System sämtliche Daten, die entsprechend der Schnittstellenspezifikation übertragbar sind, vollständig und fehlerfrei verarbeitet werden. Diese Maximalforderung wird von heutigen Prozessoren allerdings zumeist nur sehr eingeschränkt erfüllt. Aus diesem Grund sind für den industriellen Einsatz genaue Kenntnisse über den Leistungsumfang und die Qualität der angebotenen Prozessoren erforderlich. Die zur Durchführung dieser Aufgabe einsetzbaren Test- und Verifikationsverfahren werden deshalb im folgenden vorgestellt und diskutiert.

2. Test- und Verifikationsverfahren

Implementierungen verfügbarer Prozessoren zur Übertragung produktdefinierender Daten basieren größtenteils auf der Schnittstellenspezifikation von IGES. Dies liegt insbesondere darin begründet, daß die IGES-Schnittstelle von der amerikanischen Industrie stark unterstützt wird und bereits seit 1981 als ANSI Norm (ANSI Y14.26M) /1/ vorliegt. Im folgenden wird daher primär auf den Test und die Verifikation von IGES-Prozessoren eingegangen. Aufgrund des einheitlichen Übertragungskonzeptes sind die für IGES aufgezeigten Methoden und Verfahren auch auf Prozessoren anderer Schnittstellenspezifikationen anwendbar.

2.1 Testaktivitäten

Die Aktivitäten zum Test von IGES-Prozessoren gehen weit über die reinen Implementierungstests hinaus, die bei den Herstellern dieser Prozessoren im Rahmen der Softwareentwicklung durchgeführt werden. So werden IGES-Prozessoren sowohl von CAD-Anwendern, als auch von unabhängigen Arbeitsgruppen und Institutionen getestet. Eine der Aufgaben der Arbeitsgruppen besteht insbesondere darin, den Erfahrungs- und Informationsaustausch zwischen IGES-Anwendern zu ermöglichen.

Im Amerika verfolgt das IGES-Kommittee "Test, Evaluation and Support" (T, E & S) unter anderem das Ziel, Werkzeuge bereitzustellen, um die Qualität der Prozessorimplementierungen zu sichern. Ein erstes und bereits häufig eingesetztes Werkzeug stellt die "IGES TEST LIBRARY 1.3" /5/ dar. Weiterhin werden grundsätzliche Test- und Verifikationsverfahren diskutiert.

Ähnliche Ziele verfolgt in Deutschland die Arbeitsgruppe (AG) 2o innerhalb der CEFE (CAD/CAM-Entwicklungsgesellschaft). Die AG 2o mit der Bezeichnung "Modellaustausch mit Schnittstelle zwischen CAD/CAM-Systemen" wurde Anfang 1982 eingerichtet /6/. Die gegenwärtigen Tätigkeiten beziehen sich schwerpunktmäßig auf die anwendungsorientierte Untersuchung von IGES-Prozessoren anhand der IGES TEST LIBRARY sowie anhand ausgewählter Benchmarks. Zunehmend wird auch die Erstellung und Verwendung synthetischer Testteile angestrebt.

Im Rahmen des PDDI- (Product Definition Data Interface) Projektes der U.S. AIR FORCE wurde von der BOOZ ALLEN & HAMILTON INC. eine umfangreiche Studie zum Thema "Evaluation and Verification of ANSI Y16.26M Standard" durchgeführt /7/. Zentraler Schwerpunkt dieser Studie war ebenfalls der Test von IGES-Prozessoren. Die Ergebnisse der Studie wurden anläßlich eines IGES-Meetings dem IGES-Kommittee T, E & S übermittelt.

2.2 Eingesetzte Test- und Verifikationsverfahren

Für den Test von IGES-Prozessoren haben sich in der Praxis die in Bild 2 dargestellten Testvarianten etabliert.

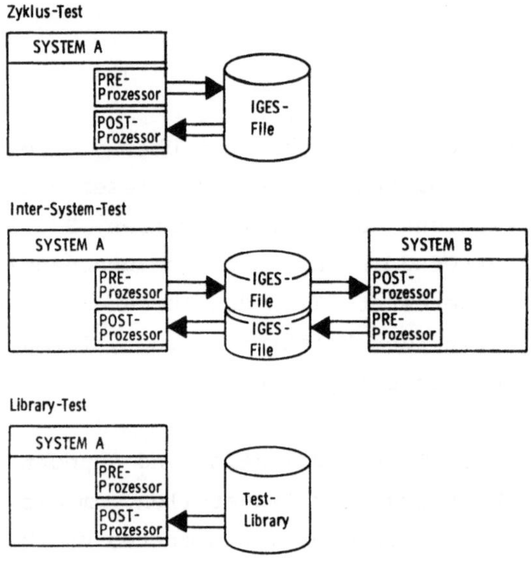

Bild 2: IGES-Testvarianten

Die einfachste Testvariante ist der Zyklus-Test (loop-Testing), bei dem sowohl die Erstellung eines Testteils (Benchmark), die Wandlung in das IGES-Format, als auch die Rückwandlung in die CAD-Datenbank auf ein und demselben Testsystem durchgeführt werden. Zur Überprüfung werden anschließend die graphischen Darstellungen des Testteils (Benchmarks) vor und nach der Übertragung miteinander verglichen. Dem Vorteil der einfachen Testdurchführung stehen allerdings erhebliche Nachteile gegenüber. Auf der einen Seite ist bei Auftreten eines Fehlers keine Aussage darüber möglich, ob der Fehler im PRE- oder POST-Prozessor auftrat. Auf der anderen Seite können vorhandene Fehler im PRE-Prozessor durch entsprechende Fehler im POST-Prozessor kompensiert werden.

Beim Inter-System-Test werden erzeugte Testteile zwischen zwei verschiedenen CAD/CAM-Systemen ausgetauscht. Dabei tritt allerdings ebenfalls das Problem der Fehlerlokalisierung auf. Bei fehlerhaftem Datenaustausch, z.B. vom System A nach B, kann nicht direkt entschieden werden, ob der PRE-Prozessor des Systems A oder der POST-Prozessor des Systems B fehlerhaft ist. Der Inter-System-Test liefert allerdings detaillierte Aussagen, falls es sich bei einem der beiden Systeme um ein "Jury System" handelt /7/, dessen Korrektheit bereits nachgewiesen wurde. Als Testbeispiel wird vielfach ein auf der AUTOFACT 5 vorgestelltes Testteil (Lagerbock von MBB) verwendet. Dies führte auch zum Begriff des "Autofact 5 Testes".

Insbesondere hinsichtlich des Tests von IGES-Prozessoren wurde vom IGES-Kommittee T, E & S die bereits erwähnte IGES TEST LIBRARY 1.3 /5/ erstellt. Sie basiert auf der IGES-Version 1.o und besteht aus einem Testband, auf dem 36 Testfälle für einfache und häufig benötigte CAD-Datenelemente im IGES-Format beschrieben sind. Dieses Testband wird über den POST-Prozessor in das Testsystem übertragen. Zur anschließenden visuellen Verifikation der Übertragung steht zusätzlich eine graphische Dokumentation zur Verfügung. Trotz des enormen Aufwandes, der für die Erstellung dieser IGES TEST LIBRARY aufgebracht wurde, kann damit nur ein geringer Teil der in IGES verfügbaren Elemente vollständig getestet werden (Tabelle 1).

Klasse	getestet	teilweise getestet	nicht getestet
GEOMETRY	6	3	11
ANNOTATION	8	1	4
STRUCTURE	0	1	12

Tabelle 1: Testumfang der IGES TEST LIBRARY 1.3
Quelle GIBBONS /8/

Ein weiterer Nachteil liegt darin, daß der Test von PRE-Prozessoren nur bedingt möglich ist. Weiterhin hat die Praxis gezeigt, daß einige Prozessoren speziell auf die Übertragbarkeit der TEST LIBRARY ausgerichtet waren, so daß selbst bei geringer Veränderung der Testfälle dieser TEST LIBRARY Übertragungsfehler auftraten. Trotz der erwähnten Nachteile hat sich die IGES TEST LIBRARY in der Implementierungsphase neuer Prozessoren bewährt, so daß an einer neuen und erweiterten Version der TEST LIBRARY auf Basis der IGES-Version 2.o gearbeitet wird.

Ein zentrales Problem stellt bei den Tests im allgemeinen die Verifikation der erzeugten Testergebnisse dar. Die rein visuelle Verifikation auf Basis erzeugter graphischer Ausgaben (z.B. Zeichnungen, Plots) erlaubt zwar in vielen Fällen eine recht schnelle Fehlererkennung, ist allerdings beschränkt auf die Überprüfung graphischer Elementdarstellungen. Da produktdefinierende Daten nicht nur graphische Informationen, sondern auch komplexe Beziehungen zwischen Elementen untereinander (Pointer, Associativities), sowie funktionelle und technologische Informationen enthalten können, ist die visuelle Verifikation von Daten nicht ausreichend. Weiterhin läßt sich visuell zumeist nur die Tatsache einer fehlerhaften Übertragung nachweisen, die eigentliche Fehlerquelle kann jedoch nicht lokalisiert werden.

Das Problem der Verifikation ist auch ein Grund dafür, daß sich der explizite Test von PRE-Prozessoren als recht schwierig darstellt /7/:

"PRE-Prozessor evaluation was found to be difficult".

Das Ergebnis eines PRE-Prozessor-Tests ist eine IGES-Datei, die bisher zumeist manuell verifiziert wird. Der Vergleich mit einer "korrekten" IGES-Datei wird zusätzlich dadurch erschwert, daß die Reihenfolge des Eintrags von Elementen eines Testteils in die IGES-Datei nicht vorgeschrieben ist.

3. Erweiterte Test- und Verifikationsverfahren

3.1 Synthetische Testteile

Die Qualität und Aussagerelevant von Prozessor-Tests ist direkt abhängig von der Güte der verwendeten Testteile. Die IGES-Spezifikation umfaßt 46 Grundelemente, die in verschiedenen Ausprägungen (Formen) vorkommen können. Betrachtet man die in der Praxis verwendeten Testteile, so zeigt sich, daß damit zumeist nur ein geringer Teil der IGES-Testelemente überprüft wird. Die beispielsweise über das AUTOFACT 5 Teil getesteten Elemente sind aus der Statistik in Bild 5 (Kapitel 5) zu entnehmen.

Im Anfangsstadium der Prozessorentwicklungen reichte die Überprüfung einfacher geometrischer Linien- und Bemaßungselemente aus. Der Leistungsumfang von Prozessoren wird sich allerdings erweitern, so daß die bisherigen Tests auf Basis einzelner Elemente oder einfacher Testteile unvollständig sein werden. Dies betrifft insbesondere die Überprüfung von Strukturelementen (Gruppen, Assoziativitäten) und komplexer 3-dimensionaler Kanten und Flächenelemente.

Zur Lösung dieses Problems bieten sich synthetisch zusammengesetzte Teile an. Die Synthetisierung sollte dabei unter dem Aspekt der Vollständigkeit von Elementen bei gleichzeitiger Gewährleistung einer strukturierten und nicht redundanten Testmenge erfolgen. Synthetische Testteile eignen sich insbesondere, um systematische und zielorientierte Tests z.B. zur Bestimmung des Leistungslevels durchzuführen. Ein Beispiel für ein synthetisches Testteil, das sich zur Überprüfung unterschiedlicher Orientierungsmöglichkeiten geometrischer Linienelemente im Raum anbietet, ist der in Bild 3 dargestellte "Testwürfel".

3.2 Operationale Verfahren

Wie bereits erwähnt, ist die rein visuelle Verifikation erzeugter Testergebnisse problematisch, da die graphische Darstellung bzw. die Interpretation dieser Darstellung nicht notwendigerweise mit dem Datenbankinhalt übereinstimmen müssen. Bei durchgeführten Tests zeigte sich z.B., daß eine graphisch korrekt dargestellte Bemaßung (Maßhilfslinie, Maßpfeile, Maßzahl) intern aus einzelnen Geometrieelementen (Linien) aufgebaut wurde, obwohl IGES spezielle Bemaßungselemente anbietet. Dieses Beispiel macht deutlich, daß insbesondere hinsichtlich einer Weiterver-

Bild 3: Synthetischer Testwürfel /9/

wendung (nicht nur Ausgabe) übertragener Produktdefinitionsdaten detaillierte auf den Datenbank- und Modellinhalt abgestimmte Verifikationsverfahren notwendig sind.

Eine Möglichkeit hierfür sind "operationale" Verfahren. Dabei wird das Ziel verfolgt, übertragene Testteile einer festgelegten Sequenz von CAD-Operationen zu unterziehen, um anhand der dabei ermittelten Ergebnisse auf die Korrektheit und Vollständigkeit übertragener Produktdefinitionsdaten zu schließen. Beispiele derartiger CAD-Operationen sind:

- o Abfrage und Selektion von Datenbankelementen,
- o Ändern und Löschen von Elementen/Elementinhalten,
- o Transformation von Elementen etc..

Erste Ansätze in dieser Richtung zeigen am RPK entwickelte Testteile /1o/, die neben der Erzeugung und Darstellung graphischer Elemente auch spezifische Operationen beinhalten, um Rückschlüsse auf verfügbare Elementtypen, Dateninhalte und interne Beziehungen zu ermöglichen.

3.3 Software-Werkzeuge

Der Einsatz und die Notwendigkeit unterstützender Programmsysteme, sogenannter Software-Werkzeuge, zur Verifikation erzeugter Schnittstellendateien (z.B. IGES-File) macht folgende Erfahrung deutlich /7/:

"The Mc'DONAL-DOUGLAS developed sort utility proved to be an available tool during hand checking of pre-prozessor files."

Neben dem Sortieren von Elementen können weitere Einsatzbereiche aufgeführt werden, die sich für die Anwendung von Software-Werkzeugen eignen:

- Die Syntax- und Fehleranalyse von Datei- und Datenformaten,
- die semantische Überprüfung von Datei- und Elementinhalten,
- die Korrektur fehlerhafter Dateien und Elemente,
- die Erstellung von Statistiken über Elemente und
- die Selektion spezifischer Elemente/-klassen.

Trotz des Aufwandes, der mit der Implementierung leistungsfähiger Software-Werkzeuge zumeist verbunden ist, überwiegen die Vorteile, wie:

- einmaliger Erstellungsaufwand,
- Vielfachverwendbarkeit,
- automatische Protokollierungsmöglichkeiten und
- geringere Fehlerhäufigkeit gegenüber manuellen Verfahren.

Im folgenden wird deshalb auf ein am Institut für Rechneranwendung in Planung und Konstruktion (RPK) implementiertes Software-Werkzeug näher eingegangen.

4. IGES-File-Analyse-System

Ausgehend von der Erfahrung, daß die manuelle Überprüfung fehlerhafter IGES-Dateien eine recht mühsame und schwierige Aufgabe darstellt, wird am RPK ein spezielles IGES-File-Analyse-System (IFAS) entwickelt. Der Implementierung dieses Software-Werkzeuges liegen folgende Aufgabenstellungen zugrunde:

- o Die syntaktische Analyse eines IGES-Files (Dateiformat, Datenformat der Sektionen, Datenformat der Entities),

- o die semantische Analyse eines IGES-Files (Pointer, Associativities und Strukturelemente),

- o die Ausgabe eines detaillierten Fehlerprotokolls sowie

- o die Ausgabe einer Statistik der im IGES-File gespeicherten Elemente.

Mit diesem Programmsystem wird die automatische Verifikation von in IGES-Dateien abgebildeten Produktdefinitionsdaten ermöglicht, so daß insbesondere der Test von IGES-Pre-Prozessoren erleichtert wird. IFAS kann dazu sowohl als eigenständiges Testwerkzeug, als auch in Verbindung mit den bereits ausgeführten Testverfahren eingesetzt werden. Eine interessante Einsatzmöglichkeit stellt in diesem Zusammenhang die Überprüfung der IGES-Dateien der TEST LIBRARY bzw. der standardisierten Testteile dar.

Die prinzipielle Arbeitsweise von IFAS zeigt Bild 4.

Der zu bearbeitende IGES-File wird von IFAS sequentiell eingelesen und zur schnelleren Weiterverarbeitung auf Direktzugriffsdateien abgespeichert. Parallel dazu wird die syntaktische Korrektheit der Dateistruktur überprüft. Anschließend erfolgt die syntaktische und semantische Überprüfung der einzelnen Datenelemente. Bei Auftreten eines Fehlers wird die Fehlerart sowie der Fehlerort zwischengespeichert. Aus diesen Angaben läßt sich nach Beendigung der Analyse ein ausführliches Fehlerprotokoll erstellen. Parallel zur Fehleranalyse wird die Statistik über die in die IGES-Datei abgebildeten Elemente erstellt. Bild 5 zeigt einen Ausschnitt des für das AUTOFACT 5 Testteil erzeugten Protokolls, sowie die vollständige Statistik der Elemente dieses Testteils.

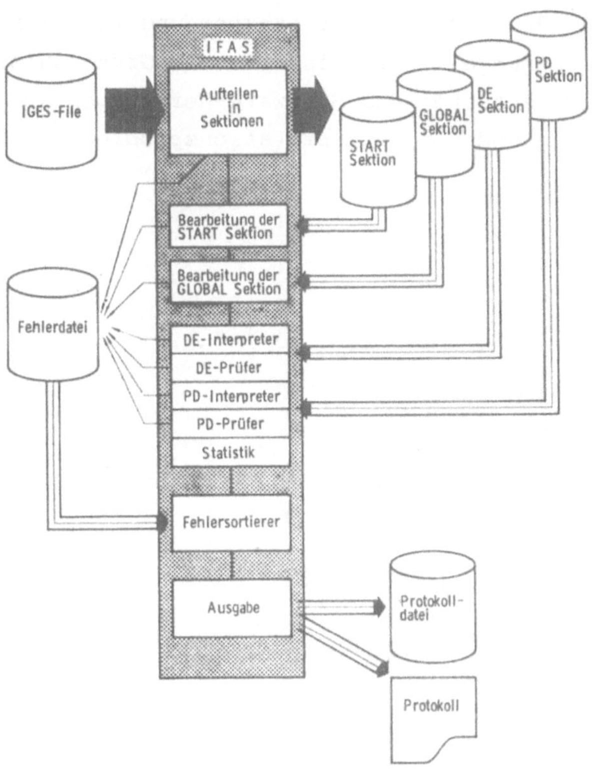

Bild 4: Arbeitsweise des IGES-File-Analyse-Systems (IFAS) /1o/

Aus Bild 5 sind weitere Vorteile von IFAS ableitbar. Durch die genaue Lokalisierung von Fehlern können den Implementierern von IGES-Prozessoren genaue Angaben über notwendige Prozessoränderungen mitgeteilt werden. Die Praxis hat gezeigt, daß ein Großteil der Implementierungsfehler erst im industriellen Einsatz der Prozessoren auftreten und erkannt werden. Weiterhin ergibt sich auf Basis der Elementstatistik die Möglichkeit, Leistungslevels von Prozessoren zu ermitteln. So kann mit Hilfe dieser Statistik recht einfach überprüft werden, in welchem Umfang die Elemente standardisierter Testteile übertragen wurden. Dabei ist insbesondere zu bemerken, daß auch graphisch nicht direkt sichtbare Elemente (z.B. Gruppenelement) miterfaßt werden.

Bei durchgeführten Analysen der Schnittstellenspezifikation von IGES /7, 11/ wurde übereinstimmend das Fehlen einer exakten und formalen Definition der Schnittstelle bemängelt. Dies ist mit ein Grund dafür, daß die Implementierung von Prozessoren und Software-Werkzeugen auf Basis von IGES schwierig und aufgrund von Interpretationsproblemen fehleranfällig ist.

```
IGES FILE DATA SOURCE = CD/2000                                             S      1
AUTOFACT 5 DEMO PART, UPDATED PER SEATTLE TES MTG                           S      2
MACAUTO CADD GEOMETRY AND BENDIX CD2000 DIMENSIONS                          S      3
,,7HCD/2000,4HIGES,8HCDC V1.4,3H1.0,60,10,48,10,96,7HCD/2000,1.00000,1,     G      1
4HINCH,1,0.,13H830602.132616,.100000E-003,30.0;                             G      2
*
      *** FEHLER 210 *** FALSCHE PARAMETERANZAHL

     124      1      1      0      0      0      0        0000000  D      1
     124      0      0      1      0      0      OMATRIX         1D      2
      :                            :                              :
     216    344      1      1      0      0      1        0000001  D    549
     216      0      0      1      1      0      OLINDIM         1D    550
                                   *
      *** FEHLER 365 *** FORMNUMMER FALSCH

     212    345      1      1      0      0      1        0000101  D    551
      :                            :                              :

 *** STATISTIK DER ENTITIES ***
 ------------------------------
```

ENTITY	NR	ANZAHL	FORMNR	ANZAHL
ARC	100	76		
CONIC	104	7		
			1	6
			2	1
COP DATA	106	68		
			40	68
LIN	110	159		
PNT	116	3		
MATRIX	124	27		
			0	27
ANG DIM	202	2		
DIA DIM	206	1		
GEN NOT	212	45		
LEA	214	80		
			3	80
LIN DIM	216	32		
RAD DIM	222	10		

<u>Bild 5:</u> Ausschnitt aus dem von IFAS erzeugten Protokoll für das AUTOFACT 5 Testteil

5. Ausblick

Ein Grund für die vielfältigen Tests von Schnittstellen-Prozessoren besteht darin, daß die Leistungsfähigkeit der verfügbaren Prozessoren recht unterschiedlich ist und aufgrund der dynamischen Weiterentwicklung immer wieder neu ermittelt werden muß. Insbesondere hinsichtlich einer Zertifizierung von Schnittstellen-Prozessoren durch unabhängige Institutionen, müßten deshalb spezifische Leistungslevel für die Prozessoren definiert werden. Die "Levels" könnten systematisch auf spezifische Elementmengen (z.B. 2D-Kanten, 3D-Kanten, Bemaßung ...) und /oder spezielle Anwendungsbereiche (z.B. mech. Konstruktion, FEM, Elektronik ...) ausgerichtet sein. Levels könnten aber auch bezüglich der Übertragbarkeit standardisierter Testbeispiele definiert werden (z.B. Test-Library-Level, AUTOFACT-5-Level u.a.). Weiterhin müßten zur Ermittlung von Leistungsleveln festgelegte Zertifizierungsprozeduren erarbeitet werden, die eine vergleichbare Überprüfung von Schnittstellen-Prozessoren gewährleisten.

Der Einsatz von Software-Werkzeugen wird auch zur anwendungsorientierten Verifikation von Produktdefinitionsdaten auf Basis normierter Übertragungsschnittstellen zunehmend an Bedeutung gewinnen. Aufgaben derartiger Software-Werkzeuge sind beispielsweise die Überprüfung

- o auf korrekte und vollständige Bemaßung,
- o auf Geschlossenheit von Konturen für die NC-Bearbeitung,
- o der Korrektheit übertragener Normteile sowie
- o der Korrektheit archivierter Produktdefinitionsdaten.

Software-Werkzeuge könnten als leistungsfähige Hilfsmittel zur Unterstützung der Zeichnungs- und Modellkontrolle eingesetzt werden.

Literaturverzeichnis:

/1/ ANSI: Digital Representation of Product Definition Data (Y14.26M), Sep. 1981

/2/ AEROSPATIAL: Data Transfer Standard Specification, Dokument ISO/TC 184 N 22 E, Nov. 1983

/3/ CAM-I: Experimental Boundary File - Version 2

/4/ VDA (Verband der deutschen Automobil-Industrie: VDA-Flächenschnittstelle, 1983

/5/ IGES Test, Evaluate an Support Committee: Initial Graphics Exchange Specification, Test Library Version 1.3, 1983

/6/ Anderl, R., Tröndle, K.: Modellaustausch, Notwendigkeit für die Integration von CAD-CAM-Anwendungen, VDI-Z, Heft 4, 1983

/7/ Booz Allen & Hamilton Inc.: Product Definition Data Interface Task I - Evaluation and Verification of ANSI Y16.26M Standard, Vortrag zum NBS-Meeting, Long Beach, Feb. 1984

/8/ Gibbons, A.J.: Initial Graphics Exchange Specification (IGES) Update: Prospects for an international Standard, Corporate Systems Integration, Report 84-DW4o1-R1, 1984

/9/ CEFE AG 2o: Vorschlag eines synthetischen Testteils, Arbeitsvorlage von Wagner (VW) zur Sitzung des Arbeitskreises, Mai 1984

/1o/ Brand, H., Glatz, R.: Methoden der technischen Beurteilung von CAD/CAM-Systemen, KfK-PFT Bericht Nr. 61, Juli 1983

/11/ Glatz, R., Schilli, B.: Konzept des IGES-File-Analyse-Systems, RPK-interner Bericht, 1983

/12/ Anderl, R., Glatz, R., Nowacki, H., Schuster, R., Trippner, D., Tröndle, K.: IGES-Review and Proposed Extensions, Positionspapier der DIN-Arbeitsgruppe NI-AK 5.9.5 (TAP), Vortrag zum NBS-Meeting, Long Beach, Feb. 1984

ERZEUGUNG PRODUKTDEFINIERENDER DATEN (PDD) AUS PRODUKTDARSTELLENDEN MODELLEN (PDM)

K. Roth

Institut für Konstruktionslehre
Maschinen- und Feinwerkelemente
Technische Universität

Braunschweig

Beim rechnerunterstützten Konstruieren erfolgt die Darstellung eines Produkts i n n e r h a l b des Rechners durch Produktdefinierende Daten (PDD), die Darstellung eines Produkts a u ß e r h a l b des Rechners durch Produktdarstellende Modelle (PDM). Die Produktdarstellenden Modelle (PDM) dienen zur Realisierung einer Konstruktion in allen Phasen, von der Aufgabenstellung über ihre Funktion bis zu ihrer Gestaltung. Sie enthalten in jeder Konstruktionsphase alle jeweils bekannten Informationen. Es wird dargelegt, daß aus den Produktdarstellenden Modellen (PDM) die Produktdefinierenden Daten (PDD) gewonnen werden, daß die PDD - bis auf das Ende der letzten Phase - nur einen Bruchteil der Informationen der PDM enthalten und daß der in diesem Zusammenhang verwendete Begriff "Geometrisches Modellieren" vom Begriff "Konstruieren" scharf getrennt werden muß, weil das Modellieren nur eine Hilfstätigkeit des Konstruierens beschreibt.

Einleitung

Denkt man an einen Gegenstand oder stellt ihn sich im Geiste vor, dann wird die Realität in irgend einer Form, z. B. durch einen Begriff, eine Gleichung, ein Symbol, meistens aber durch ein Bild, sozusagen ein Abbild, wiedergegeben. Dabei treten stets die auffallendsten Objektdetails in den Vordergrund, meist die beweglichen, während die restlichen oft gar nicht registriert werden. Auch spielt es eine große Rolle, welche Beziehung für bestimmte Objektdetails zwischen dem Betrachter und diesen Details herrscht. Das Abbild, welches wir uns von einem Objekt machen, ist daher in der Regel unvollständig, sehr einseitig, von Betrachter zu Betrachter verschieden und meist auch von Fall zu Fall von ungleichem Abstraktionsgrad.

Produktdarstellende Modelle (PDM)

Soll jedoch ein Gegenstand, der in der erstrebten Form noch nicht existiert, neu geschaffen werden und daher vollständig vorgedacht sein, dann wird sich der systematisch arbeitende Konstrukteur bei dessen schrittweiser Entwicklung zunächst die erstrebte Funktion vor Augen führen, in abstrakter Form z. B. als Gleichung, als Schaltbild, als Funktionssymbol, später zu konkreteren Darstellungen wie schematischen Skizzen, Umrißzeichnungen, ersten konstruktiven Entwürfen und Fertigungszeichnungen kommen. Alle Vorstellungen vom späteren Objekt bilden das Produkt in irgend einer Weise, mit jeweils ganz bestimmten Eigenschaften ab. Diese Abbildungen nennt man Produktdarstellende Modelle (PDM). Ein Produktdarstellendes Modell ist nach [1;2] ein Modell des zu konstruierenden technischen Gebildes, das eine hinreichende und für Operationen geeignete Abbildung mindestens d e r (System-)Eigenschaften des Gebildes erlaubt, die in der jeweiligen Konstrüktions-Phase behandelt werden.

Kennt der Konstrukteur schon viele Details des zu konstruierenden Produkts, wird das von ihm gewählte Modell eine niedrige Abstraktionsstufe haben, kennt er wenige, ist die Abstraktionsstufe des Modells sehr hoch. In letzterem Fall sind die vorliegenden Angaben über das zukünftige Produkt sehr allgemeingültig und spärlich, müssen daher durch intensive Arbeit erst eingeholt und entwickelt werden. Abstrakte Modelle lassen andererseits aber noch viele Lösungen offen, deren Auffinden bei der Wahl konkreterer Modelle von vornherein ausgeschlossen wird.

Konstruktionsvorgehensplan und Produktdarstellendes Modell

Vergegenwärtigt man sich, welche Überlegungen bei der Konstruktion eines Produkts grundsätzlich notwendig sind und gibt eine Anleitung zu deren methodischem Einsatz, kommt man zwangsläufig auf den Konstruktionsvorgehens- oder Konstruktionsablaufplan, Bild 1. Kennzeichnend sind seine drei, mit Hinzuziehung der Produktion, seine vier Phasen:

0. die Aufgabenformulierungsphase
1. die Funktionelle Phase
2. die Gestaltende Phase und
3. die Produktionsphase.

Von besonderem Interesse ist nun, daß zu jeder Konstruktionsphase auch eine ganz bestimmte Klasse von Produktdarstellenden Modellen gehört. Es sind dies für die entsprechenden Phasen die

0. Sprachmodelle (Sätze),
1. Funktionsmodelle (Gleichungen, Schaltpläne),
2. Gestaltmodelle (Zeichnungen),
3. Ausführungsmodelle (Versuchs-, Gestaltmuster).

Im allgemeinen eignen sich diese vier Klassen von Modellen für die entsprechenden Phasen des Ablaufplanes. Jede Klasse von Modellen eignet sich besonders gut für die Erfassung bestimmter Inhalte. Es ist zwar nicht ausgeschlossen, aber unzweckmäßig, die typischen Inhalte einer Modellklasse durch eine andere zu beschreiben. So ist z. B. die Beschreibung einer zeichnerischen Darstellung durch Sprachmodelle sehr umständlich

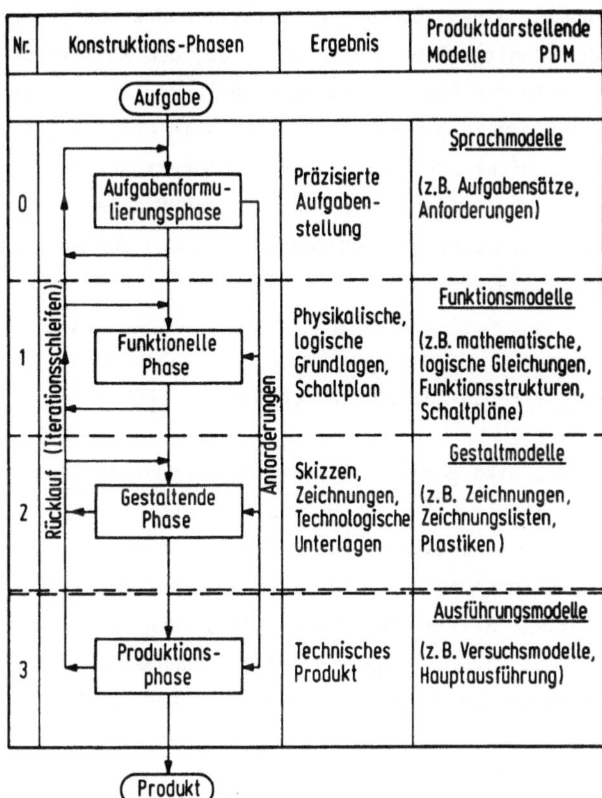

Bild 1: Allgemeiner Konstruktionsablauf mit Angabe der in den einzelnen Phasen verwendeten Klassen von Produktdarstellenden Modellen (PDM).

und oft mehrdeutig, was jeder erfahren kann, der versucht, den Inhalt einer technischen Zeichnung dem Gesprächspartner telefonisch durchzugeben.

Auch innerhalb der Modellklassen gibt es Abstufungen des Abstraktionsgrades[1], wie sie in Bild 5 und 7 anschließend noch näher erläutert werden.

Eine weitere Eigenart Produktdarstellender Modelle ist es, daß sie häufig nur ein Etikett, ein Symbol für umfangreiche Informationspakete sind, gewissermaßen nur die Spitze eines Eisberges, der unter der Wasseroberfläche viel größer ist, als ein nicht eingeweihter Beobachter aufgrund des sichtbaren Teils vermuten würde. Dieser nicht unmittelbar zu erkennende Teil stellt oft den wesentlicheren Inhalt der benötigten Informationen dar. So vermitteln z. B. die technischen Zeichnungen in Bild 7 dem kundigen Betrachter weit mehr als nur die geometrischen Daten eines durchbrochenen Hohl-

---

[1] Der Abstraktionsgrad bzw. die Abstraktionsstufe [1] ist der Grad der isolierenden Abstraktion eines Produktdarstellenden Modells (PDM). Je höher die Abstraktionsstufe, um so allgemeingültiger ist das Produktdarstellende Modell.

zylinders, eines abgesetzten Vollzylinders und einer Schraubenspirale mit rundem Körperquerschnitt. Die zusätzlichen, aus dem Kontext und dem Hintergrundwissen entnommenen Kenntnisse eines Produktdarstellenden Modells (PDM) machen einen der wesentlichen Unterschiede zu dem Inhalt Produktdefinierender Daten (PDD) aus, ebenso Inhalte des PDM, die nicht oder noch nicht zu Operationen in Beziehung gebracht werden können. Erst wenn es gelingt, den Inhalt der PDM annähernd vollständig in den der PDD zu überführen, wird eine weitgehende Übertragung der Konstruktionstätigkeit auf den Rechner möglich sein.

Beispiele Produktdarstellender Modelle (PDM)

In Bild 2 wird gezeigt, wie die Produktdarstellenden Modelle für die rechnerunterstützte Konstruktion von Hydraulik-Steuerplatten [3;4] aussehen können. Angefangen vom Schaltsymbol für Hydraulikventile (Nr.1) über Schaltpläne für die logischen Verknüpfungen (Nr.2), schematischer Darstellung des Ventilzylinders als Primitivum (Nr.4), Plattenumrandungen (Nr.5) usw. bis zum Oberflächenmodell (Nr.9), handelt es sich um Darstellungen, die eine zunehmende Konkretisierung der Einzelteile, deren Relativlagen und Verbindungen zeigen. Aus ihnen kann der Konstrukteur entnehmen, was in jedem Phasenabschnitt zu tun ist, und die Informationen herausholen, welche er für die Produktdefinierenden Daten benötigt. Durch Operationen am Modell $(PDM)_n$ können, sofern die Kette der Modelle [5] hinreichend vollständig ist, die Ausgangseigenschaften des folgenden Modells, des $(PDM)_{n+1}$ ermittelt werden. In Bild 3 ist das Schnittmodell einer Hydraulik-Steuerplatte, nämlich der Ventilplatte, für die automatische Steuerung von Personenkraftfahrzeug-Getrieben zu sehen, für deren rechnerunterstützte Konstruktion die Modelle des Bildes 2 entwickelt wurden, in Bild 4 ein Schnitt durch ein Längsschiebeventil als Wegeventil und die das Ventil umgebenden Öltaschen und Ölkanäle einer ausgeführten Platteneinheit. So oder ähnlich soll das zu konstruierende Produkt am Ende aussehen, unter Berücksichtigung von 20-60 Wegeventilen und deren vorgegebener ölhydraulischer Verbindung. Jedes Wegeventil muß aufgrund des Gesamtschaltplanes eine gewisse logische Verknüpfung realisieren.

Produktdarstellende Modelle für ein Wegeventil

In Bild 5 sind Produktdarstellende Modelle für die Konstruktion eines Wegeventils, entsprechend dem Bild 3 im einzelnen dargestellt. Es wird gezeigt, daß für jede Modellklasse <u>mehrere</u> Modelle mit abnehmendem Abstraktionsgrad und schrittweise steigendem Aussageinhalt zweckmäßig sind. In der Aufgabenformulierungsphase stehen neben dem Hauptaufgabensatz zur Festlegung der Hauptfunktion als weitere Sprachmodelle auch die Liste der Anforderungssätze, gewissermaßen die Randbedingungen und schließlich die Anweisungssätze, die angeben, was zu tun ist [1].

Nr.	Produktdarstellende Modelle	Inhalt	Darstellung
1	Symbole für hydraulische Steuerelemente 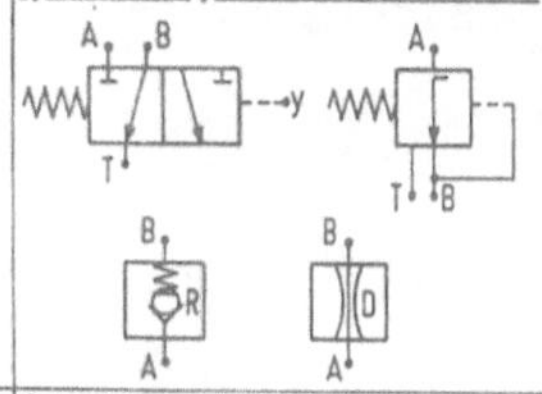	Darstellung der Elemente zur Steuerung und Regelung fluidischer Medien	Abstrahierte Zeichnung physikalischer Realisierungsprinzipe
3	Schaltplan 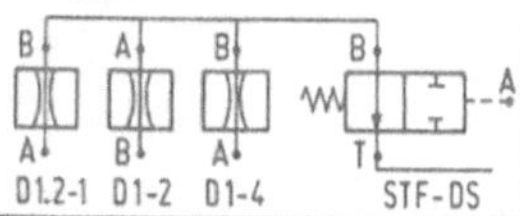 D1.2-1 D1-2 D1-4 STF-DS	Logische und physikalische Verknüpfung der Hydraulikelemente	Funktionelle Beziehung der bildlich dargestellten Elemente durch Verbindungslinien symbolisiert
4	Gestaltansatz für hydraulische-Steuerelemente 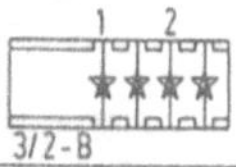 3/2-B	Maßliche Festlegung einer vorgegebenen Grundform zur Realisierung des physikalischen Effekts	Grundform beibehalten, Lage und Abmessungen der Steuerkanten verändert
5	Bauraum, Bauebenen 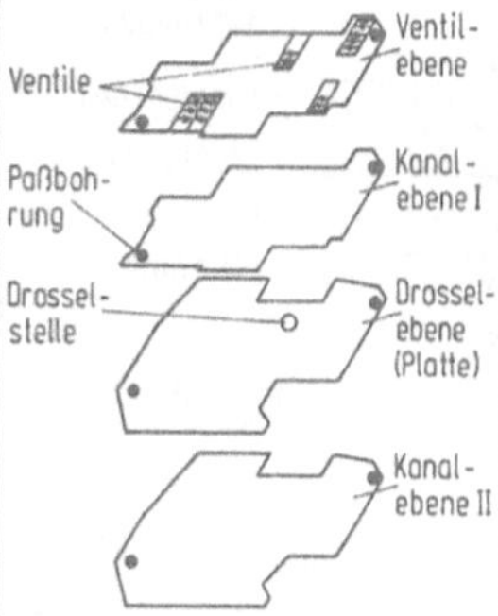 Ventile, Ventilebene; Paßbohrung, Kanalebene I; Drosselstelle, Drosselebene (Platte); Kanalebene II	Unterteilung in 4 Konstruktionsebenen, maßstabsgetreue Form der Berandung, vorläufige Plazierung der Hydraulikelemente, Paßbohrungen	Reduzierung der Umrandung und Lage von Durchbrüchen und Hydraulik-Elementen auf ebene Probleme durch Unterteilung in 4 wesentliche Horizontalebenen
6	„Gummiband"- Leitung 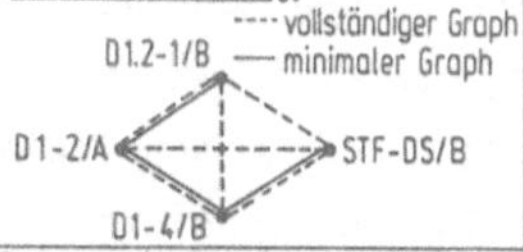 ---- vollständiger Graph — minimaler Graph D1.2-1/B, D1-2/A, STF-DS/B, D1-4/B	Vollständige Leitungsverbindung aller Hydraulikelemente	Vom Schaltplan geforderte, kürzeste Verbindung der Hydraulik-Elemente. Verbindung bleibt bei Elementeverschiebung erhalten
5 und 6	Bauraum mit „Gummiband"-Leitung 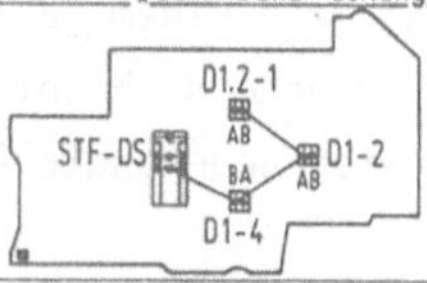 D1.2-1, STF-DS, D1-2, D1-4	„Gummiband"-Verbindung, die beim Versetzen der Hydraulikelemente erhalten bleibt. Möglichkeit der Entflechtung	Verschieben der Elemente ohne Leitungsunterbrechung
7 und 8	Kanalverlaufslinien, Kanalwände 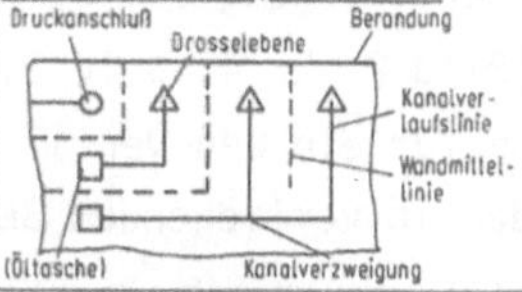 Druckanschluß, Drosselebene, Berandung, Kanalverlaufslinie, Wandmittellinie, (Öltasche), Kanalverzweigung	Kanalverlauf mit den daraus abgeleiteten Wandmittellinien	Durch Mittellinien dargestellte maßstäbliche Wiedergabe des Kanal- und Kanalwandverlaufs
9	Oberflächen - Modell 	Äquidistante Umhüllung der Ventilzylinder und Ventilgrundebene	Maßstäbliche und perspektivische Wiedergabe von entsprechenden Vertikalschnitten

Bild 2: Produktdarstellende Modelle (PDM) zum rechnerunterstützten Konstruieren von Hydraulik-Steuerplatten. Angabe von Modellinhalt und Darstellungsform.

Bild 3: Schnittmodell einer Steuerplatte (Ventilplatte) für die ölhydraulische Steuerung von automatischen Personenkraftfahrzeug-Getrieben mit freigelegten Längsschiebeventilen.

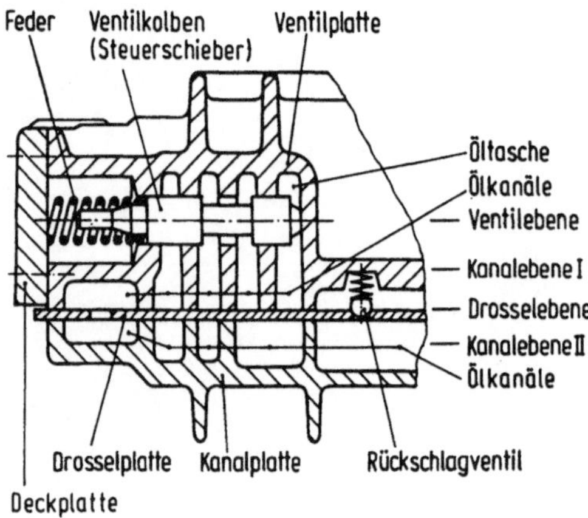

Bild 4: Aufbau der Hydraulik-Steuerplatte mit Darstellung eines Längsschiebeventils sowie den dazugehörenden Öltaschen und Ölkanälen.

In der Funktionellen Phase werden Modelle eingesetzt, die eine zunehmende Konkretisierung für die Realisierung der gleichen logischen Funktion zeigen, angefangen mit der logischen Gleichung, übergehend zum Schaltplan und zum Schaltsymbol. In der rechten Spalte ist der steigende Informationsinhalt der Modelle durch Stichworte angedeutet. Diese Stichworte kann man nur aus einem gewissen Hintergrundwissen, aus bestimmten Erfahrungen und Konventionen entnehmen. Nicht zuletzt antizipiert die Form des Schaltsymbols schon die am häufigsten angewandte Anordnung eines Wegeventils.

Bild 6 soll zeigen, daß der Übergang vom Symbol des Wegeventils (Bild 2 und 7, Nr.1) zum Längsschiebeventil (Bild 2, Nr.4; Bild 7, Nr.2) willkürlich war und auch zahlreiche andere Realisierungen für ein Wegeventil mit der Bezeichnung 3/2 WV möglich wären. Diese Möglichkeiten wurden in vorliegendem Beispiel nicht betrachtet. Die Vermutung liegt nahe, daß das Schaltsymbol in diesem Fall tatsächlich Anhalt für eine schematische Skizze möglicher Anordnungen von Zylinder, Kolben, Feder und Anschlüssen war oder daß in den Anforderungssätzen Längsschiebeventile vorgeschrieben wurden.

Konstr.-Phase	Produktdarstellende Modelle PDM	Aussage
Aufgabenformulierungs-Phase	Sprachmodelle Beispiel für Hauptaufgabensatz: Stofffluß-Eingänge mit Steuerinformation durch- oder abschalten	Aufgaben festlegen durch: – Hauptaufgabensatz – Anforderungssätze – Anweisungssätze
Funktionelle Phase	Funktionsmodelle (log.-phys. Wirkungsweise) Schaltalgebra $x_3 = (x_1 \wedge y) \vee (x_2 \wedge \bar{y})$	– Logische Funktion
	Allgemeine Funktionsstruktur 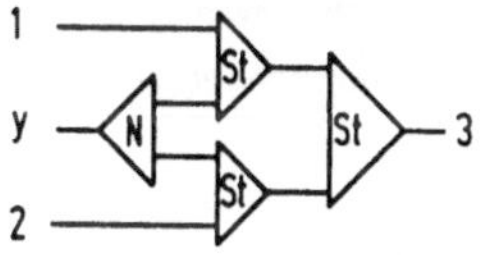 1, y, 2, N, St, St, St, 3	Zusätzlich Unterscheidung nach: – Stoff – Nachricht Angabe der – Flußrichtung
	Hydraulik-Schaltsymbol (DIN ISO 1291) 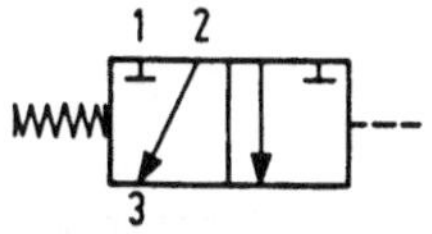 1 2 3 STDSCH 3/2-B	Zusätzlich – Namen – Feder-Hydraulik-System – zwei Stellungen – Funktionsweise – Antizipierung einer möglichen Anordnung – Schalt-,Steueranschlüsse

Bild 5: Beispiele für Produktdarstellende Modelle (PDM) in der Aufgabenformulierungs- und der Funktionellen Phase. Eingesetzt zur Konstruktion eines Wegeventils.

Aus den bisherigen Betrachtungen ist sehr deutlich zu entnehmen, daß der Konstrukteur fast alle Erkenntnisse in Produktdarstellenden Modellen bestimmter Art festlegt, innerhalb des Modells durch vorgesehene Operationen neue Informationen gewinnt und dann häufig mit einem Sprung, willkürlich wählend, zum nächsten konkreteren, vielleicht zufällig vorliegenden Modell übergeht.

Produktdarstellende Modelle (PDM) und Produktdefinierende Daten (PDD)

Will man nun die Konstruktionstätigkeit durch Rechnerunterstützung beschleunigen, erleichtern oder gar erweitern, so müssen die Produktdarstellenden Modelle in adäquaten Produktdefinierenden Daten erfaßt werden. Es spielt sich dann, sofern das gelingt, beim rechnerunterstützten Konstruieren mit den Produktdefinierenden Daten ein ähnlicher Vorgang ab wie mit den Produktdarstellenden Modellen [6]. Der Konstrukteur arbeitet in seiner Vorstellung wie gewohnt mit dem PDM - NOWACKI [7] nennt es Gedankenmodell - und löst mit diesen Modellen bestimmte Operationen aus. Die Ausführung dieser Operationen jedoch übernimmt jetzt der Rechner mit Hilfe der PDD. Die durch

Funktionelle Konstruktionsphase

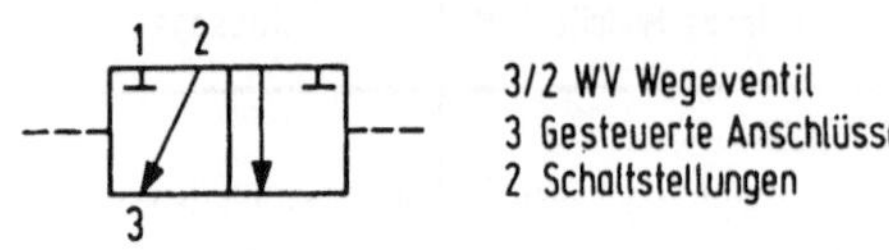

Gestaltende Konstruktionsphase

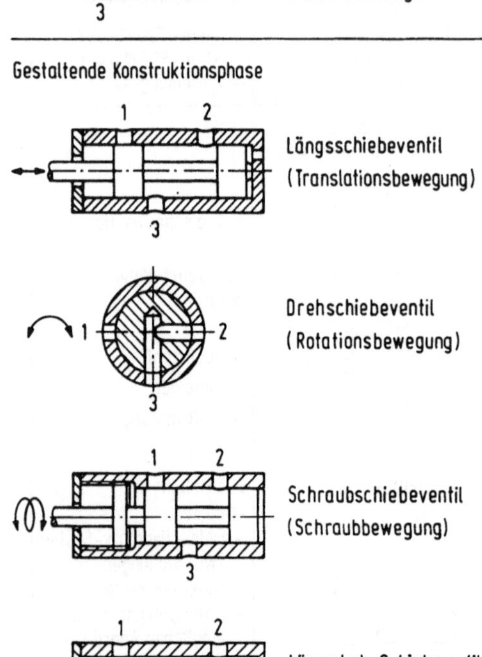

Bild 6: Produktdarstellende Modelle (PDM) zur Realisierung einer Funktion durch bestimmte Formgebung zweier Elemente. Variation der Verschiebebewegung, Beibehaltung des Steuereffekts infolge von Kantenverschiebung. Übergang von einer zur anderen Konstruktionsphase durch willkürliche, nicht durch algorithmisierte Modellzuordnungen.

die Operationen veränderten Daten muß der Konstrukteur wieder durch seine PDM interpretieren. Voraussetzung ist eine eindeutige Abbildung zwischen PDM und PDD, mindestens für eingeschränkte Bereiche. Leider kann man die meisten Produktdarstellenden Modelle, besonders in den oberen Konstruktionsphasen, zunächst gar nicht durch Produktdefinierende Daten erfassen, da ihre qualitativen Eigenschaften nur zum kleinsten Teil schon quantifiziert sind. Darüber hinaus muß auch ein Algorithmus und darauf basierend ein Programm vorliegen, das die aus den Modellen gewonnenen Daten in einen diesen Modellen entsprechenden Zusammenhang bringt, z. B. für die topologischen Informationen .

Das gelingt zur Zeit im wesentlichen nur für Datensortierungen (Listen), Berechnungen und graphische Darstellungen, also nur für die Spitze des als Vergleich herangezogenen Eisberges. Ein Gegenargument dergestalt, daß es entgegen den aufgestellten Behauptungen grundsätzlich nicht schwierig sei, den g e s a m t e n Zeichnungssatz eines technischen Gebildes durch Produktdefinierende Daten zu beschreiben, z. B. beim Übergang von CAD zu CAM, gilt nicht, da ja die Produktdarstellenden Modelle, welche zur

Konstruktion dieses Gebildes führten, vom Konstrukteur interpretiert und ausgewertet wurden und ihren Niederschlag in quantisierten geometrischen Körpern und technologischen Festlegungen gefunden haben. Das muß auch so sein, denn nicht nur in Datenverarbeitungsanlagen, sondern auch in Fertigungsmaschinen kann man nur quantisierte produktdefinierende bzw. produkterzeugende Daten eingeben.

In Bild 7 wurde versucht, anhand der rechnerunterstützten Konstruktion eines hydraulischen Längsschiebers zu zeigen, welches der Inhalt bestimmter Produktdarstellender Modelle ist (Spalte 2,3) und welcher Teil dieses Inhalts sich in den verwendeten Produktdefinierenden Daten niederschlägt (Spalte 4). Die Betrachtung wurde nur für e i n e n Abschnitt der Funktionellen und für mehrere Abschnitte der Gestaltenden Konstruktionsphase durchgeführt, um in den Zeilen 2 bis 5 zu zeigen, daß zur Vermeidung von datenmäßig schlecht zu erfassenden Sprüngen die Modelle möglichst zwangsläufig voneinander abgeleitet werden müssen. Wie schon gezeigt, entzieht sich im vorliegenden Fall der willkürliche Übergang vom ersten zum zweiten Modell (Zeile 1 und 2 des Bildes 7) einer durch den Rechner möglichen Unterstützung, da er nicht zwangsläufig gemacht wurde. Gegebenenfalls könnte das durch Einfügen zahlreicher Zwischenmodelle möglich sein.

Eine bewährte Methode für die Erzeugung geometrisch darstellbarer Gebilde mit Hilfe des Rechners besteht darin, die Topologie durch eine typische Ausgangskontur, ein Gattungsmuster bzw. ein Gattungsprimitivum festzulegen, das alle grundsätzlichen Gestaltkennzeichen hat und dann in den folgenden Schritten die durch Maße erfaßten Konturgrößen sowie abzählbare, sich wiederholende Konturformen wie Durchbrüche, Rippen usw. quantitativ zu verändern [7-10]. Das bedeutet beim rechnerunterstützten Vorgehen, die qualitativen Gestaltvariationsoperationen [1;11] wie Form- und Topologiewechsel vom Konstrukteur und die quantitativen wie Anzahl- und Abmessungswechsel vom Rechner ausführen zu lassen.

Als Beispiel, daß auch eine quantitative Angabe die Anordnung verändern kann, stehen die Modelle 1 und 2 des Bildes 7. In Modell 1 wird durch die Ziffern 1 bis 3 die Anzahl der gesteuerten Anschlüsse, durch den Buchstaben Y der Steueranschluß und schließlich mit der Zackenlinie das Symbol der Feder angegeben. Daraus wird durch ein Programm eine Ausgangskontur, eine Art Primitivum erzeugt (Zeile 2, Spalte 2), das zwar stets gleiche Durchmesser, aber von Fall zu Fall verschieden viele Durchbrüche hat (Zeile 2, Spalte 4). Die variable Anzahl, z. B. der Durchbrüche (hier Öltaschen genannt), ist bei diesem Schritt schon berücksichtigt und ergibt für die Standardmaße von Federraumlänge, Öltaschen- und Stegbreite schon die dazugehörende Gesamtlänge L_G.

In den nächsten Schritten, Modell 3, werden nun die Durchmesser der Kolbenführungen D_{KF}, die Öltaschenbreiten $B_{ÖL}$ und Stegbreiten B_{DT} auf das gewünschte Maß gebracht, in

Phase	Zweck des PDM / Nr.	Modelle	Produktdarstellendes Modell PDM: Zeichnerische Darstellung	Produktdarstellendes Modell PDM: Inhalt	Produktdefinierende Daten PDD
	Nr.	1	2	3	4
Funktionelle Phase	1	Symbol für Hydraulik-Schaltzeichen Festlegen von Anschlußzahl, Wirkungsweise, Bezeichnung	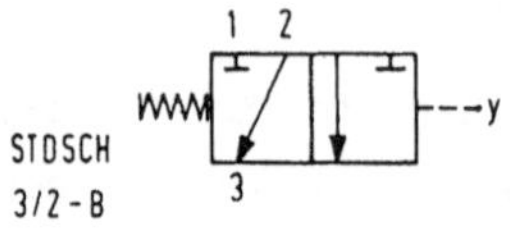 STDSCH 3/2-B 1 2 y 3	3 gesteuerte Anschlüsse 1-3 1 hydraulische Betätigung gegen Rückstellfeder 2 Schaltstellungen, vorgegebene Logik	Name: STDSCH 3/2-B Anzahl der Anschlüsse: IANZ = 4 Anschlußbezeichnung: 1;2;3 Position Ventilname: x,y Anschlußbezeichnung: 1 Anschlußbezeichnung: 2 Vektortabelle: MOVE x1,y2 DRAW x2,y2 ⋮ DRAW xN,yN
Gestaltende Phase	2	Gestaltansatz für Ventilzylinder und Kolben Festlegen von Anschlußanordnung, Federraumlage, vorläufigen Abmessungen	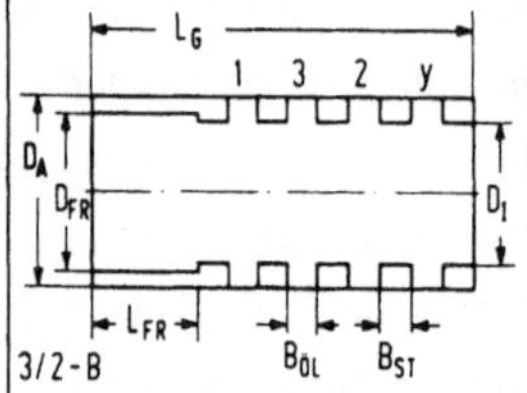 L_G 1 3 2 y D_A D_{FR} D_I L_{FR} $B_{ÖL}$ B_{ST} 3/2-B	Längs-Schiebeventil als Kolbenventil, Dichtung durch Passung, Zylinderform, Bewegungsfreiheiten, schematisierte Abmessungen, Lage, Anzahl der Ölkanäle Lage des Federraumes, Anzahl der Kolben, Namen	Gesamtlänge: LG = 50,0 Durchmesser, außen: DA = 24,0 Durchmesser, innen: DI = 18,0 Öltaschenbreite: BÖL = 4,0 Federraumlänge: LFR = 14,0 Stegbreite: BST = 4,0 Federraumdurchmesser: DFR = 20,0
	3	Gestaltung des Ventilzylinders Festlegen der Lage der Öltaschen, Innendurchmesser, Öffnungswinkel, Anschlußpunkte, Anschlüsse	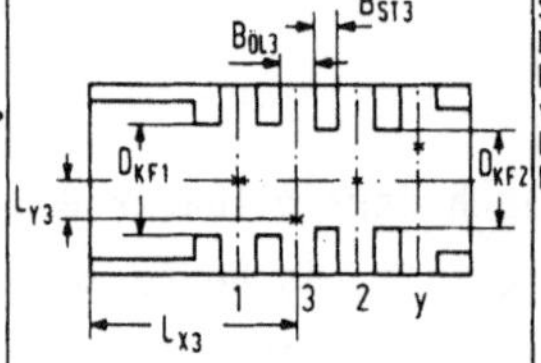 $B_{ÖL3}$ B_{ST3} D_{KF1} D_{KF2} L_{Y3} 1 3 2 y L_{X3}	Ventilzylinderausbildung, Steuerkantenlage, Maße für Anschlußpunkte, Breite von Kolbenführung, von Öltasche, Durchmesser der Kolbenführungen	Öffnungswinkel 11: BETA11 = 135,0 Öffnungswinkel 12: BETA12 = 45,0 Durchmesser der Kolbenführungen: DKF1 = 14,0 DKF2 = 12,0 Anschlußkoordinaten: LX1 = 19,75 LX2 = 35,25 LX3 = 27,25 LY3 = 5,0 Öltaschenbreite: BÖL3 = 4,5 Stegbreite: BST3 = 3,0
	4	Gestaltung der Kolbengrundform Festlegen der Steuerkanten, der Durchmesser	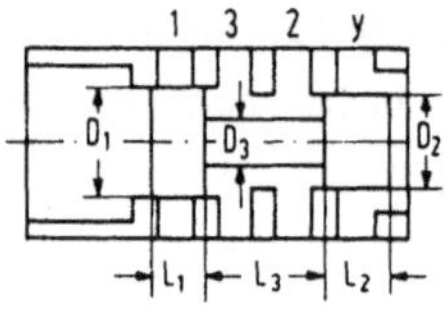 1 3 2 y D_1 D_3 D_2 L_1 L_3 L_2	Ventilkolbenausbildung Realisieren der Passungsdichtung, Verschiebungslänge und Steuerkantenlage, Steuerkantenmaße, Durchmessermaße,	Kolbenelemente,Anzahl: KAN2 = 3 Kennwert Elemente 1: I1 = 1 Länge Elemente 1: L1 = 7,0 Durchmesser Elemente 1: D1 = 14,0 Kennwert Elemente 2: I2 = 2 Länge Elemente 2: L2 = 8,0 Durchmesser Elemente 2: D2 = 12,0 Länge Elemente 3: L3 = 16,0 Durchmesser Elemente 3: D3 = 6,0
	5	Gestaltung der Feder und Kolbenausformung Festlegen von Federführung, Anschlägen, Schaftform, Federdaten, Abrundungsradien	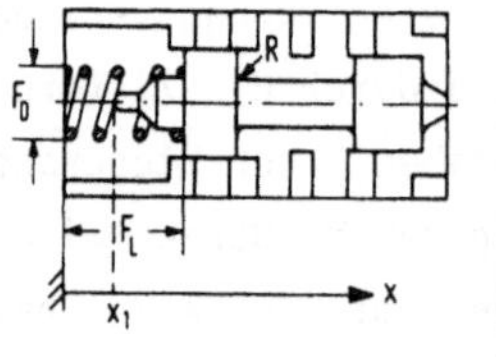 R F_D F_L x x_1	Arbeitsprinzip: Öldruck, vorgespannte Feder, Anschläge Ergebnis der Federberechnung restliche Kolbenmaße, Federform, Federmaße, Federführung, Anschlagzapfen, Abrundungsmaße	Federlänge,vorgespannt: FEDL = 16,0 Federdurchmesser: FD = 9,5 Windungszahl: IF = 9,0 Feste x-Koordinate: FX = 0,0 Anzahl der Kolbenstellungen: IST = 2 x-Koordinate Stell.1: x1 = 6,0 x-Koordinate Stell.2: x2 = 0,0 Abrundungsradien: R = 1,0

Bild 7: Rechnerunterstützte Konstruktion eines Wegeventils als Längsschiebeventil. Gegenüberstellung der verwendeten Produktdarstellenden Modelle (PDM) und der Produktdefinierenden Daten (PDD).

Modell 4 die Kolbenlängen L und die Kolbendurchmesser und schließlich in Modell 5 die Abmessungen der Feder und des Federführungszapfens. Bei diesem Modell ist auch eine Simulation der Kolbenstellung möglich, um die Lage der Entscheidungskanten zu prüfen.

Bei all diesen Produktdarstellenden Modellen erkennt man durch den Vergleich von Spalte 3 und 4, daß die Produktdefinierenden Daten das Modell um so vollständiger beschreiben, je mehr seine typischen Eigenschaften sich in quantifizierbaren Abmessungen und Anzahlen niedergeschlagen haben. Nicht erfaßt ist hier die Bedingung des Ölabdichtens durch eine vorgegebene Passung, die notwendige Lage der Entscheidungskanten, Werkstoff- und Oberflächenangaben.

Phasen \ Modelle		Produktdarstellende Modelle, PDM	Produktdefinierende Daten, PDD	Algorithmen zur Verarbeitung der PDD
Nr.	1	2	3	4
1	Funktionelle Phase	- Namen - Symbolische Darstellung eines hydraul. Schaltelements - Zahl und Art der Anschlüsse (steuernd, gesteuert) - Schaltlogik - Betätigungsart - Anzahl der Schaltstellungen - Bezeichnungen - Skizze des Schaltzeichens	- Namen - Positionierung im Schaltplan - Bezeichnungen - Vektortabelle für die Symbolskizze	Programme für: - Kommunikation - Geometrie- und Topologiedaten-Interpretation - graphische Ein- und Ausgabe - Listenauswertung logischer Verknüpfungen der Ventile - Gestaltvariation
2	Gestaltende Phase	- Namen - Mechanisches Funktionsprinzip, gesteuerter Längsschieber - Zylinderform - Tangentialverschiebung - Elementenpaarung - Lage der Steuerkanten - Dichtungsprinzip - Verstellantrieb - Federraum, Federanordnung - Anordnung der Fluidanschlüsse - Anschlußbezeichnung	- Namen - Längenmaße einer Standardform - Modifizierte Maße für Ventilzylinder, Kolben, Feder - Anschlußbezeichnung - Vektortabelle für zeichnerische Darstellung	

Bild 8: Der wesentliche Inhalt von Produktdarstellenden Modellen (PDM) und Produktdefinierenden Daten (PDD) für das rechnerunterstützte Konstruieren eines hydraulischen Wegeventils.

Zusammenfassend wird in Bild 8 festgehalten, worin sich die Inhalte der PDM (Spalte 2) von denen der PDD (Spalte 3) unterscheiden. Im wesentlichen enthalten die PDM neben den quantitativen Größen zusätzlich auch die zugrunde gelegten Prinzipien, die durch die Art der Anordnung, der Topologie und der Teileform zu erkennen sind. Auch bezieht der Betrachter die Einwirkung von Kräften, die Folgen von Bewegungen, d. h. physikalischen Funktionen, in seine Erkenntnisse aus dem PDM mit ein. Die PDD werden aus den PDM entwickelt und enthalten nur einen Teil von deren Inhalt, im wesentlichen die geometrischen und einige topologische Daten. Sie müssen, wie aus Spalte 4 hervorgeht, erst über ein Programm in die richtige Beziehung gebracht werden.

Konstruieren, Modellieren

Die Entwicklung Produktdarstellender Modelle (PDM) folgt den Ablaufphasen des Konstruierens (Bild 1), von der Aufgabenformulierung zur Funktionsfindung und Gestaltung. Die Modelle entwickeln sich gewissermaßen von innen nach außen, von der Prinzipskizze (Bild 9, Nr.1 und 2), von der Strukturdarstellung der Funktions- bzw. Wirkfläche zur

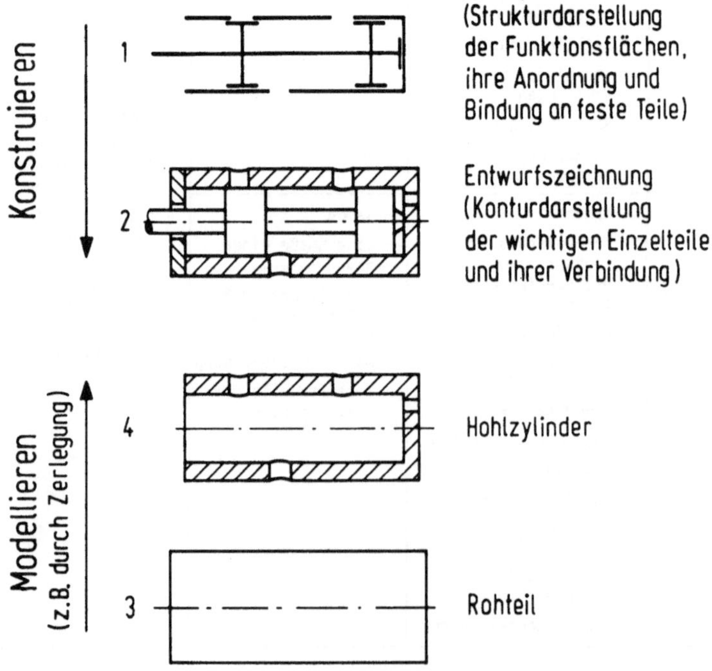

Bild 9: Unterschied zwischen "Konstruieren" und "Geometrischem Modellieren": Konstruieren ist das Entwickeln und Gestalten technischer Gebilde zur Erfüllung vorgegebener Funktionen (Nr.1;2), "Geometrisches Modellieren" ist die Eingabe der Geometrie von Körpern in den Rechner ohne Berücksichtigung ihres technischen Inhalts (Nr.3;4). Beispiel: "Konstruktion" eines Längsschiebers, aber "Modellierung" eines durchbrochenen Hohlzylinders.

Entwurfszeichnung mit den auszuführenden Konturflächen herstellbarer Körper, die nun nicht nur Ausdehnungen, sondern auch Querschnitte und zweckmäßige Oberflächenformen haben. Diesen Vorgang nennt man im Konstruktionsablauf Gestalten.

Beim rechnerunterstützten Konstruieren (CAD) wird häufig die dreidimensionale Darstellung nach der Methode der Modellzerlegung durch Flächen- oder Volumenaufteilung der Grundelemente praktiziert. Das Vorgehen ähnelt dem eines Bildhauers, der sein Rohteil von außen her formt und bearbeitet. Ein ähnlicher Vorgang findet auch beim Fertigen von Teilen statt (Bild 9, Nr.3;4). Es wird von "außen" nach "innen" vorgegangen, von der jeweiligen Oberfläche her etwas ab- oder aufgetragen. Beim rechnerunterstützten Konstruieren spricht man im Zusammenhang mit der Eingabe der dreidimensionalen Geometrie eines Körpers vom "Geometrischen Modellieren"[7].Der Ausdrück kommt aus dem angelsächsischen Sprachgebrauch. Er wird dort im Sinne von "solid modeling" als Aufbau eines geometrischen Modells benutzt.

Die Verwendung dieses Ausdrucks anstelle von "Konstruieren" im Sinne von Gestalten ist im deutschen Sprachgebrauch sehr unglücklich und von der Sache her falsch. Kein Konstrukteur "modelliert" eine Maschine - das macht höchstens ein Designer mit Plastilin, Styropor oder Pappmaschee -, sondern er konstruiert sie aus zahlreichen Einzelteilen, die neben ihrer äußeren Form noch eine Reihe von Funktionen zu erfüllen haben. Daher sollte auch in den Nachbarbereichen der Konstruktion, sofern man das gestaltende Konstruieren meint, dieser Begriff vermieden werden. Es könnte sonst allzu leicht die Meinung entstehen, das "Modellieren" wäre der eigentliche Inhalt des Konstruierens oder sogar die Unterstellung, daß der Rechner, wenn er "modellieren" kann, auch konstruieren könnte. Das Konstruieren ist in der Tat sehr viel mehr als reine Geometrieverarbeitung.

Zusammenfassung

Anliegen dieser Abhandlung aber war es zu zeigen, daß zum Konstruieren Produktdarstellende Modelle (PDM) notwendig sind, deren Inhalt nur zum Teil und nur nach Quantisierung, z. B. mit Hilfe von Gleichungen, Booleschen Modellen [12], Geometriefestlegungen usw. in Produktdefinierende Daten überführt werden kann.

Mit Produktdarstellenden Modellen (PDM) kann man konstruieren, mit Produktdefinierenden Daten (PDD) kann man heute nur das Konstruieren ergänzen, erleichtern oder beschleunigen. Auf die Interaktion des Konstrukteurs wird man nur dann weitgehend verzichten können, wenn es gelingt, die Produktdarstellenden Modelle (PDM) vollständig in Produktdefinierende Daten (PDD) zu überführen.

Schrifttum

[1] Roth, K.: Konstruieren mit Konstruktionskatalogen. Berlin, Heidelberg, New York: Springer 1982.

[2] Franke, H.-J.: Untersuchungen zur Algorithmisierbarkeit des Konstruktionsprozesses. Dissertation TU Braunschweig 1976.

[3] Bohle, D.: Rechnerunterstütztes Konstruieren im Rahmen des Algorithmischen Auswahlverfahrens zur Konstruktion mit Katalogen. Dissertation TU Braunschweig 1982.

[4] Roth, K., Bohle, D.: Rechnerunterstütztes methodisches Konstruieren von Hydraulik-Steuerplatten. Konstruktion 34 (1982) H. 4, S. 125-131.

[5] Roth, K.: Verkürzung des Konstruktionsablaufs durch abgestimmte Modellbildung beim rechnerunterstützten Konstruieren. VDI-Berichte 492, S. 79-87. Düsseldorf: VDI-Verlag 1983.

[6] Farny, B.: Rekonstruktion eines 3D-Geometriemodells aus Orthogonalprojektionen beim rechnerunterstützten Konstruieren. Dissertation TU Braunschweig 1984.

[7] Nowacki, H.: Geometrisches Modellieren - eine Kurzübersicht. VDI-Berichte 492, S. 321-328. Düsseldorf: VDI-Verlag 1983.

[8] Encarnação, J., Hornung, C., Kuhlmann, H.: Geometrische Modelliersysteme, Stand und Trends. Informatik-Fachberichte Bd. 65, Geometrisches Modellieren, S. 3-23, Berlin, Heidelberg, New York, Tokyo: Springer 1983.

[9] Requicha, A.A.G., Voelker, H.B.: Solid Modeling: A Historical Summary and Contemporary Assessment. IEEE Computer Grafics and Applications (March 1982),Vol. 2 Nr. 2, pp. 9-24.

[10] Requicha, A.A.G., Voelker, H.B.: Solid Modeling: Current Status and Research Directions. IEEE Computer Grafics an Applications (Oktober 1983) Vol. 3, Nr. 7 pp. 25-37.

[11] Koller, R.: Entwicklung einer Systematik für Verbindungen - ein Beitrag zur Konstruktionsmethodik. Konstruktion 36 (1984) H. 5, S. 173-180.

[12] Roth, K.: Analyse und systematische Einteilung fester Verbindungen. Konstruktion 36 (1984) H. 7.

ANFORDERUNGEN AN EINE SCHNITTSTELLE ZUR ÜBERTRAGUNG PRODUKTDEFINIERENDER DATEN ZWISCHEN VERSCHIEDENEN CAD/CAM-SYSTEMEN

Dr.-Ing. R. Schuster, Dipl.-Ing. D. Trippner
BMW AG
München

1. Übertragung von produktdefinierenden Daten

1.1 Notwendigkeit der Übertragung produktdefinierender Daten

CAD/CAM-Systeme werden heute in nahezu allen Bereichen der technischen Produktentwicklung eingesetzt. Dies führt zur Verbesserung der Produktqualität, Wirtschaftlichkeit und Verkürzung der Produktanlaufzeiten.
Eine wesentliche Steigerung der Produktivität ergibt sich durch die Möglichkeit des integrierten Einsatzes von CAD/CAM, wenn durch Verkettung von Entwurfsschritten der Mehrfachzugriff auf einmal erstellte Konstruktionsdaten erfolgen kann. Voraussetzung eines integrierten Entwurfs- und Produktionsprozesses ist jedoch der Austausch von produktdefinierenden Daten im Informationsfluß zwischen:

- verschiedenen technischen Anwendungsbereichen der Konstruktion (Karosseriekonstruktion, Motor-Konstruktion),
- Konstruktion, Fertigungsvorbereitung und Fertigung,
- Herstellern und Zulieferanten bzw. Zweigwerken,
- zeitlich aufeinanderfolgenden Modellentwicklungen,
- verschiedenen CAD/CAM-Systemen und
- verschiedenen Versionen eines CAD/CAM-Systems ('Versionitis').

Der konventionelle Produktdatenaustausch erfolgt heute im wesentlichen mit Hilfe von technischen Zeichnungen, Stücklisten und Modellen.
Der Aufwand bei der Handhabung dieser konventionellen Datenträger macht den Einsatz von EDV-Hilfsmitteln bei der effizienteren Übertragung und dem schnelleren Zugriff notwendig (Bild 1.1-A).

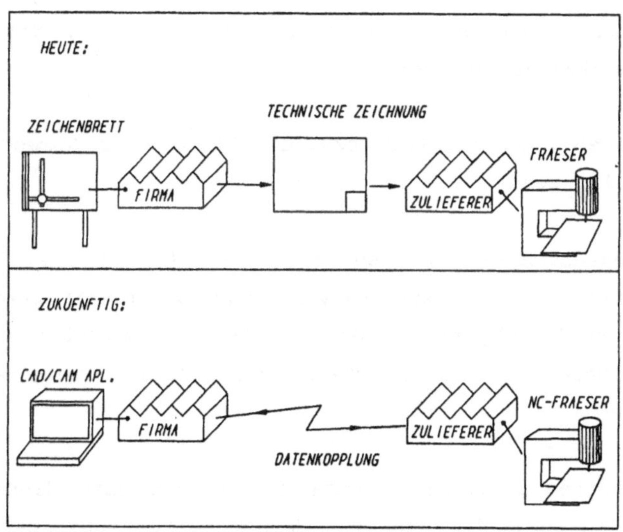

Bild 1.1-A

Die zu erwartenden Vorteile bei einem Produktdatenaustausch mit EDV-Mitteln lassen sich dabei wie folgt zusammenfassen:

- Verringerung der Durchlaufzeiten,
- Minimierung von Fehlern,
- Eindeutigkeit durch Verbesserung der Qualität,
- verbesserter Informationszugriff,
- Vermeidung von Mehrfacharbeit,
- Reduzierung des administrativen Aufwandes,
- Verfügbarkeit von Norm- und Zukaufteilen.

1.2 Produktdefinierende Daten als rechnerinternes Modell

Produktdefinierende Daten sind die Daten, die Informationen zu einem Objekt - oder Teile eines Objektes - enthalten und die seine spätere Produktion aufgrund eines rechnerinternen Modells erlauben (Bild 1.2-A):

- **Darstellungsdaten** beinhalten Informationen, wie ein Objekt rein graphisch darzustellen ist, d.h. Farbe, Strichstärke, Strichart oder auch Blinkwinkel auf ein Modell.

- **Geometriedaten** legen die Form bzw. die Gestalt und Abmessungen eines Produktmodells fest.

- **Organisationsdaten** sind notwendig, um ein Objekt oder Teile eines Objektes während des Produktionsprozesses zu identifizieren und um Planungsdaten dem Objekt zuordnen zu können. Darunter fallen Daten des Teilestammsatzes wie z.B. Teilenummer, Name, Freigabestatus oder Erstellername.

- **Technologiedaten** enthalten Informationen, die dazu dienen, das Objekt näher zu spezifizieren bzw. dessen Weiterverwendbarkeit im gesamten Produktionsprozeß zu ermöglichen. Also z.B. Materialdaten, Fertigungsdaten oder Berechnungsinformationen.

Die Beschreibung eines rechnerinternen Modells erfolgt aus einer Untermenge aller produktdefinierenden Daten in Abhängigkeit des jeweiligen Anwendungsschwerpunktes und Leistungsbereichs des CAD/CAM-Systems.

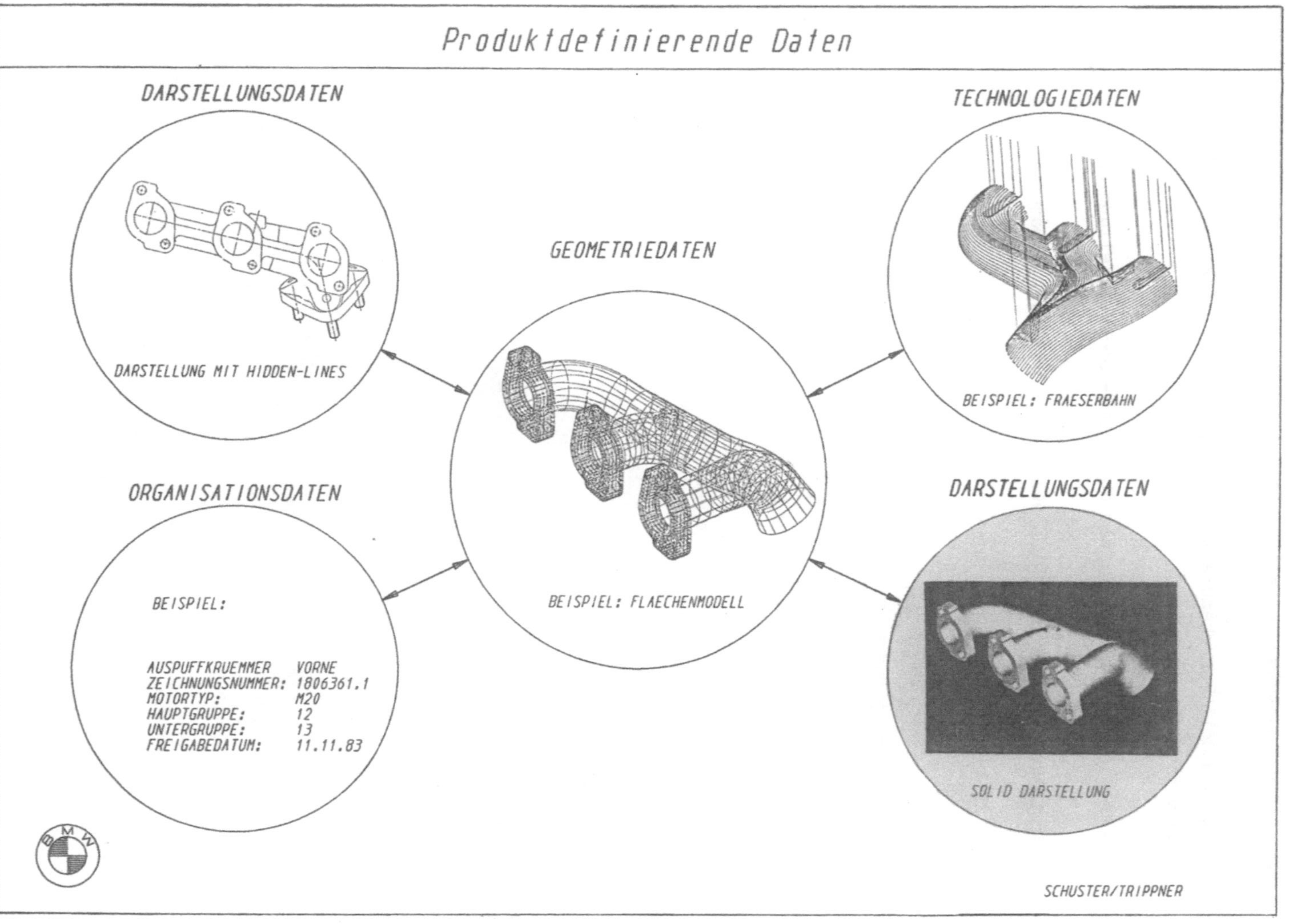
Produktdefinierende Daten
DARSTELLUNGSDATEN
DARSTELLUNG MIT HIDDEN-LINES
GEOMETRIEDATEN
BEISPIEL: FLAECHENMODELL
TECHNOLOGIEDATEN
BEISPIEL: FRAESERBAHN
ORGANISATIONSDATEN
BEISPIEL:
AUSPUFFKRUEMMER VORNE
ZEICHNUNGSNUMMER: 1806361.1
MOTORTYP: M20
HAUPTGRUPPE: 12
UNTERGRUPPE: 13
FREIGABEDATUM: 11.11.83
DARSTELLUNGSDATEN
SOLID DARSTELLUNG
BMW
SCHUSTER/TRIPPNER

Unabhängig vom Anwendungsgebiet lassen sich rechnerinterne Modelle in drei Leistungsstufen einteilen (Bild 1.2-C):

- Produktmodell bestehend aus Technologie-, Organisations-, Geometrie- und Darstellungsdaten,

- Geometriemodell bestehend aus Geometrie- und Darstellungsdaten,

- Darstellungsmodell bestehend aus reinen Darstellungsdaten.

Modell	Produktdaten	Anwendungsbeispiel	Schnittstellen
Produkt-modell	Technologie-, Organisations-, Geometrie-, Darstellungs-daten -Stueckliste -Baugruppe -Materialdaten -Toleranzen - . - . - .		?
Geometrie-modell	Geometrie-, Darstellungs-daten -Kreise -Kegelschnitte -Regelflaechen - . - . - .	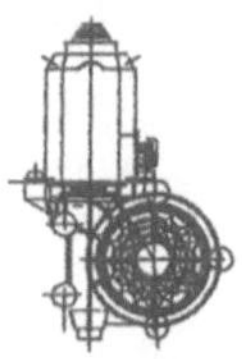	IGES VDAFS
Darstellungs modell	Darstellungs-daten -Linienart -Liniendicke -Farbe - . - .	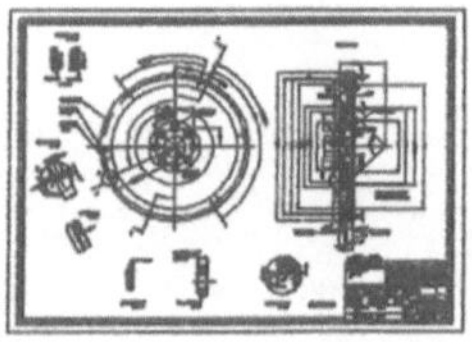	GKS

Bild 1.2-C

1.3 Funktionsweise und Realisierungsstand von CAD/CAM-Schnittstellen

Die heute auf dem Markt befindlichen CAD/CAM-Systeme unterscheiden sich nicht nur durch unterschiedliche Anwendungsschwerpunkte und Leistungsstufen, sondern auch durch unterschiedliche Datenstrukturen und Datenformate, die jedem internen "CAD/CAM-Modell" zugrunde liegen. Unterschiede im Datenformat, die nur auf die Verwendung verschiedener Rechnertypen oder Betriebssysteme zurückzuführen sind, bestimmen die alltägliche Praxis.

Weitere Probleme ergeben sich aus der unterschiedlichen Menge von Datenelementen (Entities), die in jedem CAD/CAM-System definiert sind. Ohne weitere Manipulation können nur die Datenelemente zwischen zwei CAD/CAM-Systemen ausgetauscht werden, die in beiden Systemen abbildbar sind.

Für das Übertragen von Daten von einem System A nach einem System B gibt es zwei bisher übliche Lösungswege:

- Daten vom System A mittels eines Prozessors so zu extrahieren und konvertieren, daß sie vom System B verarbeitet werden können. Der Prozessor ist dabei in seinem Funktionsumfang und seiner Verarbeitungsweise auf System A und System B abgestimmt. Für die Übertragung der Daten in beide Richtungen werden 2 Prozessoren benötigt. Diese Vorgehensweise hat jedoch den gravierenden Nachteil, daß bei einer Kopplung zwischen N verschiedenen Systemen für jede weitere Kopplung zu einem anderen System erneut 2(N-1) Prozessoren erstellt werden müssen. Dies bringt einen großen Aufwand an Programmerstellung und -wartung mit sich (Bild 1.3 A).

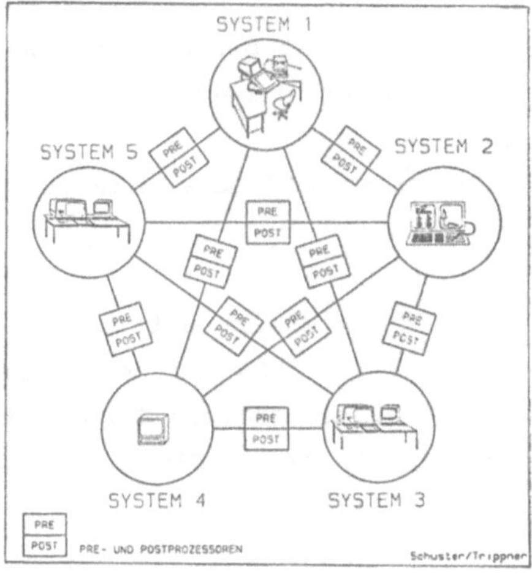

Bild 1.3-A

- Daten von einer CAD/CAM-systeminternen Darstellung werden nicht direkt in eine andere übergeführt, sondern zunächst in einem gemeinsamen systemunabhängigen Datenformat zwischengespeichert. Die Wandlung in ein beliebig anderes Format efolgt in zwei Schritten. Dieser Lösungsweg erfordert die Existenz einer genormten Datenschnittstelle, die Basis aller Verarbeitungsprozesse ist. Für jede neue Kopplung zwischen N verschiedenen Systemen werden nur zwei weitere Prozessoren benötigt (Bild 1.3-B).

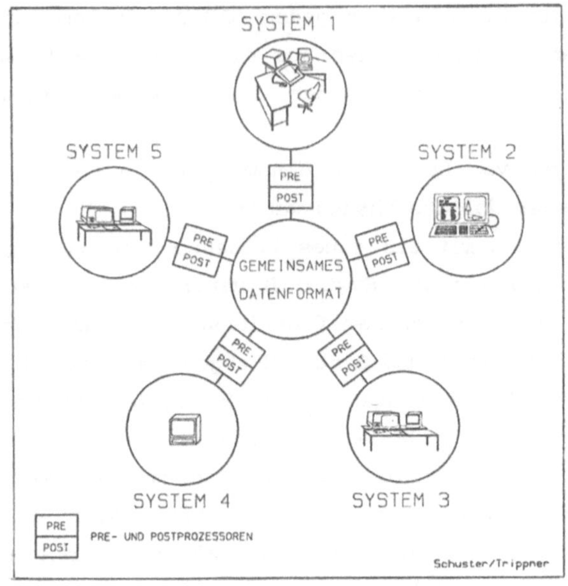

Bild 1.3-B

Abgesehen von Spezialanwendungen ist der Datenaustausch über eine genormte Schnittstelle auf die Dauer sicherlich die einzig wirtschaftliche und sinnvolle Alternative.
Verschiedene nationale und internationale Gremien arbeiten auf Lösungsansätze hin.

Die erste standardisierte Schnittstelle auf diesem Gebiet wurde mit der ANSI-Norm Y14.26M 1981 in den USA festgeschrieben. Wesentlicher Bestandteil der Norm ist dabei das Konzept IGES Version 1.0 (Initial Graphics Exchange Specification), das im NBS (National Bureau of Standards) entwickelt wurde (Bild 1.3-C).

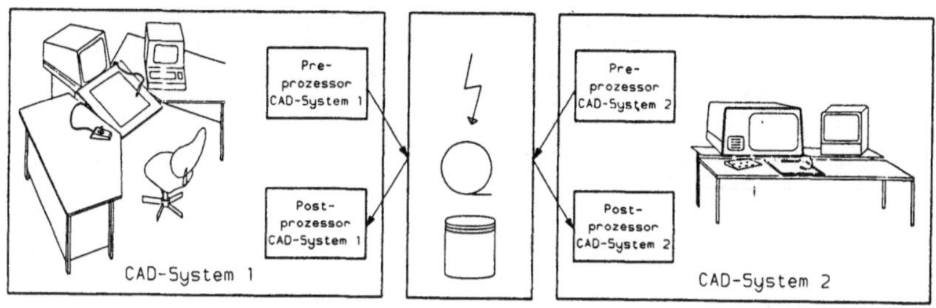

Bild 1.3-C

IGES basiert im wesentlichen auf Eigenschaften von CAD/CAM-Systemen, die seit den siebziger Jahren von US-Firmen entwickelt und am Markt angeboten werden. Der Anstoß zur Standardisierung kam vom amerikanischen Verteidigungsministerium, um die Datenübertragung zwischen der Vielzahl eingesetzter CAD-Systeme in der Flugzeugindustrie beherrschbar zu gestalten. Der Anwendungsschwerpunkt lag dabei in der mechanischen Konstruktion und beschränkte sich dabei hauptsächlich auf den Austausch von technischen Zeichnungen. Diese Randbedingungen kennzeichnen das Grundkonzept von IGES, auch wenn sich in Folgeversionen das Anwendungspektrum vergrößert hat.
Die grundlegende Dateneinheit in einer IGES-Datei ist das Entity. Es sind 34 verschiedene Entitytypen mit 41 verschiedenen Subformen im Standard (IGES VERSION 1.0) definiert. IGES sieht dabei die prinzipielle Einteilung der Entities in die drei Entityklassen

- Geometrie-Entities,
- Drafting Entities,
- Structure Entities

vor. Die Klassenzuordnung wurde bei der Definition der Elemente jedoch nicht konsequent eingehalten (Bild 1.3-D).

IGES ENTITIES (VERSION 1.0)

ARC/CIRCLE Typ: 100	COMP. CURVE Typ: 102	GENERAL CONIC Typ: 104	Daten - tripel COPIOUS DATA Typ: 106 Form: 2	COPIOUS DATA Typ: 106 Form: 31	Centerline COPIOUS DATA Typ: 106 Form: 20	Masshilfs-linie COPIOUS DATA Typ: 106 Form: 40	PLANE Typ: 108	LINE Typ: 110	GEOMETRY ENTITIES
SPLINE 2D Typ: 112 Form: 3 (Cubic)	SPLINE 3D Typ:.112 Form: 4 (Wilson Fowler)	PAR. SPLINE SURF. Typ: 114	POINT Typ: 116	RULED SURF. Typ: 118	SURF.OF REV. Typ: 120	TAB. CYLINDER Typ: 122	1 0 0 0 1 0 0 0 1 TRANSF. MATRIX Typ: 124		
56°46' ANGULAR DIMENS. Typ: 202	15 DIAMETER DIMENS. Typ: 206	FLAG 1 FLAG NOTE Typ: 208	LABEL GENERAL LABEL Typ: 210	NOTE GENERAL NOTE Typ: 212	LEADER (ARROW) Typ: 214 Form: 7	12.5 10 LINEAR DIMENS. Typ: 216	12.5 0.0 ORDINATE DIMENS. Typ: 218	125 POINT DIMENS. Typ: 220	DRAFTING ENTITIES
10 R RADIUS DIMENS. Typ: 222									
ASSOCIATIVITY DEF. Typ: 302	LINE FONT DEF. Typ: 304	MACRO DEFINITION Typ: 306	SUBFIGURE DEF. Typ: 308	TEXT FONT DEF. Typ: 310	ASSOCIATIVITY INST. Typ: 402	DRAWING ENTITY Typ: 404	PROPERTY ENTITY Typ: 406	SUBFIGURE INST. Typ: 408	STRUCTURE ENTITIES
VIEW ENTITY Typ: 410	MACRO INSTANCE Typ: 600-699 (as spec. by user)								

Bild 1.3-D

Eine IGES Datei besteht aus 5 Sektoren:

- Die **START SECTION** enthält einen lesbaren Text, der zusätzlich zu dem zu übertragenden Modell mit übergeben werden kann.
- Die **GLOBAL SECTION** beinhaltet Informatinen für den Post-Prozessor. Hier wird z.B. festgelegt, welche Trennungszeichen verwendet wurden oder wieviele Bits für die Darstellung einer Realzahl verwendet wurden.
- In der **DIRECTORY ENTRY SECTION** stehen pro Entity zwei Records im Festformat, die elementtypunabhängige Daten tragen, z.B. Versionskennung, Attribute oder Pointer.
- Die **PARAMETER SECTION** enthält alle Parameter eines jeden Entities im Freiformat.
- Die **TERMINATE SECTION** besteht aus einem Record, der die Anzahl der Records jeder Section festhält.

Zur Leistungsfähigkeit von IGES läßt sich folgendes festhalten:

- Das Austauschformat ist nur für eine bestimmte Gruppe von CAD/CAM-Systemen verwendbar

- Es fehlt eine Subset- bwz. Level-Struktur

- Definitionen sind unpräzise und Elementklassen sind vermischt

- Eine Elementhierarchie ist nicht zu erkennen

- Es gibt kein Konzept für mögliche Erweiterungen

- Es gibt keine klaren Richtlinien für Implementierungen

- Datenformate sind umständlich und aufwendig

Auf der Basis der IGES-Entwicklung und der damit beschrittenen nützlichen Anwendungen wurden aus o.g. Gründen in letzter Zeit weitere Schnittstellen definiert bzw. deren Definition in Angriff genommen.
Als Beispiel hierfür sei nur die VDA-Flächenschnittstelle erwähnt, die in Zusammenarbeit zwischen dem Verband der Automobilhersteller und dem DIN Arbeitsausschuß DIN NAM-96.4 zur Normung vorliegt (DIN 66301). Die VDAFS deckt speziell Anwendungen aus dem Bereich der Freiformgeometrie ab.
In der VDAFS sind folgende Elemente definiert:

- Punkt
- Punktfolge
- Punkt-Vektor-Folge
- Kurve (polynomial beliebigen Grades)
- Fläche (bipolynomial beliebigen Grades)

Neben den rein geometrischen Daten können auch zugeordnete Kommentare in der Transferdatei mit übergeben werden. Darüber hinaus lassen sich geometrische Elemente zu Gruppen zusammenfassen.

2.1 Forderung an eine CAD/CAM-Schnittstelle unter den Gesichtspunkten der Anwendung

Die unterschiedlichen Leistungsfähigkeiten und Anwendungsschwerpunkte der einzelnen CAD/CAM-Systeme definieren die Eigenschaften einer Übertragungsschnittstelle. Problematisch ist es daher z.B., Volumenelemente in einem System zu empfangen, wenn dieses auf 2D-Zeichnungserstellung ausgerichtet ist.

Daher sind eine Reihe von Forderungen bei der Definition einer Schnittstelle aufzustellen.

- Jedes CAD/CAM-System sollte alle Daten seiner Elemente in dem zu definierenden Übertragungsformat abbilden als auch empfangen können.

- Die Daten in der Übergangsdatei müssen so aufbereitet sein, daß jedes System ein Maximum an Daten extrahieren kann.
  Beispiel: Ist in einem sendenden CAD-System A die Strecke L1 als Verschneidung der Ebene E1 und E2 definiert, so sollte für ein CAD-System B, das die Operation der Verschneidung nicht kennt, die Strecke L1 mit ihrem Anfangspunkt P1 und Endpunkt P2 trotzdem noch empfangen können (Bild 2.1-A).

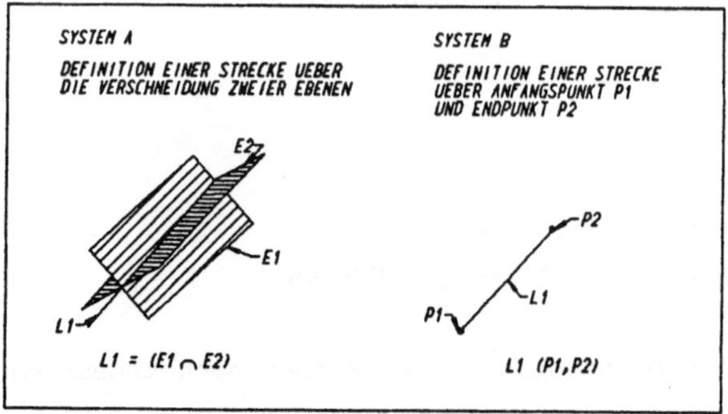

Bild 2.1-A

- Der Verarbeitungsprozeß muß beim Erzeugen oder Interpretieren von Übertragungsdaten vom Anwender steuerbar sein.
  Beispiel: Bei der Übertragung von Winkel-Bemaßungen kann je nach Bedarf die Funktionalität der Bemaßung oder nur die Darstellung der Bemaßung im Vordergrund stehen.
  Wird die im System A (DIN-Norm) erstellte Winkelbemaßung über ein Austauschformat in das System B (ANSI-Norm) übertragen, so sollte der Anwender wählen können, wie die Bemaßung im System B abgespeichert werden soll. Entscheidet sich der Anwender für die Funktionalität, so kann er die Bemaßung weiterhin als Winkelbemaßung handhaben, die Darstellung entspricht dann jedoch nicht der ANSI Norm. Entscheidet er sich für die normgerechte Darstellung, so geht dem System die Bedeutung der Winkelbemaßung verloren.

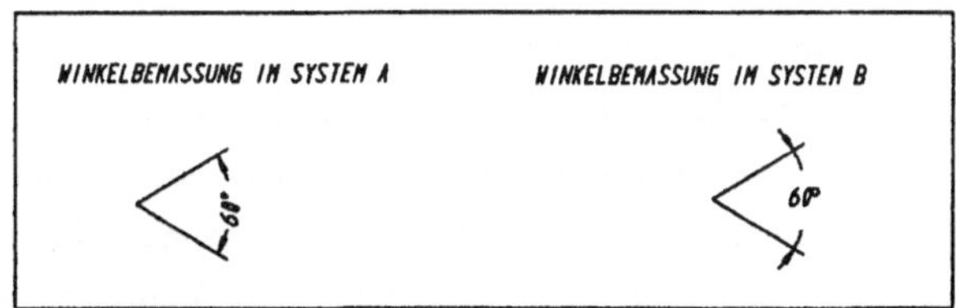

Bild 2.1-B

- Es muß gewährleistet sein, daß der Anwender vom Prozessor gezielte Informationen sowohl über den Dateninhalt als auch über mögliche Fehler im Übertragungsfile erhält.

- Beim Einsatz heutiger Prozessoren führt der nicht spezifizierte Leistungsumfang der Schnittstelle zu Problemen. In der Praxis weicht die Leistungsfähigkeit von Pre- und Postprozessoren der CAD/CAM-Softwarehersteller stark vom Standard ab, da meist nur ein kleines Subset der im Standard definierten Elemente abgedeckt ist.

  Um dieser Schwierigkeit vorzubeugen, muß schon bei der Definition der Schnittstelle dieser möglichen Abstufung Rechnung getragen werden. Eine Levelstruktur, ähnlich wie sie auch beim GKS definiert wurde, erscheint auch hier als sinnvoll.
  Darüber hinaus ist eine Verifizierung und Validierung der Prozessoren mit genormten Testverfahren notwendig.

2.2 Forderungen an eine CAD/CAM-Schnittstelle unter den Gesichtspunkten der EDV-technischen Realisierbarkeit

Grundvoraussetzung für die erfolgreiche Implementierung von Prozessoren ist ein klares strukturiertes Konzept der Schnittstelle sowie seine saubere formale Beschreibung. Außerdem sollte schon bei der Erstellung des Konzepts eine Erweiterungsstrategie festgelegt werden, mit Hilfe deren technische Neuerungen in die Schnittstelle mit aufgenommen werden können, ohne bestehende Definitionen ständig modifizieren zu müssen.

Die bei der Schnittstellendefinition zu berücksichtigenden Punkte lassen sich dabei wie folgt zusammenfassen:

- redundanzfreie Elementauswahl,
- saubere Elementklassifizierung,
- eindeutige Konvertierungsalgorithmen,
- Dateistruktur,
- formale Beschreibung als Basis,
- Implementierung, Verifizierung und Dokumentation.

Die Elementauswahl, Elementklassifizierung und das Erstellen der Konvertierungsalgorithmen muß dabei sowohl auf heute üblichen CAD/CAM-Systemen als auch auf erkennbaren CAD/CAM-Entwicklungen basieren.

Unter einem Element (Entity) ist in diesem Zusammenhang die kleinste identifizierbare Dateneinheit in einer Transferdatei zu verstehen.

Wegen der Vielfalt der zu übertragenden Produktdaten sind unterschiedliche Entitytypen zu definieren, wobei jeder Entitytyp aus einer festgelegten Anzahl und Reihenfolge numerischer oder alphanumerischer Daten besteht.

Entitytypen können nach einheitlichen Kriterien in folgende Klassen eingeteilt werden:

- Die Klassen der unabhängig beschreibenden Entities

  . Die Klasse der **Geometrieelemente** besteht dabei aus **Entities** mit null- bis dreidimensionaler Eigenausdehnung, die durch reine metrische Größen beschrieben werden.

  . **Applikationsentities** sind anwendungsspezifische Elemente, die sowohl einer Fachrichtung wie z.B. Maschinenbau, Bauwesen oder Elektrik als auch unterschiedlichen Anwendungsschwerpunkten innerhalb einer Fachrichtung (Berechnung, Bemaßung oder Fertigung) zuzuordnen sind.

- Die Klassen der Entities, die beschreibende Entities näher spezifizieren bzw. die auf beschreibende Entities einwirken:

  . **Attributentities** beschreiben Eigenschaften, die nicht zur eigentlichen Kerninformation eines anderen Entities gehören.
  Durch die Definition der Attributentities wird der Datenumfang anderer Entities erheblich reduziert. Darüber hinaus hat das Konzept den Vorteil, flexibel gegenüber zukünftigen Erweiterungen zu sein.

  . **Strukturen/Relationen**
  Diese Klasse beinhaltet Entities, die Beziehungen zwischen Entities in Form einer n:m Relation herstellen können. Relationsentities tragen neben der Relationsidentifizierung und den Verweisen auf andere Elemente keine weiteren Daten.

  Beispiele:
  .. Aufbau von Körpern aus einer Hierarchie von geometrischen Basiselementen
  .. Attributzuordnung
  .. Zuordnung von Operationen

  . Die Klasse der **Darstellungsentities** beinhaltet Elemente, die die Abbildungsvorschrift anderer Entities in einer Darstellung eindeutig festlegen.
  Hierunter fallen:

  .. Zeichnungsanordnung
  .. Clipping
  .. Perspektiven
  .. Schnittverlauf
  .. Explosionszeichnung

  . **Operationsentities** erzeugen aus Vorgabedaten Ergebnisdaten. Das Ergebnis einer Operation auf ein Entity ist wiederum ein Entity.
  Dabei lassen sich folgende Operationen unterscheiden:

  .. generierende Operationen
  .. modifizierende Operationen

2.3 Stand der Normung einer Schnittstelle für die Übertragung produktdefinierender Daten in der BRD

Der DIN Arbeitsausschuß DIN NAM AA 96.4 mit dem Titel "Transfer und Archivierung produktdefinierender Daten" (TAP) beschäftigt sich seit 1983 mit der Normung einer Schnittstelle für die Übertragung von Produktdaten zwischen CAD/CAM-Systemen.

Die Arbeiten im TAP Arbeitsausschuß konzentrierten sich zunächst auf die Analyse bestehender Normen auf diesem Gebiet und auf die Prüfung deren Verwendbarkeit für eine deutsche Norm.

Neben IGES, dessen Konzept Schwerpunkt der Analyse war, wurden die Schnittstellendefinitionen ANSI Y.14.26M CHAPTER V, XBF, STRAWMAN und SET untersucht.
Als Ergebnis dieser Analyse kann festgehalten werden, daß keine dieser Normungen in den bestehenden Formen ohne Änderung für einen deutschen Standard geeignet sind.
Da die CAD/CAM-Entwicklung aber nur noch im internationalen Zusammenhang gesehen werden kann, sind nationale Lösungen in diesem Bereich nicht anzustreben. Der Arbeitsausschuß hat aus diesen Gründen eine Zusammenarbeit mit Organisationen wie ANSI, NBS, AFNOR, VDA, AECMA und CAM-I aufgenommen.
Anfang 1984 wurde das vom TAP Arbeitsausschuß erarbeitete IGES Positionspapier "IGES REVIEW AND PROPOSED EXTENSIONS" (DIN NAM AA 96.4/2-84) im NBS Normungsausschuß vorgetragen und diskutiert. Das IGES Positionspapier dient jetzt mit als Basis für die konkrete Verbesserung von IGES als auch für die Erstellung von Leitlinien für die Weiterentwicklung des Standards.
Neben dem Erstellen dieser Leitlinien ist der Arbeitsausschuß mit der Normung der VDA-Flächenschnittstelle beschäftigt. Die VDA-Flächenschnittstelle wurde in Zusammenarbeit mit dem Verband der Automobilhersteller erstellt; sie ist als erster Teil einer umfassenden Norm zu sehen und deckt speziell den Bereich der Freiformgeometrie ab. Die VDAFS, die heute schon von einer Reihe von CAD/CAM-Anbietern implementiert wurde, konnte sich bereits in der Praxis bewähren.

Weitere Informationen, die sich auf das behandelte Thema beziehen, findet man im Schrifttum (1 bis 4).

Schrifttum:

(1) ANSI (American National Standards Institute);
Digital Representation of Product Defintion Data
(Y14.26M), September 1981.

(2) Initial Graphics Exchange Specification (IGES);
Version 2.0, Februar 1983.
U.S. Department of Commerce, National Bureau of Standards.

(3) VDAFS Format zum Austausch geometrischer Informationen;
Normentwurf für DIN Norm 66301
DIN NAM 96.4/25-84, Juli 1984.

(4) IGES Review and Proposed Extensions;
DIN NAM 96.4/2-84, Februar 1984.

Fachgespräch

Methoden der Evaluierung und Einführung von CAD-Systemen

Koordination: **J. Encarnacao** (Darmstadt)

VORSTELLUNG DES CAD-HANDBUCHES

erarbeitet vom GI-Arbeitskreis 4.2.1
"Wirtschaftlichkeit von CAD-Systemen"
durch

J. Encarnacao
Technische Hochschule Darmstadt
FG Graphisch-Interaktive Systeme
im FB Informatik
Alexanderstraße 24
D-6100 Darmstadt

H. Hettesheimer
Universität Karlsruhe
Rechneranwendung in
Planung und Konstruktion
Postfach 6380
D-7500 Karlsruhe

Es ist das Ziel des Handbuches, die verschiedenen Einflüsse, Methoden und Verfahren zu beschreiben, die bei der Auswahl, Konfigurierung und Einführung von CAD-Systemen wirksam werden.

Die Auswahlkriterien befassen sich mit der Aufgabenstellung auf die verfügbaren CAD-System-Alternativen. Die Methoden und Verfahren zeigen das folgerichtige Vorgehen bei der Auswahl, Konfigurierung und Einführung von CAD-Systemen mit unterschiedlichen Einflußfaktoren und unter Einsatz verschiedener Hilfsmittel.

Das GI-Handbuch soll ein Hilfsmittel zur Auswahl von CAD-Systemen sein, gleichzeitig aber auch den Studenten dienen, die ihr Wissen auf das "Rechnerunterstützte Entwerfen und Konstruieren" ausdehnen möchten.

Diese CAD-Einführung wurde von Fachleuten aus Konstruktion, Organisation und Datenverarbeitung ausgearbeitet. An diesen Personenkreis richten sich die Autoren dieses GI-CAD-Handbuches, und aus diesem Personenkreis stammen die Autoren:

M. Ahn (RIB, Stuttgart)
A. Bien (Kienzle, Villingen-Schwenningen)
H. Brand (SCS, Hamburg)
J. Encarnacao (THD/GRIS, Darmstadt)
H. Grabowski (Universität Karlsruhe)
H. Gränzer (Siemens AG, München)
J. Guthoff (Gesamthochschule Kassel)
H.E. Hellwig (CAD/CAM Partner Firnig+Hellwig, Goslar-Hahnenklee)
G. Herrmann (Dietz Technovision Epingen, jetzt Erlangen)
H. Hettesheimer (Universität Karlsruhe/RPK)
W.F. Klos (T & N Frankfurt; jetzt Daimler Benz Stuttgart)

B. Karl (Kernforschungszentrum/PFT/CADCAM, Karlsruhe)
S. Lewandowski (CAD/CAM Consult, Ratingen)
J. Machala (Mannesmann, Duisburg)
L.A. Messina (THD/GRIS, Darmstadt)
G. Müller (Thyssen-Henschel, Kassel)
A. Mund/K. Pasemann (Volkswagenwerk Wolfsburg)
W. Poths (VDMA Frankfurt)
K. Rohmer (AEG Frankfurt)
W.R. Saggau (MBP Dortmund)
H. Sczyrba/J. Jeremias (Volkswagenwerk Wolfsburg)
A. Struna (MAN Nürnberg)
M. Urbanetz (Fichtel & Sachs, Schweinfurt)
H. Wenz (IGL, Mühlheim)
A. Westermann (IBM München)

Der Arbeitskreis "Wirtschaftlichkeit von CAD-Systemen" gehört dem Fachausschuß 4.2 (CAD) des Fachbereiches 4 (Informatik in Wissenschaft, Technik und Medizin) der Gesellschaft für Informatik an.

Die Gesellschaft für Informatik hatte mehrere Motive, um sich mit der Aufgabe der Bereitstellung eines CAD-Handbuches zu beschäftigen:

1) Anwender der Informatik, insbesondere CAD-Anwender und Systementwickler, wollten in der Informatik ein Forum ihrer Aktivität haben.

2) Die Bereitstellung eines CAD-Handbuches war sachlich fällig und ein solches Forum bot sich geradezu an, um das vorhandene Wissen einer breiteren Öffentlichkeit zugänglich zu machen.

Die Gründungssitzung des Arbeitskreises fand am 20. November 1981 in Darmstadt statt. Bis Ende 1984 hat dieser Kreis, der zeitweise über 30 Mitglieder hatte, neun mal getagt. Die intensive, fachliche Detailarbeit zwischen den Sitzungen wurde von vier Untergruppen (CAD-Systeme; System-Architekturen; organisatorische Randbedingungen; Wirtschaftlichkeit) geleistet. Anfang 1983 wurde dann ein Redaktionsausschuß ins Leben gerufen, der die weitere Detailarbeit auf der Grundlage der vielen von den Untergruppen fertiggestellten Arbeitspapiere zu leisten hatte, die notwendig war, um daraus ein fachlich konsistentes und inhaltlich integriertes Handbuch fertigzustellen. Zwischenversionen dieses Handbuches wurden immer wieder dem Arbeitskreis zur Diskussion und Zustimmung vorgelegt; Anregungen und Wünsche, die von da kamen, sind im Text eingearbeitet worden. Der Text in seiner Gesamtheit ist demnach als Ergebnis der fast dreijährigen Arbeit des gesamten Arbeitskreises anzusehen, wird von ihm getragen und ist auch als solcher vom Arbeitskreis verabschiedet und zur

Veröffentlichung freigegeben worden. Dem Arbeitskreis gehörten zuletzt 24 Mitglieder an, davon 20 Vertreter aus der Industrie (Hersteller, Anwender und Berater). Der aus neun AK-Mitgliedern bestehende Redaktionsausschuß hatte lediglich eine, sicherlich nicht einfache Redaktionsarbeit im Auftrag des Arbeitskreises zu leisten; dafür brauchte der Redaktionsausschuß bis Mitte 1984 neun intensive Redaktionssitzungen und unzählige Stunden an "Hausarbeiten". Das Ergebnis dieser gemeinsamen Anstrengungen vom Arbeitskreis und seinem Redaktionsausschuß ist das vorliegende CAD-Handbuch der Gesellschaft für Informatik. Die Mitglieder des Redaktionsausschusses werden als Verfasser dieses GI-CAD-Handbuches geführt.

Als Grundlage für die inhaltliche Konzeption dieses GI-CAD-Handbuches dient das in Bild 1 gezeigte Modell. Das Modell geht davon aus, daß - aus der Sicht des Kosten-Leistungsverhältnisses - das CAD-System unter vier verschiedenen Aspekten zu sehen ist. Die Beziehung zwischen den vier verschiedenen Aspekten ist iterativ. Wesentliche Beiträge liefern:

- CAD-Anwendung: Wertung für den Einsatzzweck, Prozeßleistungsfähigkeit
- Betrieb: Wertung für Schnittstelle Bediener-System
- Umfeld: organisationsbezogene Randbedingungen
- Management: Auswertung des Preis-Leistungsverhältnisses, Kosten, Nutzen, Amortisationsmethode.

Diese Konzeption geht von vier verschiedenen Aspekten für den Bewertungsprozeß (Akzeptanz, Dialog, Anwendung, Preis) aus. Die einzelnen Kapitel dieses Handbuches behandeln die Festlegung der wesentlichen Parameter für diese Aspekte, wie man daraus mögliche Entwurfs- und/oder Auswertungskonflikte erkennt und diese schließlich auf ein Minimum beschränkt.

Insgesamt gesehen kann man den Inhalt des GI-CAD-Handbuches als eine Sammlung von Bewertungs- und Entscheidungshilfen für die Planung, den Entwurf bzw. Erwerb und Einführung eines CAD-Systems betrachten.

Im Kapitel 2 werden die Einflüsse organisationsbezogener Randbedingungen bei der Auswahl und Einführung von CAD-Systemen aufgezeigt. Der Leser kann sich stufenweise die Systemeigenschaften und Randbedingungen erarbeiten, um in seinem Unternehmen ein passendes System zu konfigurieren. In Verbindung mit den technischen sowie leistungsbezogenen Bedingungen aus Kapitel 4 und den Integrationsbetrachtungen aus Kapitel 3 kann man ein Pflichtenheft erstellen, das die Wünsche in Bezug auf CAD enthält und diese Wünsche dann dem heutigen CAD-Angebot gegenüberstellt.

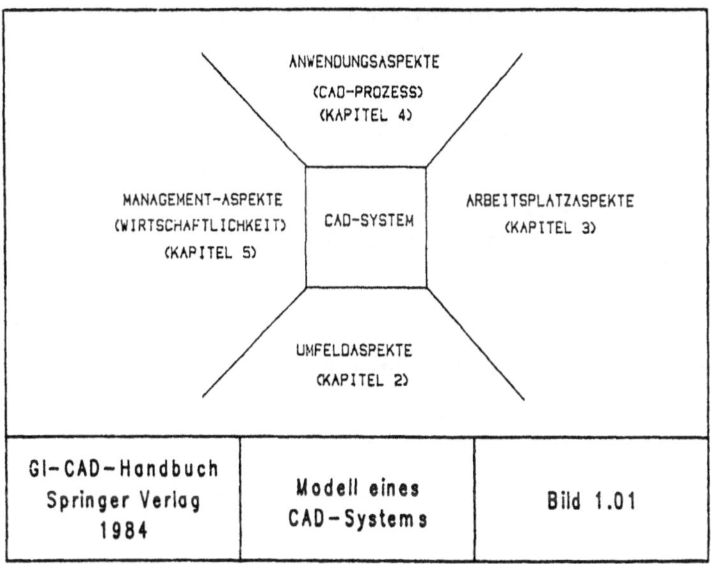

Das Kapitel 2 enthält auch eine Übersicht, wie sich die unterschiedlichen organisatorischen Randbedingungen auf die Planungs- , Anschaffungs- und Betriebskosten eines CAD-Systems auswirken, und gibt dazu mehrere Fallbeispiele aus unterschiedlichen Unternehmen.

Das Kapitel 3 geht davon aus, daß ein CAD-System nur einen Teil der betrieblichen Probleme unterstützen kann und beschreibt die Integration des CAD-Systems in die vorhandene DV-Umgebung; eine Integration, die organisatorisch sowohl innerbetrieblich als auch überbetrieblich betrachtet wird, und die CAD-intern die Hardware- und Softwareverbindungen der Systemkomponenten einschließt.

Das Kapitel 4 beschreibt die Klassifizierung der CAD-Systeme nach ihrer Integrationsfähigkeit und Prozeßleistungsfähigkeit. Die Integrationsfähigkeit dient zur Erfassung des Einsatzspektrums des Systems, während die Prozeßleistungsfähigkeit Schlußfolgerungen auf die Wirtschaftlichkeit des Systems ermöglicht.

Das Kapitel 5 beschreibt die Methoden und Verfahren der Wirtschaftlichkeitsberechnungen, die bei der Einführung von CAD-Systemen notwendig sind und gefordert werden. Hier werden die klassischen Methoden des Rechnungswesens, sowie spezielle, auf die CAD-System-Technik abgestimmte, neue Prognoseverfahren für die Nutzenermittlung gezeigt. Kapitel 5 zeigt in den Verfahren, wie man die Methoden auf CAD anwendet und wie man die Nutzen- und Kostenkomponenten als Grundlage für die Anwendung der Verfahren ermittelt und bewertet.

Kapitel 6 enthält Verfahren der Nutzwertanalyse und ein erweitertes Verfahren der Nutzenermittlung bzw. Amortisationsrechnung.

Dieses CAD-Handbuch soll im Herbst 1984 beim Springer Verlag im Rahmen einer neuen Reihe erscheinen. Diesbezügliche Rückfragen sind zu richten an:

Dipl.-Inform. G. Roßbach
Springer Verlag GmbH & Co KG
Postfach

6900 Heidelberg 1

Fragen und Kommentare zum Inhalt sind zu richten an:

Prof.Dr.J.Encarnacao
TH Darmstadt / FG GRIS
Alexanderstraße 24

6100 Darmstadt

Band 46: F. Wolf, Organisation und Betrieb von Rechenzentren. Fachgespräch der GI, Erlangen, März 1981. VII, 244 Seiten. 1981.

Band 47: GWAI – 81 German Workshop on Artificial Intelligence. Bad Honnef, January 1981. Herausgegeben von J. H. Siekmann. XII, 317 Seiten. 1981.

Band 48: W. Wahlster, Natürlichsprachliche Argumentation in Dialogsystemen. KI-Verfahren zur Rekonstruktion und Erklärung approximativer Inferenzprozesse. XI, 194 Seiten. 1981.

Band 49: Modelle und Strukturen. DAGM 11 Symposium, Hamburg, Oktober 1981. Herausgegeben von B. Radig. XII, 404 Seiten. 1981.

Band 50: GI – 11. Jahrestagung. Herausgegeben von W. Brauer. XIV, 617 Seiten. 1981.

Band 51: G. Pfeiffer, Erzeugung interaktiver Bildverarbeitungssysteme im Dialog. X, 154 Seiten. 1982.

Band 52: Application and Theory of Petri Nets. Proceedings, Strasbourg 1980, Bad Honnef 1981. Edited by C. Girault and W. Reisig. X, 337 pages. 1982.

Band 53: Programmiersprachen und Programmentwicklung. Fachtagung der GI, München, März 1982. Herausgegeben von H. Wössner. VIII, 237 Seiten. 1982.

Band 54: Fehlertolerierende Rechnersysteme. GI-Fachtagung, München, März 1982. Herausgegeben von E. Nett und H. Schwärtzel. VII, 322 Seiten. 1982.

Band 55: W. Kowalk, Verkehrsanalyse in endlichen Zeiträumen. VI, 181 Seiten. 1982.

Band 56: Simulationstechnik. Proceedings, 1982. Herausgegeben von M. Goller. VIII, 544 Seiten. 1982.

Band 57: GI – 12. Jahrestagung. Proceedings, 1982. Herausgegeben von J. Nehmer. IX, 732 Seiten. 1982.

Band 58: GWAI-82. 6th German Workshop on Artificial Intelligence. Bad Honnef, September 1982. Edited by W. Wahlster. VI, 246 pages. 1982.

Band 59: Künstliche Intelligenz. Frühjahrsschule Teisendorf, März 1982. Herausgegeben von W. Bibel und J. H. Siekmann. XIII, 383 Seiten. 1982.

Band 60: Kommunikation in Verteilten Systemen. Anwendungen und Betrieb. Proceedings, 1983. Herausgegeben von Sigram Schindler und Otto Spaniol. IX, 738 Seiten. 1983.

Band 61: Messung, Modellierung und Bewertung von Rechensystemen. 2. GI/NTG-Fachtagung, Stuttgart, Februar 1983. Herausgegeben von P. J. Kühn und K. M. Schulz. VII, 421 Seiten. 1983.

Band 62: Ein inhaltsadressierbares Speichersystem zur Unterstützung zeitkritischer Prozesse der Informationswiedergewinnung in Datenbanksystemen. Michael Malms. XII, 228 Seiten. 1983.

Band 63: H. Bender, Korrekte Zugriffe zu Verteilten Daten. VIII, 203 Seiten. 1983.

Band 64: F. Hoßfeld, Parallele Algorithmen. VIII, 232 Seiten. 1983.

Band 65: Geometrisches Modellieren. Proceedings, 1982. Herausgegeben von H. Nowacki und R. Gnatz. VII, 399 Seiten. 1983.

Band 66: Applications and Theory of Petri Nets. Proceedings, 1982. Edited by G. Rozenberg. VI, 315 pages. 1983.

Band 67: Data Networks with Satellites. GI/NTG Working Conference, Cologne, September 1982. Edited by J. Majus and O. Spaniol. VI, 251 pages. 1983.

Band 68: B. Kutzler, F. Lichtenberger, Bibliography on Abstract Data Types. V, 194 Seiten. 1983.

Band 69: Betrieb von DN-Systemen in der Zukunft. GI-Fachgespräch, Tübingen, März 1983. Herausgegeben von M. A. Graef. VIII, 343 Seiten. 1983.

Band 70: W. E. Fischer, Datenbanksystem für CAD-Arbeitsplätze. VII, 222 Seiten. 1983.

Band 71: First European Simulation Congress ESC 83. Proceedings, 1983. Edited by W. Ameling. XII, 653 pages. 1983.

Band 72: Sprachen für Datenbanken. GI-Jahrestagung, Hamburg, Oktober 1983. Herausgegeben von J. W. Schmidt. VII, 237 Seiten. 1983.

Band 73: GI - 13. Jahrestagung. Hamburg, Oktober 1983. Proceedings. Herausgegeben von J. Kupka. VIII, 502 Seiten. 1983.

Band 74: Requirements Engineering. Arbeitstagung der GI, 1983. Herausgegeben von G. Hommel und D. Krönig. VIII, 247 Seiten. 1983.

Band 75: K. R. Dittrich, Ein universelles Konzept zum flexiblen Informationsschutz in und mit Rechensystemen. VIII, 246 pages. 1983.

Band 76: GWAI-83. German Workshop on Artificial Intelligence. September 1983. Herausgegeben von B. Neumann. VI, 240 Seiten. 1983.

Band 77: Programmiersprachen und Programmentwicklung. 8. Fachtagung der GI, Zürich, März 1984. Herausgegeben von U. Ammann. VIII, 239 Seiten. 1984.

Band 78: Architektur und Betrieb von Rechensystemen. 8. GI-NTG-Fachtagung, Karlsruhe, März 1984. Herausgegeben von H. Wettstein. IX, 391 Seiten. 1984.

Band 79: Programmierumgebungen: Entwicklungswerkzeuge und Programmiersprachen. Herausgegeben von W. Sammer und W. Remmele. VIII, 236 Seiten. 1984.

Band 80: Neue Informationstechnologien und Verwaltung. Proceedings 1983. Herausgegeben von R. Traunmüller, H. Fiedler, K. Grimmer und H. Reinermann. XI, 402 Seiten. 1984.

Band 81: Koordination von Informationen. Proceedings, 1983. Herausgegeben von R. Kuhlen. VI, 366 Seiten. 1984.

Band 82: A. Bode, Mikroarchitekturen und Mikroprogrammierung: Formale Beschreibung und Optimierung. 6,1-227 Seiten. 1984.

Band 83: Software-Fehlertoleranz und -Zuverlässigkeit. Herausgegeben von F. Belli, S. Pfleger, M. Seifert. VII, 297 Seiten. 1984.

Band 84: Fehlertolerierende Rechensysteme. 2. GI-NTG-GMR-Fachtagung, Bonn 1984. Herausgegeben von K.-E. Großpietsch und M. Dal Cin. VIII, 433 Seiten. 1984.

Band 85: Simulationstechnik. Symposium, 1984. Herausgegeben von F. Breitenecker und W. Kleinert. XII, 676 Seiten. 1984.

Band 86: Fachtagung Prozeßrechner 1984. Herausgegeben von H. Trauboth und A. Jaeschke. XII, 710 Seiten. 1984.

Band 87: Mustererkennung 1984. Proceedings, 1984. Herausgegeben von W. Kropatsch. IX, 351 Seiten. 1984.

Band 88: GI - 14. Jahrestagung. Braunschweig, Oktober 1984. Proceedings. Herausgegeben von H.-D. Ehrich. IX, 451 Seiten. 1984.

Band 89: Fachgespräche auf der 14. GI-Jahrestagung. Braunschweig, Oktober 1984. Herausgegeben von H.-D. Ehrich. V, 267 Seiten. 1984.